电机模型分析及拖动仿真

——基于MATLAB的现代方法

陈 众 编著

清华大学出版社

北 京

内 容 简 介

本书以剖析 SimPowerSystems 电力系统工具箱电机模型为基础,介绍了使用状态方程描述直流电机和异步电机动态运行过程的基本方法,并在此基础上介绍了 MATLAB 的编程入门、电力系统有关的基本概念和常用变换方法等相关基础知识,最后以 MATLAB 的纯 M 文件形式,通过解算状态方程的形式,演示了直流电机和异步电机的工作特性、启动过程和相关控制的方法。

与传统的电机学或电力拖动教材不同,本书注重介绍电机的数学建模,所有电机运行特性和工作特性的图形绘制均以模型计算定量给出,便于读者深入学习相关概念。

本书可作为自动化和电力系统相关专业的本科和研究生教材,也可作为专业技术人员研究电机内部短路等复杂过程时的基础模型参考书。

图书在版编目(CIP)数据

电机模型分析及拖动仿真:基于 MATLAB 的现代方法/陈众编著.—北京:清华大学出版社,2017
(2023.1重印)
　ISBN 978-7-302-48187-4

Ⅰ. ①电… Ⅱ. ①陈… Ⅲ. ①电机－计算机仿真－Matlab 软件　Ⅳ. ①TM306

中国版本图书馆 CIP 数据核字(2017)第 209721 号

责任编辑:王一玲　王冰飞
封面设计:傅瑞学
责任校对:焦丽丽
责任印制:丛怀宇

出版发行:清华大学出版社
　　　　网　　　址:http://www.tup.com.cn,http://www.wqbook.com
　　　　地　　　址:北京清华大学学研大厦 A 座　　　　　　　　邮　　编:100084
　　　　社 总 机:010-83470000　　　　　　　　　　　　　　邮　　购:010-62786544
　　　　投稿与读者服务:010-62776969, c-service@tup.tsinghua.edu.cn
　　　　质量反馈:010-62772015, zhiliang@tup.tsinghua.edu.cn
　　　　课件下载:http://www.tup.com.cn,010-62795954
印 装 者:天津鑫丰华印务有限公司
经　　销:全国新华书店
开　　本:185mm×260mm　　　　印　张:22　　　　字　　数:533 千字
版　　次:2017 年 9 月第 1 版　　　　　　　　　　　　　印　　次:2023 年 1 月第 5 次印刷
定　　价:59.00 元

产品编号:075789-01

前 言

FORWRD

    "电机学"是电力系统及其自动化专业的主干课程,也是该专业师生普遍认为的一门难教难学的专业基础课。随着专业教学改革的深入,该课程学时大幅度减少,三相交流电、电磁耦合等抽象复杂的概念,越来越难以在规定课时内达到期望的教学效果。

    与传统教科书将三相对称电路转换为单相电路的讨论方式不同,本书主要从数学建模的角度出发,通过电磁暂态方程来学习和研究电机,将传统教科书难以展现的电磁暂态过程,通过 MATLAB 编程形式实现时间相量、空间矢量的动态变化过程演示,使学生在学习MATLAB 电力系统工具箱 SimPowerSystems 的同时,也能够通过跟踪程序源代码的实现来了解电机的运行原理。

    本书首先介绍了 MATLAB 编程基础,然后用程序实例演示了与三相交流电有关的基本概念和与电机控制密切相关的 Clarke 和 Park 变换等基础知识,接下来通过学习电力系统工具箱 SimPowerSystems 的直流电机和异步电机模型,深入学习由数学模型进入到仿真模型的基本过程,要求学生不仅要学会使用工具,而且要学会开发需要而没有现成模型的方法。最后以 MATLAB 的纯 M 文件形式,通过解算状态方程的形式,演示了直流电机和异步电机的工作特性、启动过程和相关控制的方法。

    本书受国家重点研发计划项目"大型交直流混联电网运行控制和保护,课题 5:含高密度新能源发电的电网源荷端动态响应与自愈控制(2016YFB0900605)""湖南省教育厅高校创新平台开放基金项目:基于 ART2wNF 网络的风向图式感知方法研究与应用(14k002)""'可再生能源电力技术'湖南省重点实验室开放基金:基于 ART2wNF 网络的风机偏航系统自适应控制方法(2014ZNDL003)"的资助。

    本书在撰写过程中,得到了长沙理工大学李晓松教授、王旭红教授的大力支持,研究生文亮、余思维、张丰鸣、罗通、伍雅娜参与了部分章节的文字编辑和程序编写工作,本科生胡真迈、黄雅婧、张特能、欧阳波、贺可意等人参与了后期的审核和文字修订工作。由于作者学识和编程水平有限,书中难免存在一些错误和瑕疵,敬请批评指正。

作 者

2017 年 6 月于长沙

目录

CONTENTS

第1章

绪 论

1.1 MATLAB 概述

MATLAB 环境(或语言)由美国的 Cleve Moler 博士及其同事在美国国家科学基金的资助下于 1980 年研制成功。自 1980 年问世以来,MATLAB 以其学习简单、使用方便及其他高级语言所无可比拟的强大的矩阵处理功能越来越受到世人的关注。

MATLAB 是 MATrix LABoratory 的缩写,早期主要用于现代控制中复杂的矩阵、向量的各种运算。控制理论领域的研究人员首先注意到了它的这一特点和巨大的发展潜力,并在它的基础上开发了控制理论与 CAD 专门的应用程序集(即工具箱),使得 MATLAB 在国际控制界很快地流行起来。

由于 MATLAB 提供了强大的矩阵处理和绘图功能,且使用简单,扩充方便,因此很多专家不停地在自己的科研过程中扩充 MATLAB 的功能,在自己擅长的领域用它编写了许多专门的 MATLAB 工具箱,如控制系统工具箱(Control Systems Toolbox)、系统辨识工具箱(System Identification Toolbox)、信号处理工具箱(Signal Processing Toolbox)、鲁棒控制工具箱(Robust Control Toolbox)、最优化工具箱(Optimization Toolbox)等。由于 MATLAB 功能的不断扩展,因此现在的 MATLAB 已不仅仅局限于现代控制系统分析和综合应用,它已成为国际控制界最流行、使用最广泛的系统仿真与计算工具。

可以毫不夸张地说,你只要真正理解了一个工具箱,那么就是理解了一门非常重要的科学知识。科研工作者通常可以通过 MATLAB 来学习某个领域的科学知识,这就是 MATLAB 真正在全世界推广开来的原因。

在欧美大学里,如应用代数、数理统计、自动控制、数字信号处理、模拟与数字通信、时间序列分析、动态系统仿真等课程的教科书都把 MATLAB 作为内容。这几乎成了 20 世纪 90 年代教科书与旧版教科书的区别性标志。MATLAB 是攻读学位的大学生、硕士生、博士生必须掌握的基本工具。

在国际学术界,MATLAB已经被确认为准确、可靠的科学计算标准软件。在许多国际一流学术刊物上(尤其是信息科学刊物),都可以看到MATLAB的应用。在设计研究单位和工业部门,MATLAB被认作进行高效研究、开发的首选软件工具,如美国National Instruments公司信号测量、分析软件LabVIEW,Cadence公司信号和通信分析设计软件SPW等,或者直接建筑在MATLAB之上,或者以MATLAB为主要支撑。又如HP公司的VXI硬件,TM公司的DSP,Gage公司的各种硬卡、仪器等都接受MATLAB的支持。

可以说,在我国的高等教育和研究中,MATLAB成为本科生和研究生的必修课之一已经成为大势所趋。同时科研人员掌握这门工具对学习各门学科也都具有非常重要的推进作用。

1.2 Simulink 平台与 MATLAB 工具箱

1.2.1 Simulink 平台

MATLAB产品体系的演化历程中最重要的一个体系变更是引入了Simulink。这是一个可用于多个学科领域的、基于模型的、交互式操作的动态系统建模、仿真和分析集成环境。它支持线性、非线性(包括连续、离散或者混杂)系统的仿真和分析。

Simulink是一个图形化的动态系统建模与仿真环境,提供图形用户界面(GUI)对系统进行建模。采用鼠标拖曳方式用系统模块搭建模型,其方便程度不亚于用纸和笔进行系统设计。而在这以前的仿真包,则要求用语言或程序来描述动态系统的微分方程或差分方程式。

Simulink有一套完整的模块集合,包括sinks、sources、linear and nonlinear components和connectors等子模块库。它具有数百种预定义的系统环节模型,精确可靠的积分算法和直观的图形建模工具。依托Simulink强健的仿真能力,用户能够建立逼真的系统仿真模型,对设计进行评估并及时修正错误。同时也能定制并且建立自己的模块库。

在Simulink中搭建的模型是可以分等级的,可以使用由上至下或者由下至上的方式来搭建模型。首先在较高层次上观察系统,然后双击对应模块进入模型的下一层次来了解模型的细节。这种方式有利于了解模型的组织结构及各部分是如何相互作用的。

它的出现使人们有可能考虑许多以前不得不做简化假设的非线性因素、随机因素,从而大大提高了人们对非线性、随机动态系统的认知能力。其框图化的设计方式和良好的交互性,对工程人员本身计算机操作与编程的熟练程度的要求降到了最低,工程人员可以把更多的精力放到理论和技术的创新上去。近些年来,Simulink已经成为了科研和工程人员用来对动态系统进行建模和仿真分析的最为广泛使用的软件包。

Simulink主要应用在嵌入式系统的开发与模拟。Simulink的主要特色在于将完整的模型基础设计环境的概念(Model-Based Design)导入复杂的设计项目,如包含许多大型模型或涵盖多个设计团队的设计方案,使这些横跨不同研发团队的工作,在设计流程、实现和验证等工作方面的性能能够大为改善。尤其在控制、信号处理与通信等方面所增加的新功能,让Simulink支持的应用范围更为广泛。

Simulink包含许多新功能,能支持更大型的、嵌入式系统开发项目。利用新的

Component-Based 的模型化和统一的 Data-Dictionary 管理的功能,研发团队能跨组织的、有效率地建立与分享多样的结构和子系统的设计。这项新功能也能大幅提升工程师于整合、模拟及优化的工作性能,尤其是优化内含数千种以上参数与模块的大型复杂模型时。

Forward Concepts 总经理 Will Strauss 表示,"MathWorks 所引进的 Model-Based Design 概念,一改传统并大幅提升嵌入式系统的开发方式,替换了以往纸本文件操作、实体化模型原型(Prototype)、手动转码等工作,以完整的 Model-Based Design 设计环境,让工程师在设计阶段即能用实际可行的模型进行去耦测试、模拟、自动产生代码,以及将测试与设计紧密地结合在一起,随时进行修正。"同时他也指出,借助将 Model-Based Design 设计环境带入大型开发项目中,因适应当前 Real-time 的需求,以及让不同工程团队能在一个共同平台上操作,Simulink 6 将让许多大型或跨组织的研发团队,在进行嵌入式系统的设计、实现与测试时如虎添翼。

Simulink 的最新版本也让工程师能够建立模型、模拟及实现于更多即时系统(Real-time)的形态与组件,包括无线射频电子系统及声音与图像处理系统等。此外,Simulink 也可实际应用于汽车、航天和工业设备的模型化和模拟工作。利用 Simulink 6 和 MATLAB 所支持的定点(Fix-point)数学运算,可以让更多的工程团队,也能进行支持定点设计的硬件和软件系统的设计。此外,这项最新版本也让 Simulink 的用户使用 MATLAB 语言的子系统来写演算法,并可利用 The MathWorks 的另一项软件工具 Real-time Workshop 来自动产生 C 代码。

The MathWorks 资深经理人 Jim Tung 指出,"Simulink 6 充分展现 The MathWorks 一贯对于工程师的承诺,始终致力于提供和满足工程师们对于建立与测试更复杂和高性能嵌入式系统之所需。""借由支持更大型模型,也将控制与信号处理设计整合在一起,又增加了许多设计、实现与验证的新功能,Simulink 6 毋庸置疑地将是比较完整完美的 Model-Based Design 设计环境和系统模拟的最佳平台。"

1.2.2 MATLAB 工具箱

在 MATLAB 产品家族中,MATLAB 工具箱是整个体系的基座,它是一个语言编程型(M 语言)开发平台,提供了体系中其他工具所需要的集成环境(如 M 语言的解释器)。同时由于 MATLAB 对矩阵和线性代数的支持使得工具箱本身也具有强大的数学计算能力。MATLAB 工具箱的应用如图 1-1 所示。

在 MATLAB/Simulink 基本环境之上,MathWorks 公司为用户提供了丰富的扩展资源,也就是大量的工具箱(Toolbox)和模块集(Blockset)。从 1985 年推出第一个版本以后的近 20 年发展过程中,MATLAB 已经从单纯的 Fortran 数学函数库演变为多学科、多领域的函数包和模块库的提供者。用户在这样的平台上进行系统设计开发就相当于已经站在了巨人的肩膀上,众多行业中的专家、精英们的智慧结晶可以信手拈来。

同时,MATLAB 开放的体系结构允许用户在平台上进行自由扩展,目前在全世界范围内已经有大量商业的或者免费的 MATLAB 二次开发产品发布(如 FEMLAB 和 PSS)。换句话说,用户购买一套 MATLAB,获得的是世界范围的专家支持。而对于用户自己开发的算法包,MATLAB 也提供了包括 Compiler 应用发布和 Web 网络发布在内的众多方式的发布途径,使得用户一方面能够充分地利用 MATLAB 的算法资源形成技术成果,同时又可以

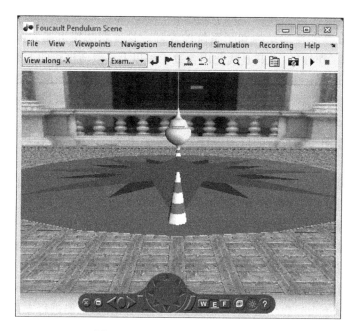

图 1-1　MATLAB工具箱的应用

有效地保护自己的知识产权。

在这样一个产品体系中,我们可以看到,由于 MATLAB 及其丰富的 Toolbox 资源的支持,使得用户可以方便地进行具有开创性的建模与算法开发工作,并通过 MATLAB 强大的图形和可视化能力反映算法的性能和指标。所得到的算法则可以在 Simulink 环境中以模块化的方式实现,通过全系统建模,进行全系统的动态仿真以得到算法在系统中的动态验证。

1.2.3　SimPowerSystems 工具箱

SimPowerSystems 的模块函数库及模拟方法是由加拿大厂商 TransEnergie Technologies Inc. of Montreal 所开发的,该公司为即时电力系统模拟器解决方案的提供者,满足全世界多家电力系统及设备制造业界先驱厂商的模拟设计需求。

SimPowerSystems 为电子和电力工程师提供了一套能在 Simulink 环境下建立并同时模拟电力系统及其控制器模型的最有效工具。这项最新版本工具箱建立于物理模型架构之上,能提供一个功能强大的软件环境,以协助许多产业的工程师在建造昂贵的实体原型之前,预先分析与了解电力系统。

SimPowerSystems 包含了电力系统中根据电磁和机电暂态方程建立的一般元件数学模型,其模块函数库内建了多种电子电力网络中常见的零组件及相关设备,并采用电力系统的标准图标表示。它为电力系统的发电、输电、配电系统的设计提供了强有力的解决方案。

SimPowerSystems 可协助用户在 Simulink 环境下建立及模拟电子电力系统,提供强大功能对电力系统的发电、输送、分配与消耗等进行建模。对于复杂而又独立的电力系统(如汽车、飞机、工厂与电力设施)来说,它无疑也是一个理想的工具。利用 SimPowerSystems,工程师可以建立并模拟复杂、自给自足的电力系统,大幅节省了时间与预算成本,并提升了系统性能。

1.3 安装与启动

2004 年底，Mathwoks 公司宣布 R14 新版产品（Release 14 with Service Pack 1 CD，R14SP1）在全球正式上市。该新版本为 R14 全面改版产品，包含针对 MATLAB 7、Simulink 6 的功能更新与其他 66 项产品更新，以及 R14 所发表的两项新产品，其中包括 SimPowerSystems 4 版本。

1.3.1 安装

MATLAB 的安装非常简单，运行 Setup 后，输入正确的序列号，选择好安装路径和安装的模块，然后一直按 Enter 键即可。启动后安装界面如图 1-2 所示。

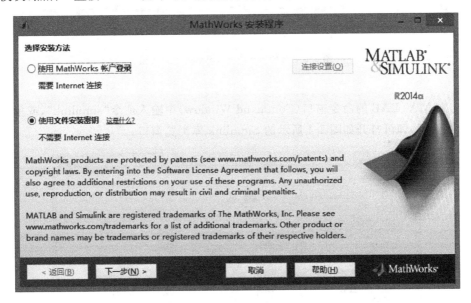

图 1-2　MATLAB 2014 安装界面

这里有一点要注意的是，由于不同操作系统设置，可能会出现一些相关提示，如在 Windows 98 下安装会提示 MATLAB Web Server 等选项不能使用，原因是该功能需 Web 服务器的支持。

如果已安装 MATLAB，但找不到对应工具箱，只需要重新执行安装，选中对应工具箱即可，如图 1-3 所示。

越高版本的 MATLAB 对计算机系统的要求也越高。根据所选的是 32 位还是 64 位的 MATLAB，由于需要对应不同的系统，对计算机也有一定要求。因此根据自身情况选择适合的版本安装，最好是在操作系统初安装后就安装，避免出现意外。

1.3.2 启动 Simulink

Simulink 提供了一个建立控制系统的方框图，并对系统进行模拟仿真的环境。启动过

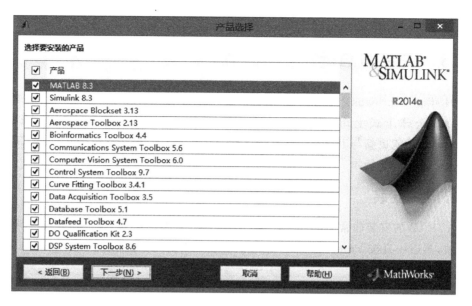

图 1-3　安装 SimPowerSystems 工具箱

程如下。

（1）在 MATLAB 的命令窗口（Command Window）中输入命令"simulink"，或单击工具栏中的 图标，即可打开如图 1-4 所示的 Simulink 库浏览窗口。

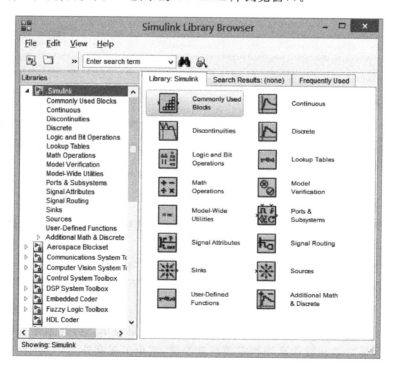

图 1-4　Simulink 库浏览窗口

（2）右击图 1-4 中的 Simulink，选择打开 Simulink 工具库（Open the Simulink Library），可得到图 1-5 所示的 Simulink 窗口。

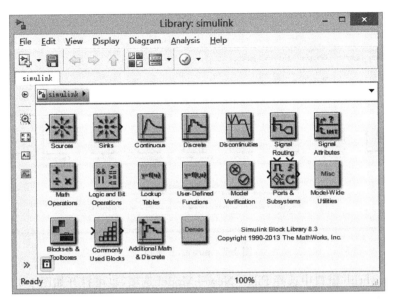

图 1-5　Simulink 窗口

（3）在 Simulink 窗口或 Simulink 库浏览窗口中选择 File→New→Model 选项，打开如图 1-6 所示的模型编辑窗口，即可开始利用 MATLAB 中的工具箱进行系统建模。也可在系统的主页选项框中选择"新建"→Simulink→Simulink Model 选项，完成本步骤操作。

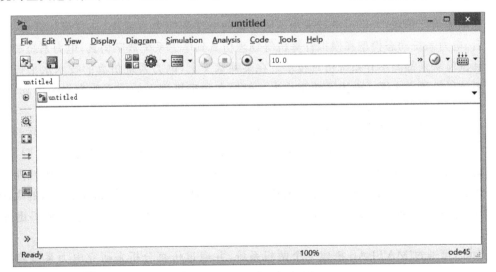

图 1-6　模型编辑窗口

1.3.3　启动 SimPowerSystems 工具库

SimPowerSystems 工具库的图形交互界面利用 Simulink 具备功能扩展性来完成不同电力模块的相互连接。电力系统相关元件集中在名为 Powerlib 的专业模块库中。

启动 SimPowerSystems 工具库进行系统建模的过程如下。

（1）在 MATLAB 命令窗口中输入"powerlib"，将出现容纳不同电力系统子模块的

powerlib 窗口,如图 1-7 所示。

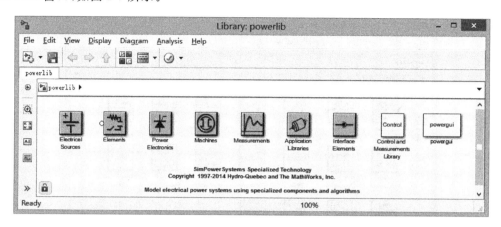

图 1-7　powerlib 窗口

(2) 在 powerlib 窗口中选择 File→New→Model 选项,也可打开如图 1-6 所示的模型编辑窗口,即可开始利用 SimPowerSystems 工具箱进行系统建模。

1.4　MATLAB 在电力系统仿真和教学中的作用

1.4.1　电力系统仿真

在电力系统领域,人们很早就采用系统仿真的方法研究电力系统,从直流计算台、交流计算台、电力系统动态模型和模拟计算机等物理仿真到电力系统数字仿真,电力系统的科学研究和试验从来都离不开系统仿真技术。在某种意义上,电力系统仿真的技术水平代表了电力系统科学研究水平。电力系统工作者一般把在物理模型上的仿真称为物理仿真,而在数字计算机上数学模型的试验称为数字仿真。

随着电力系统的发展,系统规模和复杂程度的增加,采取物理模拟的方式对实际的系统进行仿真受到限制。由于电力系统的仿真具有不受原有系统规模和结构复杂性的限制,保证被研究和实验系统的安全性;具有良好的经济性和便利性,可用于对未来系统性能的预测等优点,现已成为分析、研究电力系统必不可少的工具。随着计算机和数字技术的飞速发展,为电力系统数字仿真的发展提供了坚实的基础,使电力数字仿真技术得到了迅速的发展。

例如,可通过 MATLAB 搭建一个两机系统,并通过仿真分析来研究电力系统稳定器 PSS 和静态无功补偿器 SVC 对这个两机系统暂态稳定性的影响等。实践还证明,MATLAB 语言在电力系统潮流计算中的应用是可行的,而且由于其强大的矩阵处理功能,完全可以应用于电力系统的其他分析计算。

用 MATLAB 语言编程不但可以设计出良好的用户界面,而且编程效率特别高,程序调试十分方便,可大大缩减软件开发周期。如果像控制界一样开发出电力系统自己的专用工具箱,将系统分析用的一些基本计算做成函数的形式直接调用,那么更高层次的系统软件也可以很容易地实现。

1.4.2 在电力系统专业教学中的作用

1. 课程定位

参照中国工程教育认证协会 2013 年 1 月修订的工程教育认证标准,我们对 MATLAB 的电气工程及其自动化专业中的作用有如下思考:MATLAB 在本专业中,不能仅将其作为一门计算机课程来进行讲授,而应该与基础课、专业基础课和专业课的内容紧密挂钩,起到承上启下和辅助各科课程学习的作用。在具体教学中,以通过精心准备的教学内容来给学生展现,MATLAB 作为一个先进的计算机工具软件,在各门相关课程的学习中可以得到怎样的应用。具体做法如下。

首先强调数学、物理等基础课程对本专业的重要性,然后通过具体的编程实例表现出这些基础课程与电路原理等专业基础课及它们与后续的自动控制原理、电机学等专业课之间的内在联系。目标是使本专业学生认识到,MATLAB 应成为伴随整个大学 4 年专业学习的有效工具和辅助学习手段。例如,从高等数学中正定二次型表达与线性代数中特征根、特征向量的求取直接的关系展开,递进到特征根如何表征二阶电路的振荡频率,同时在二阶滤波电路的教学中引入状态空间的数学表达和伯德图等相关概念,为后续的数字信号处理、自动控制原理课程做引导。

2. 教学内容

教学内容可分为基础知识教学和专业知识点教学两部分。基础知识教学以常规的变量数据类型、赋值语句、流程跳转语句等为主;专业知识点教学主要以 SimPowerSystems 中的元器件的实现和电力系统仿真实例为主。

前述的基础课、专业基础课和专业课知识点之间的关系讲授,通过精选的实例贯穿在两部分的教学之中。例如,以 SimPowerSystems 中一阶滤波器模块的内部实现,来了解变量定义、逻辑分支语句、绘图命令的编写和使用,进而通过二阶滤波器内部模型来展示线性代数、传递函数、伯德图等相关知识概念。

考虑到与以前相比,当前大学多数课程在教学周数、教学时数上都被缩减的实际情况,基础知识教学内容鼓励学生以自学为主,在课外通过大量的自由上机实验来进行巩固。不仅可以提高学生的自学能力,也有利于将有限的时间用来引导学生把握 4 年间所需要学习课程的内在联系。

3. 教学要求

课程教学中,要求学生充分利用网络资源来进行相关学习,学会利用现代信息技术获得相关信息的基本方法。同时尽量多看软件的英文帮助和 SimPowerSystems 的学习指导书,达到提高专业英语的阅读能力和掌握相关的专业术语的目的。

在课程计划内的上机实验中,对学生进行分组,设计与电力系统相关的针对性实验内容,加强学生对本专业的了解,掌握本专业领域的理论、技术知识等必要相关知识,同时培养组织管理、团队合作和沟通能力。例如,其中一项为要求本组学生分工,对 SimPowerSystems 中直流电机的仿真模型进行拆解,通过写实验报告阐述从物理模型到数学模型,进而到仿真模型的实现过程,要求学生在物理结构分析、理论模型学习、仿真模型实现、实验结果分析、报告撰写甚至团队带领等方面根据自己的特点承担相应的工作,最后作为成绩考核的依据。

4. 教学思考

虽然电气工程及其自动化专业各科课程的教学已形成规范,但在实践过程中,各高校相关课程开设的时间和先后关系仍根据本校的实际情况略有差异,即使在同一校内,由于中国"卓越工程师教育培养计划"的引入,卓越工程师班与普通班的课程开设也不尽相同。因此在实际教学中,也应该对教学内容进行适当的调整,以免学生对所学的内容难以理解。

1.5 本书的读者及其应具备的基本知识

本书的内容从理论到实践都非常丰富,因此面向的读者群也非常广泛,适用于希望了解如何使用 SimPowerSystems 进行电力系统仿真的高年级本科生和研究生,也适用于高校和科研院所的一般科学技术工作者。

本书不是 MATLAB 语言的入门书籍,因此要求读者对 MATLAB 编程语言和编程环境有初步的了解。如果不熟悉 MATLAB,可参考相关书籍。同时由于内容涉及电力相关专业,因此读者最好能够先完成以下部分专业基础课程内容的学习。

(1) 数字信号处理。

(2) 自动控制原理。

(3) 线性控制理论。

(4) 电机学。

(5) 电力拖动。

(6) 电力电子技术。

(7) 电路原理。

(8) 电力系统稳态分析。

(9) 电力系统暂态分析。

本章资料主要来源于 MATLAB 官方网站和 Internet 资源。部分参考如下。

http://www.mathworks.com/products/

http://www.itweb.co.za/sections/enterprise/2003/0312110749.asp?A=SFT&O=F

http://www.terasoft.com.tw/

http://www.mathworks.com/access/helpdesk/help/pdf_doc/physmod/powersys/powersys.pdf

第2章

MATLAB 编程基础

本章首先从 MATLAB 的数据类型、语法规则两个方面来讨论 MATLAB 的编程入门知识。正如做其他类型的人工劳动,需要知道可用的材料类型、材料的基本用法,能否做得好,就需要操作的人有清晰的头脑和逻辑能力。

由于本书主要针对电力系统仿真,需要读者对 MATLAB 有基础性了解,如赋值的方法、数据的访问等。如果感觉理解有困难的读者,需要首先学习一下其他的 MATLAB 基础教程。

2.1 数据类型

MATLAB 中有 15 种基本数据类型,主要是整型、浮点、逻辑、字符、日期和时间、结构数组、单元格数组及函数句柄等。MATLAB 主要数据类型的结构图如图 2-1 所示。

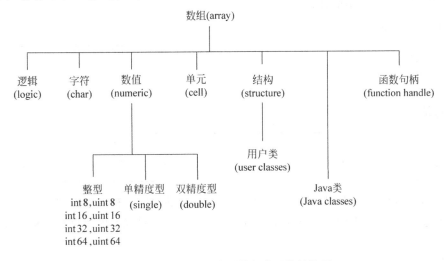

图 2-1　MATLAB 主要数据类型的结构图

2.1.1 整型

MATLAB 中有 4 种有符号整数类型,4 种无符号整数类型,如表 2-1 所示。有符号整数类型需要用 1 位来表示数据的正负。

表 2-1 整数类型的取值范围和类型转化函数

整 数 类 型	取 值 范 围	类型转化函数
有符号 8 位整数	$-2^7 \sim 2^7-1$	int8
有符号 16 位整数	$-2^{15} \sim 2^{15}-1$	int16
有符号 32 位整数	$-2^{31} \sim 2^{31}-1$	int32
有符号 64 位整数	$-2^{63} \sim 2^{63}-1$	int64
无符号 8 位整数	$0 \sim 2^8-1$	uint8
无符号 16 位整数	$0 \sim 2^{16}-1$	uint16
无符号 32 位整数	$0 \sim 2^{32}-1$	uint32
无符号 64 位整数	$0 \sim 2^{64}-1$	uint64

可以通过 intmax(class) 和 intmin(class) 函数返回该类整型的最大值和最小值。例如:

```
>> intmax('int8')
ans =
 127
```

2.1.2 浮点数

MATLAB 的浮点数有两类:single 和 double。MATLAB 的默认数据存储类型为 double。可以利用类型转化函数将数据存储为整数类型,如果有小数部分,四舍五入处理。

【例 2-1】 整数类型的转化。

在命令窗口输入:

```
>> x = 7.503;
>> int8(x)
```

运行结果:

```
ans =
 8
```

通过 realmax ('double') 和 realmax ('single') 分别返回双精度浮点和单精度浮点的最大值。通过 realmin('double') 和 realmin ('single') 分别返回双精度浮点和单精度浮点的最小值。

例如:

```
>> realmax('double')
ans =
   1.7977e + 308
```

2.1.3　逻辑

逻辑类型的变量有两种取值,即逻辑真和逻辑假,分别用“1”和“0”表示。

创建逻辑数组方式有以下几种。

(1) 通过输入“true”或”false”直接创建逻辑数组。

(2) 通过对数组进行逻辑运算创建。

(3) 通过 MATLAB 函数产生逻辑数组。

【例 2-2】　直接创建逻辑数组。

在命令窗口输入:

```
>> x = [true,false,true]
x =
   1   0   1
```

【例 2-3】　利用逻辑运算创建逻辑数组。

在命令窗口输入:

```
>> A = rand(5)
A =
    0.8147   0.0975   0.1576   0.1419   0.6557
    0.9058   0.2785   0.9706   0.4218   0.0357
    0.1270   0.5469   0.9572   0.9157   0.8491
    0.9134   0.9575   0.4854   0.7922   0.9340
 0.6324   0.9649   0.8003   0.9595   0.6787
>> B = A > 0.5
B =
   1   0   0   0   1
   1   0   1   0   0
   0   1   1   1   1
   1   1   0   1   1
   1   1   1   1   1
>> A(B) = 0
A =
         0   0.0975   0.1576   0.1419        0
         0   0.2785        0   0.4218   0.0357
    0.1270        0        0        0        0
         0        0   0.4854        0        0
         0        0        0        0        0
```

提示:此类逻辑矩阵的操作,在很大程度上能够取代 if…else…结构所完成的功能,使程序更为简洁。

【例 2-4】　利用函数创建逻辑数组。

在命令窗口输入:

```
>> z = isfinite([5,inf,0.3])
z =
    1    0    1
```

运算产生逻辑结果操作如表 2-2 所示。

表 2-2　运算产生逻辑结果操作

操　　作	功　　能
true、false	设值为真或假
logical	数值类型转化为逻辑类型
&(and)、|(or)、~(not)、xor、any、all	逻辑运算
&&、||	与、或
==、~=、<、>、<=、>=	关系运算
is * 、cellfun	测试运算
strcmp、strncmp、strcmpi、strncmpi	字符串比较

"&"和"|"操作符可比较两个标量或两个同阶矩阵。对于矩阵来说必须符合规则,如果 A 和 B 都是 0-1 矩阵,则 $A\&B$ 或 $A|B$ 也都是 0-1 矩阵。这个 0-1 矩阵的元素是 A 和 B 对应元素之间逻辑运算的结果,逻辑操作符认定任何非零元素都为真,给出"1";任何零元素都为假,给出"0"。

非(或逻辑非)是一元操作符,即~A。当 A 是非零时结果为"0";当 A 为"0"时,结果为"1"。因此有下列两种表示。

```
p | (~p)      结果为 1
p & (~p)      结果为 0
```

any 和 all 函数在连接操作时很有用,设 x 是 0-1 向量,如果 x 中任意有一元素非零时,any(x)返回"1",否则返回"0";all(x)函数当 x 的所有元素非零时,返回"1",否则也返回"0"。这些函数在 if 语句中经常被用到。

例如:

```
if all(A < 5)
      do something
end
```

提示:逻辑运算"&&"与"&"的区别如表 2-3 所示,"&&"和"‖"被称为"&"和"|"的 short circuit(短路)形式。

表 2-3　逻辑运算"&&"与"&"的区别

$A\&B$	(1) 首先判断 A 的逻辑值,然后判断 B 的值,然后进行逻辑与的计算 (2) A 和 B 可以为矩阵(如 $A=[1\ 0]$,$B=[0\ 0]$)
$A\&\&B$	(1) 首先判断 A 的逻辑值,如果 A 的值为假,就可以判断整个表达式的值为假,就不需要再判断 B 的值 (2) A 和 B 不能是矩阵,只能是标量

"|"与"‖"同理。

这种用法非常有用,如果 A 是一个计算量较小的函数,B 是一个计算量较大的函数,那么首先判断 A 对减少计算量是有好处的。另外这也可以防止类似被 0 除的错误。

例如:

```
flag = denum~ = 0 && num/denum > 10
if flag
    % Do Something
end if
```

上面的表达式就可以防止 denum 等于 0 的情况。当然,如果希望在判断的时候,对 A 和 B 表达式都进行计算,就应该使用标准的"&"或者"|"。

但 MATLAB 中的 if 和 while 语句中的逻辑与和逻辑或都是默认使用 short circuit 形式。

例如:

```
if flag = denum~ = 0 && num/denum > 10
    % Do Something
end if
```

与

```
if flag = denum~ = 0 & num/denum > 10
    % Do Something
end if
```

执行的结果一样。

2.1.4 字符

字符在 MATLAB 中用 char 表示,MATLAB 中的 char 类型都是以两个字节的 Unicode 统一字符编码来存储的,一般用单引号括住一个字符变量。

例如,为变量 a 赋值字母 a:

```
>> a = 'a'
a =
a
>> whos
  Name      Size      Bytes   Class     Attributes
  a         1x1        2      char
```

最后用 whos 命令列出当前工作空间中所有变量,以及它们的名称、尺寸(如一个矩阵或数组的行列维数)、所占字节数、属性等信息。

字符串存储为字符数组,每个元素占用一个 ASCII 字符。

例如,日期字符如下:

```
>> DateString = '9/16/2001'
DateString =
9/16/2001
```

DateString 实际上是一个 1 行 9 列向量。

构成矩阵或向量的行字符串长度必须相同。可以使用 char 函数构建字符数组,使用 strcat 函数连接字符。

例如,命令 name = ['abc' ; 'abcd']将触发错误警告:

```
>> name = ['abc' ; 'abcd']
??? Error using == > vertcat
CAT arguments dimensions are not consistent.
```

因为两个字符串的长度不等,此时可以通过空字符凑齐:

```
>> name = ['abc ' ; 'abcd']
name =
abc
abcd
```

更简单的办法是使用 char 函数:

```
>> char('abc','abcd')
ans =
abc
abcd
```

MATLAB 自动填充空字符以使长度相等,因此字符串矩阵的列数总是等于最长字符串的字符数。

例如:

```
>> size(char('abc','abcd'))
ans =
     2     4
```

返回结果为[2,4],即字符串'abc'实际存在的是'abc '。

表 2-4 列出了较为常用的字符串操作函数。

表 2-4　常用的字符串操作函数

函　数　名	功　　能
blanks(n)	返回 n 个空字符
deblank(s)	移除字符串尾部包含的空字符
eval(string)	将字符串作为命令执行
findstr(s1,s2)	搜索字符串
ischar(s)	判断是否是字符串

续表

函　数　名	功　　能
isletter(s)	判断是否是字母
lower(s)	转换小写
upper(s)	转换大写
strcmp(s1,s2)	比较字符串是否相同
strncmp(s1,s2,n)	比较字符串中的前 n 个字符是否相同
strrep(s1,s2,s3)	将 s1 中的字符 s2 替换为 s3

例如,当需提取矩阵中的某一字符元素,可能需要使用 deblank 函数移除空格。

```
>> name = char('abc','abcd')
name =
abc
abcd
>> deblank(name(1,:))
ans =
abc
>> whos
  Name    Size         Bytes  Class    Attributes
  a       1x1            2     char
  ans     1x3            6     char
  name    2x4           16     char
```

可以看出经过 deblank 处理 name 字符串矩阵的第一行后,ans 的大小为1x3,删去了最后一个空格。

2.1.5　日期和时间

MATLAB 提供 3 种日期格式:日期字符串,如'1996-10-02';日期序列数,如 729300 (0000 年 1 月 1 日为 1);日期向量,如 1996 10 2 0 0 0,依次为年月日时分秒。

常用的日期操作函数如表 2-5 所示。

表 2-5　常用的日期操作函数

函　数　名	功　　能
datestr(d,f)	将日期数字转换为字符串
datenum(str,f)	将字符串转换为日期数字
datevec(str)	日期字符串转换向量
weekday(d)	计算星期数
eomday(yr,mth)	计算指定月份最后一天
calendar(str)	返回日历矩阵
clock	当前日期和时间的日期向量
date	当前日期字符串
now	当前日期和时间的序列数

2.1.6　结构体

结构体可以理解为一种特殊的数据类型。一个结构体由若干结构变量或者域构成。在MATLAB中实现 struct 比 C 中更为方便,和其他变量类型一样,结构体无须声明就可以使用。

在本书中,结构体的运用主要体现在仿真结果的数据内容观察和绘图上。

1. 结构体的创建

通常构建结构体有两种方法:一种是直接输入;另一种是使用结构体生成函数 struct。

下面的赋值命令产生一个名为 Voltage 的结构数组,该数组包含两个字段,分别是该电压信号的名称及频率、幅值和相位信息。

```
>> Voltage.Name = 'Phase A';
>> Voltage.FAP = [50.0, 220.0 * sqrt(2), 0.0];
>> Voltage
Voltage =
    Name: 'Phase A'
    FAP: [50 311.1270 0]
```

并可以继续赋值可扩展该结构数组。

```
>> Voltage(2).Name = 'Phase B';
>> Voltage(2).FAP = [50.0, 220.0 * sqrt(2), 120.0];
>> Voltage
Voltage =
1x2 struct array with fields:
    Name
    FAP
```

赋值后结构数组大小变为[1 2]。

也可以用 struct 函数构建结构数组,函数基本形式为:

```
strArray = struct('field1',val1,'field2',val2,...)
```

上述电压结构体可用下面方法生成:

```
>> Voltage(1) = struct('Name','Phase A','FAP', [50.0, 220.0 * sqrt(2), 0.0]);
>> Voltage(2) = struct('Name','Phase B','FAP', [50.0, 220.0 * sqrt(2), 120.0]);
>> Voltage
Voltage =
1x2 struct array with fields:
    Name
    FAP
```

2. 添加和修改结构字段

命令[struct](index).(field)可添加或修改字段,如可以采用下列方法继续扩展一个包含了电压瞬时值信号的字段。

```
>> Voltage(2).Signals = Voltage(2).FAP(2) * sin(2 * pi * Voltage(2).FAP(1) * [0:0.02/12:
0.02] + Voltage(2).FAP(3) * pi/180);
>> Voltage(2)
ans =
        Name: 'Phase B'
         FAP: [50 311.1270 120]
     Signals: [1x13 double]
>> Voltage(1)
ans =
        Name: 'Phase A'
         FAP: [50 311.1270 0]
     Signals: []
>> Voltage(1).Signals = Voltage(1).FAP(2) * sin(2 * pi * Voltage(1).FAP(1) * [0:0.02/12:
0.02] + Voltage(1).FAP(3) * pi/180);
```

注意,在对 Voltage(2)扩展了字段 Signals 后,Voltage(1)的字段也自动生成,其内容为空[],直到为其赋值为止。

删除字段使用 rmfield 函数,例如:

```
>> Voltage2 = rmfield(Voltage, 'Name')
Voltage2 =
1x2 struct array with fields:
    FAP
    Signals
```

删除 Name 字段并产生新的结构 Voltage2。

3. 访问结构数据

以下都是合法的结构数组访问命令:

```
Vs = Voltage (1:2)              获取子结构数据
Voltage (1)                    访问结构数据
Voltage (2).Name               访问结构数据中的特定字段
Voltage (2).FAP(1,2)           访问结构数据中的特定字段(该字段为数组)
Names = [Voltage.Name]         访问多个结构
VInfo = { Voltage (1:2).FAP}   提取结构数据转换成单元格数组
```

读者可以自行测试输出的结果。

此外还可以使用结构字段的动态名称来访问数据。例如,对变电站内两条母线 Bus1 和 Bus2 可以创建如下结构体。

```
>> Station.Bus1.Voltage = Voltage;
>> Station.Bus2.Voltage = Voltage;
>> Station.Bus1.Voltage(1).FAP(2) = 230 * sqrt(2)
Station =
    Bus2: [1x1 struct]
```

```
Bus1: [1x1 struct]
>> Station.Bus1.Voltage(1).Signals = Station.Bus1.Voltage(1).FAP(2) * sin(2 * pi * Station.
Bus1.Voltage(1).FAP(1) * [0:0.02/12: 0.02] + Station.Bus1.Voltage(1).FAP(3) * pi/180);
```

即结构名为 Station,字段使用每条母线的名称命名,分别为 Bus1 和 Bus2,每条母线下包含名为 Voltage 的电压结构数组。用上面生成的 Voltage 变量对它们赋值后,将母线 Bus1 的 A 相电压有效值修改 230V,同时重新生成瞬时值。

现根据信号来计算给定结构名称、母线位置的某相电压有效值。

在命令窗口中输入"edit StationBusRMS. m",输入以下代码后保存文件:

```
function BusRMS = StationBusRMS (struct,bus,phase)
BusRMS = norm(struct.(bus).Voltage(phase).signals(1:12))/sqrt(12);
```

该函数假定每周波固定采样 12 个点,使用 norm 函数求解电压信号的 2 范数,并根据有效值计算的基本原理来计算母线电压的有效值。

此时通过 structName. (expression)可以赋予结构字段名称并访问数据。在命名窗口中输入以下命令:

```
>> StationBusRMS(Station,'Bus1',1)
ans =
   230
>> StationBusRMS(Station,'Bus2',1)
ans =
   220
```

即可通过瞬时采样值计算对应站的母线 A 相电压有效值。从上述过程可以看出,我们可以非常方便地为一个站增加更多的母线信息,也可以增加新的站,但可以沿用 StationBusRMS 函数来进行有效值计算。

2.1.7　单元格数组

单元格数组提供了不同类型数据的存储机制,可以存储任意类型和任意纬度的数组。也有的文献称其为单元阵列、cell(元胞)阵列或者元胞数组。它可以有 m 行 n 列,对应有 $m \times n$ 个元素。所不同的是单元阵列中每个元素是一个 cell(元胞),而每个 cell 可以由不同数据格式的矩阵构成,构成每个 cell 的矩阵大小也可以不同,可以是一个元素,也可以是一个向量,还可以是一个多维数组。

1. 单元格数组的创建

最简单的构建单元格数组是赋值方法,使用大括号标识可直接创建单元格数组。例如:

```
>> A(1,1) = {[1 4 3; 0 5 8; 7 2 9]};
>> A(1,2) = {'abcd'};
>> A(2,1) = {3 + 7i};
>> A(2,2) = { - pi:pi/10:pi};
>> A
```

```
A =
            [3x3 double]       'abcd'
    [3.0000 + 7.0000i]    [1x21 double]
```

上述命令创建 2×2 的单元格数组 A。继续添加单元格元素直接使用赋值(如 A(2,3)＝{5})即可,注意需使用大括号标识。

简化的方法是结合使用大括号(单元格数组)和方括号创建。例如:

```
C = {[1 2], [3 4]; [5 6], [7 8]};
```

访问单元格数组的规则和其他数组相同,区别在于需要使用大括号访问,如下列命令显示了 A(1,1) 与 A{1,1} 访问的不同结果。

```
>> A(1,1)
ans =
    [3x3 double]
>> A{1,1}
ans =
    1    4    3
    0    5    8
    7    2    9
```

构建单元格数组还可以使用 cell 函数创建一个空的单元阵列。例如:

```
>> A = cell(2,2);
>> A(1,2) = {1:10};
>> A
A =
    [ ]    [1x10 double]
    [ ]              [ ]
```

首先创建 2×2 的空单元格数组,然后为第 1 行、第 2 列赋值,其他单元格仍保持为空。

2. 访问数据

通过索引可直接访问单元格数组中的数据元素。例如:

```
>> A{1,2}(3:5)
ans =
    3    4    5
```

2.1.8　函数句柄

函数句柄(Function Handle)是 MATLAB 的一种数据类型。引入函数句柄是为了使 feval 及借助于它的泛函指令工作更可靠,特别在反复调用情况下更显效率。它使"函数调用"像"变量调用"一样方便灵活,提高函数调用速度,提高软件重用性,扩大子函数和私用函数的可调用范围,迅速获得同名重载函数的位置、类型信息。

　　函数句柄是用于间接调用一个函数的 MATLAB 值或数据类型。在调用其他函数时可以传递函数句柄，也可在数据结构中保存函数句柄备用。

　　通过命令形式 fhandle ＝ @functionname 可以创建函数句柄，如 trigFun＝@sin 或匿名函数“sqr ＝ @(x) x.^2;”。

　　提示：feval 就是把已知的数据或符号带入一个定义好的函数句柄中，如下面的例子。

```
syms t;
    f = @(x,y) x^2 + y^2;
    k1 = feval(f,1,t)
k2 = f(1,t)
k3 = feval(f,1,1)
k4 = f(1,1)
```

运行结果：

```
k1 = t^2 + 1
k2 = t^2 + 1

k3 = 2
k4 = 2
```

　　MATLAB 中函数句柄的使用使得函数也可以成为输入变量，并且能很方便地调用，提高函数的可用性和独立性。

　　使用函数句柄调用函数的形式是 fhandle(arg1,arg2,…,argn) 或 fhandle()（无参数），如 trigFun(1)。

　　例如：

```
function x = plotFHandle(fhandle, data)
plot(data, fhandle(data))
```

调用举例：

```
plotFHandle(@sin, -pi:0.01:pi)
```

2.2　基本语法规则

2.2.1　变量的使用

1. 变量的类型与存储

　　MATLAB 存储变量在一块内存区域中，该区域称为基本工作空间。脚本文件或命令行创建的变量都存在基本工作空间中。函数不使用基本工作空间，每个函数都有自己的函数空间。

　　变量有以下 3 种基本类型。

　　1）局部变量

　　每个函数都有自己的局部变量，这些变量只能在定义它的函数内部使用。当函数运行时,局部变量保存在函数的工作空间中,一旦函数退出,这些局部变量将不复存在。

脚本(没有输入/输出参数,由一系列 MATLAB 命令组成的 M 文件)没有单独的工作空间,只能共享调用者的工作空间。当从命令行调用,脚本变量存在基本工作空间中;当从函数调用,脚本变量存在函数空间中。

2) 全局变量

在函数或基本工作空间内,用 global 声明的变量为全局变量。例如,声明 a 为全局变量:

```
global a
```

声明了全局变量的函数或基本工作空间,共享该全局变量,都可以给它进行赋值。

如果函数的子函数也要使用全局变量,也必须用 global 声明。

3) 永久变量

永久变量用 persistent 声明,只能在 M 文件函数中定义和使用,只允许声明它的函数存取。当声明它的函数退出时,MATLAB 不会从内存中清除它。例如,声明 a 为永久变量:

```
persistent a
```

2. 变量命名规则

MATLAB 中命名变量的规则如下。

(1) 变量名必须以字符开头,后面可以跟字母、数字、下画线,但不能用空格和标点符号(这个跟 C 标准相同)。

(2) 变量名区分大小,A 和 a 表示两个不同的变量。

(3) 名称可以任意长,但是只有前面的 63 个字符参与识别。

(4) 避免使用函数名和系统保留字。MATLAB 系统中预定义的变量如表 2-6 所示。

表 2-6　MATLAB 系统中预定义的变量

名　称	意　义
ans	预设的计算结果的变量名
eps	MATLAB 定义的正的极小值＝2.2204e-16
pi	内建的 π 值
inf	无限大
NaN	无法定义一个数目
i 或 j	虚数单位
nargin	函数输入参数个数
nargout	函数输出参数个数
realmax	最大的正实数
realmin	最小的正实数
flops	浮点运算次数

(5) MATLAB 为程序语言保留的一些字称为关键字。变量名不能为关键字,否则会出错。查看 MATLAB 所有的关键字,用 iskeyword:

```
>> iskeyword
ans =
    'break'
    'case'
    'catch'
    'classdef'
    'continue'
    'else'
    'elseif'
    'end'
    'for'
    'function'
    'global'
    'if'
    'otherwise'
    'parfor'
    'persistent'
    'return'
    'spmd'
    'switch'
    'try'
    'while'
```

对变量命名建议是：①变量名尽量反映其含义；②局部变量名尽量采用小写,全局变量名尽量大写。

3. 变量赋值

在 MATLAB 语言中,变量不需要事先声明,MATLAB 在遇到新的变量名时,会自动建立变量并分配内存。给变量赋值时,如果变量不存在,会创建它；如果变量存在,会更新它的值。

2.2.2 分支判断语句

1. if 分支判断语句

其通用格式如下：

```
if expression
    statements
elseif expression
    statements
else
    statements
end
```

if 语句可以跟随一个(或多个)可选的 elseif…else 语句,用来测试各种条件。使用中有以下几点要记住。

(1) 一个 if 可以有零个或一个 else,如果有 elseif,else 必须跟在 elseif 后面。

(2) 一个 if 可以有零个或多个 elseif。

（3）elseif 一旦成功匹配，剩余的 elseif 将不会被测试。

【例 2-5】　将百分制的学生成绩转换为五分制输出。

```
clear
n = input('输入 n = ')
if n >= 90
    chji = '优秀'
elseif n >= 80
    chji = '良好'
elseif n >= 70
    chji = '中等'
elseif n >= 60
    chji = '及格'
else
    chji = '不及格'
end
```

input 语句从键盘接收输入的数据，并根据数值进行相应的转换。例如，将该程序的 elseif 调节对调位置，则会出现一些错误判断，读者可以自行测试。

2. switch 分支判断语句

switch 语句的通用格式如下：

```
switch switch_expression
case case_expression,
statement,
...,
statement
case {case_expression1, case_expression2, case_expression3,...}
statement,
...,
statement
otherwise,
statement,
...,
statement
end
```

switch 块有条件地执行一组语句从几个选择，每个选项所涵盖的一个 case 语句。switch 块测试每个 case，直到其中一个 case 是 true 时，MATLAB 执行相应的语句，然后退出 switch 块。otherwise 块是可选的，任何情况下，只有当所有 case 都是 false 时才会执行。

【例 2-6】　根据成绩等级，输出评语。

```
grade = 'B';
switch(grade)
case 'A'
        fprintf('Excellent!');
```

```
case 'B'
        fprintf('Well done' );
case 'C'
        fprintf('Well done' );
case 'D'
        fprintf('You passed' );
case 'F'
        fprintf('Better try again' );
otherwise
        fprintf('Invalid grade' );
end
```

2.2.3 循环语句

1. for 语句

通用格式如下：

```
for variable = expression
statement,
...,
statement
end
```

在 for 和 end 语句之间的 { statement } 按数组中的每一列执行一次。在每一次迭代中，x 被指定为数组的下一列，即在第 n 次循环中，x＝array(:, n)。

【例 2-7】 用 for 循环绘制频率为 50Hz 的正弦波，并绘制图形。

```
w = 2 * pi * 50
n = 1;
for t = 0:0.02/50:0.01
    x(n) = t;
y(n) = sin(w * t);
    n = n + 1;
 end
plot(x,y);
```

为了得到最大的速度，在 for 循环（while 循环）被执行之前，应预先分配数组。例如，下面方式会比原方式运行速度更快。

```
w = 2 * pi * 50
x = zeros(251,1);
y = zeros(251,1);
n = 1;
for t = 0:0.02/50:0.1
    x(n) = t;
y(n) = sin(w * t);
    n = n + 1;
```

```
    end
plot(x,y);
```

当有一个等效的数组方法来解给定的问题时,应避免用 for 循环。例如,上面的例子可被重写为:

```
w = 2 * pi * 50
t = 0:0.02/50:0.1
y = sin(w * t);
plot(t,y);
```

这种方式执行速度更快。

2. while 语句

通用格式如下:

```
While expression
  statements
end
```

只要在表达式里的所有元素为真,就执行 while 和 end 语句之间的｛statements｝。通常,表达式的求值给出一个标量值,但数组值也同样有效。在数组情况下,所得到数组的所有元素必须都为真。

【例 2-8】 将输入的字符串反序。

```
str = input('请输入字符串: ','s')
tmpstr = str;
i = 1;
len = length(str);
while i <= len
    str(len - i + 1) = tmpstr(i);
    i = i + 1;
end
```

2.3 文件类型

MATLAB 编程中常用的文件类型如下。

(1) 程序文件:即 M 文件,文件的扩展名为.m。它是保存一段程序代码的文件,类似于 C 语言中的一个函数体(实际更类似于 VB 中的过程和函数两个概念,M 文件也兼备这两种功能)。M 文件通过编辑/调试器生成,MATLAB 的各种工具箱中的函数大部分是 M 文件。

(2) 模型文件:扩展名为.slx 或.mdl。它由 Simulink 工具箱建模生成,另外还有.s 文件仿真文件。

(3) 图形文件:扩展名为.fig。可以在 File 菜单中创建和打开,也可以由 MATLAB 的绘图命令和图形用户界面产生。

（4）数据文件：即 mat 文件，扩展名为.mat。它是 MATLAB 的数据存储的标准格式，可以用来保存工作空间中的数据变量，供下一次使用。数据文件可以通过在命令窗口中输入"save"命令生成，读取则使用"load"，这两个函数的具体用法可以查阅帮助文件。

（5）可执行文件：即 MEX 文件，扩展名为.mex。它由 MATLAB 的编译器对 M 文件进行编译后产生，其运行速度比直接执行 M 文件快得多。

MATLAB 支持的文件格式非常多，包括图形、图像、Office 系列等，这里不再赘述。

2.4　小结

本章主要介绍了 MATLAB 的基本数据类型和常用语法规则，关于矩阵运算等基本操作功能不在本书讨论范围内，请查询相关基础教程，确保后续内容学习顺利。

第3章

MATLAB 编程入门

3.1 基本绘图与变换

3.1.1 圆与椭圆

$x_1^2 + x_2^2 = r^2$ 为圆的方程，我们可以从 MATLAB 中绘制基本的圆图形开始掌握 MATLAB 的变量、分支语句和绘图等功能的使用方法。

【例 3-1】 绘制 $x_1^2 + x_2^2 = 1$ 的图形。

在 MATLAB 主界面中选择"主页"→"新建脚本"选项（2008 前版本选择 File→New→ Blank M-File 选项，后续陈述中，均以 2014a 版本为例，其他版本请自行查找相关指令位置），建立一个空白的.m 文件。系统会打开一个 Editor 的文件编辑窗口，如图 3-1 所示。

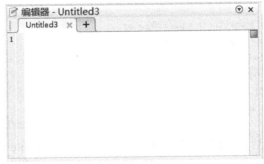

图 3-1 新建.m 文件

参考程序如下（Cirlcle.m）：

```
% 绘制圆
% x1 ^ 2 + x2 ^ 2 = r ^ 2
```

```
% 建立图形,编号1
figure(1)
% 半径,直接对变量赋值
r = 1;
% 使用 start:increment:end 方式对变量赋值,并使用'将行向量转换为列向量
theta = [0:1:360]';
% theta 作为向量参与运算,得到的 x1 也为相同长度的向量
x1 = r * cos(theta * pi/180);
x2 = r * sin(theta * pi/180);
% plot 命令绘制图形,使用帮助查看功能(help plot)
plot(x1,x2);
% 使 x 轴和 y 轴的单位长度相同
axis equal;
% 限定显示的上下限,用法: axis([xmin,xmax,ymin,ymax])
axis([ - 1.5 1.5 - 1.5 1.5]);
% 在画图的时候添加网格线
grid on
```

保存后,在 Editor 菜单中选择 Debug→Save File and Run 命令,即可得到如图 3-2(a) 所示的圆形。

相应地,椭圆方程为 $\left(\dfrac{x_1}{a}\right)^2 + \left(\dfrac{x_2}{b}\right)^2 = 1$,与例 3-1 类似,可以编写程序绘制椭圆。

【例 3-2】 绘制 $x_1^2 + (2x_2)^2 = 1$ 的图形。

接例 3-1 的结果,程序如下(Ellipse.m):

```
% 绘制椭圆 (x1/a)^2 + (x2/b)^2 = 1
figure(2)
a = 1;
b = 1/2;
% 半径,直接对变量赋值
r = 1;
x1 = r * cos(theta * pi/180) * a;
x2 = r * sin(theta * pi/180) * b;
plot(x1,x2);
axis equal
axis([ - 1.5 1.5 - 1.5 1.5])
grid on
```

保存后,在 Editor 菜单中选择 Debug→Save File and Run 命令,即可得到如图 3-2(b) 所示的椭圆形。

提示: 在程序生成的 Figure 绘图窗口中,选择"编辑"→"复制图形"选项,即可将当前图形复制到剪贴板,然后复制到 Word 等其他文字编辑器。这样的复制方法能够去除 Figure 窗口中的灰色底图。此外,还可以通过"编辑"→"复制选项"选项来设定复制图形的方式。

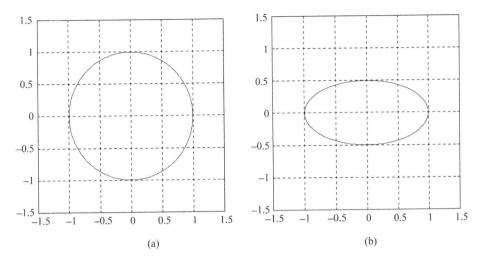

图 3-2 圆与椭圆的绘制结果

3.1.2 比例变换

在进行比例变换相关编程前,先回顾一下线性代数中关于特征根与特征向量的定义。

【定义 1】 设 A 是数域 P 上向量空间 V 的一个线性变换,如果对于数域 P 中一数 λ_0,存在一个非零向量 x,使得 $Ax=\lambda_0 x$,那么 λ_0 称为 A 的一个特征值,而 x 称为 A 的属于特征值 λ_0 的一个特征向量。

在讨论特征向量的前提下,矩阵显然是方阵(这里不讨论广义特征向量的概念,就是一般的特征向量)。矩阵的特征值和特征向量有很明确的几何意义。它乘以一个向量的结果仍是同维数的一个向量。因此,矩阵乘法对应了一个变换,把一个向量变成同维数的另一个向量。

因此从几何上来看,一个矩阵的特征向量就是这样一种向量,它经过这种特定的变换后保持方向不变,只是进行长度上的伸缩而已。特征向量的方向经过线性变换后,保持在同一条直线上,这时或者方向不变($\lambda_0>0$)或者方向相反($\lambda_0<0$)。

【例 3-3】 用比例变换的方式实现圆到椭圆的变化(CToE.m)。

上述由圆到椭圆的变换,也可以由矩阵变换的方式得到。

```
% 由坐标比例变换得到椭圆的方法
figure(3);
% 半径,直接对变量赋值
r = 1;
theta = [0:1:360]';
% 圆方程 x1^2 + x2^2 = r^2
x1 = r * cos(theta * pi/180);
x2 = r * sin(theta * pi/180);
% 比例变换矩阵,x2 将被压缩到原来的一半
P = [1,0;0 1/2]
% 将所有的点进行比例变换
```

```
Y = [x1,x2] * P;          % 由圆做变换
plot(x1,x2);              % 绘制圆
hold on;                  % 保持图形
y1 = Y(:,1);
y2 = Y(:,2);
plot(y1,y2,'r');
axis equal
axis([ -1.5 1.5 -1.5 1.5])
grid on
% 求取变换矩阵的特征根和特征向量
[V,D] = eig(P);
```

程序运行结果如图 3-3 所示。图中额外标注了两个向量 $p(x_1,x_2)$ 和 $p'(y_1,y_2)$。上述变换过程,就是将圆上的任意点 $p(x_1,x_2)$,经过变换 P,得到点 p 的像 $p'(y_1,y_2)$。经过这个线性变换,也就是 p 在 x_1 轴上的投影没有改变,而在 x_2 轴上的投影则缩小 1/2。

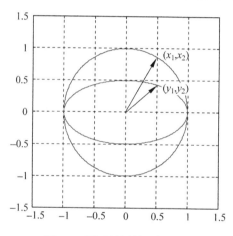

图 3-3　圆到椭圆的比例变换

用 eig(P) 求取变换矩阵 P 的特征根 D 和特征向量 V,所有的特征根按从小到大的次序排列为对角矩阵 D,特征向量矩阵 V 的每个列向量作为特征向量与之相对应。

```
>> [V,D] = eig(P)
V =
     0    1
     1    0
D =
    0.5000         0
         0    1.0000
```

由上可以求出矩阵 P 的特征向量有两个,即 $[1,0]$ 和 $[0,1]$,也就是 x_1 轴和 x_2 轴的单位向量,对应的特征根为 1 和 0.5。它们代表了什么物理意义呢?如果把圆上的所有点都看成向量,只有 x_1 轴和 x_2 轴的单位向量的方向没有改变,而其他点所代表的向量的方向都发生了变化。

注意:根据特征向量的原始定义 $Ax = \lambda_0 x$,可以很容易看出,$\lambda_0 x$ 是方阵 A 对向量 x 进

行变换后的结果,显然 $\lambda_0 x$ 和 x 的方向相同。而且 x 是特征向量的话, $a x$ 也是特征向量 (a 是标量且不为零),所以特征向量不是一个向量而是一个向量簇。

虽然求这两个向量时先求出特征值,但特征向量才是更本质的东西。特征值只不过反映了特征向量在变换时的伸缩倍数而已,而特征向量是指经过指定变换(与特定矩阵相乘)后不发生方向改变的那些向量。因此对一个变换而言,特征向量指明的方向才是很重要的,特征值不那么重要。

3.1.3 旋转变换

旋转变换就是将平面上任意一点绕原点旋转 α 角,一般规定逆时针方向为正,顺时针方向为负。从图 3-4 可推出变换公式

$$
\begin{aligned}
x_1 &= r \cdot \cos(\alpha + \varphi) \\
&= r \cdot (\cos\alpha \cdot \cos\varphi - \sin\alpha \cdot \sin\varphi) \\
&= x \cdot \cos\alpha - y \cdot \sin\alpha \\
y_1 &= r \cdot \sin(\alpha + \varphi) \\
&= r \cdot (\sin\alpha \cdot \cos\varphi + \cos\alpha \cdot \sin\varphi) \\
&= x \cdot \sin\alpha + y \cdot \cos\alpha
\end{aligned}
$$

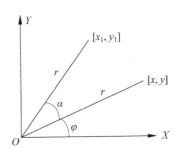

图 3-4　旋转变换示意图

上述公式可以用矩阵运算表示为

$$
\boldsymbol{X}_1 = \boldsymbol{X} \cdot \boldsymbol{P} = [x, y] \cdot \begin{bmatrix} \cos\alpha & \sin\alpha \\ -\sin\alpha & \cos\alpha \end{bmatrix}
$$

【例 3-4】 将 $x_1^2 + (2x_2)^2 = 1$ 的图形逆时针旋转 $30°$。

程序如下(RotateEllipse.m):

```
%图形逆时针旋转30°(坐标顺时针旋转30°)
figure(4)
a = 1;
b = 1/2;
theta = [0:1:360]';
%半径,直接对变量赋值
r = 1;
x1 = r * cos(theta * pi/180) * a;
x2 = r * sin(theta * pi/180) * b;
X2 = [x1,x2];
alpha = 30/180 * pi;
P = [cos(alpha),sin(alpha); - sin(alpha),cos(alpha)];
%X2 来源于上一例
X = X2 * P;
plot(X(:,1),X(:,2));
axis equal
axis([ - 1.5 1.5 - 1.5 1.5])
grid on
```

旋转 $30°$ 后的椭圆如图 3-5 所示。

在此例中,变换矩阵 $\boldsymbol{P}$ 没有实特征根,只有一对共轭的复数特征根。

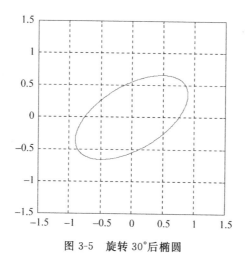

图 3-5 旋转 30° 后椭圆

```
>> [V,D] = eig(P)
V =
    0.7071              0.7071
         0 + 0.7071i    0 - 0.7071i
D =
    0.8660 + 0.5000i         0
         0              0.8660 - 0.5000i
```

这对共轭的特征根实际是椭圆的旋转角度 $\mathrm{e}^{\pm \mathrm{j}\frac{\pi}{6}} = \cos\left(\dfrac{\pi}{6}\right) \pm \mathrm{j}\sin\left(\dfrac{\pi}{6}\right) = \dfrac{\sqrt{3}}{2} \pm \mathrm{j}\,\dfrac{1}{2}$。

3.1.4 二次型

1. 二次型的概念

【定义 2】 设 p 是一个数域，$a_{ij} \in p$，n 个变量 $x_1, x_2, \cdots, x_n$ 的二次齐次多项式为

$$
\begin{aligned}
f(x_1, x_2, \cdots, x_n) &= a_{11}x_1^2 + 2a_{12}x_1x_2 + 2a_{13}x_1x_3 + \cdots + 2a_{1n}x_1x_n \\
&\quad + a_{22}x_2^2 + 2a_{23}x_2x_3 + \cdots + 2a_{2n}x_2x_n + \cdots + a_{nn}x_n^2 \\
&= \sum_{i=1}^{n}\sum_{j=1}^{n} a_{ij}x_i x_j
\end{aligned}
$$

其中，$a_{ij} = a_{ji}$；$i,j = 1,2,\cdots,n$。

上式称为数域 p 上的一个 n 元二次型，简称二次型。

当 a_{ij} 为实数时，f 称为实二次型；当 a_{ij} 为复数时，f 称为复二次型。如果二次型中只含有变量的平方项，即 $f(x_1, x_2, \cdots, x_n) = d_1x_1^2 + d_1x_2^2 + \cdots + d_nx_n^2$，$f$ 称为标准型。

由定义可知，3.1.1 节中的圆和椭圆均为标准二次型。

二次型 $f(x_1, x_2, \cdots, x_n)$ 可唯一表示成 $f(x_1, x_2, \cdots, x_n) = x^{\mathrm{T}}Ax$，其中 $x = (x_1, x_2, \cdots, x_n)^{\mathrm{T}}$，$A = (a_{ij})_{n \times n}$ 为对称矩阵，称上式为二次型的矩阵形式，称 A 为二次型的矩阵（必是对称矩阵）。

因此，例 3-1 和例 3-2 的圆与椭圆可以表示为

$$f(x_1, x_2) = \begin{bmatrix} x_1, x_2 \end{bmatrix} \begin{bmatrix} 1 & 0 \\ 0 & 1 \end{bmatrix} \begin{bmatrix} x_1 \\ x_2 \end{bmatrix} = \boldsymbol{XAX'}$$

和

$$f(x_1, x_2) = \begin{bmatrix} x_1, x_2 \end{bmatrix} \begin{bmatrix} 1 & 0 \\ 0 & 4 \end{bmatrix} \begin{bmatrix} x_1 \\ x_2 \end{bmatrix} = \boldsymbol{XAX'}$$

【例 3-5】 编程说明例 3-4 中做旋转前后的两个二次型矩阵为相似矩阵。

例 3-4 中用变换矩阵 $\boldsymbol{P}$ 将椭圆旋转后，由 $\boldsymbol{X} = \boldsymbol{X}_1\boldsymbol{P}^{-1}$ 旋转后在新坐标系下的二次型表示为

$$f(x_1, x_2) = \boldsymbol{XAX'} = \boldsymbol{X}_1\boldsymbol{P}^{-1}\boldsymbol{A}\boldsymbol{P}^{-1'}\boldsymbol{X}_1' = \boldsymbol{X}_1\boldsymbol{A}_1\boldsymbol{X}_1'$$

其中，$\boldsymbol{A}_1 = \boldsymbol{P}^{-1}\boldsymbol{A}\boldsymbol{P}^{-1'}$。

由此可以简单计算得到新坐标系下的二次型矩阵(Quadratic.m)。

```
% 椭圆二次型的矩阵 A
A = [1,0;0,4]
% 旋转 30°
alpha = 30/180 * pi;
P = [cos(alpha),sin(alpha); - sin(alpha),cos(alpha)];
% 旋转后的矩阵
A1 = (P ^ - 1) * A * (P ^ - 1)'
```

运行结果：

```
A =
     1    0
     0    4
A1 =
    1.7500   - 1.2990
   - 1.2990    3.2500
```

在线性代数中，相似矩阵的定义为：设 $\boldsymbol{A}$、$\boldsymbol{B}$ 为 n 阶矩阵，如果有 n 阶可逆矩阵 $\boldsymbol{P}$ 存在，使得 $\boldsymbol{B} = \boldsymbol{P}^{-1}\boldsymbol{AP}$ 成立，则称矩阵 $\boldsymbol{A}$ 与 $\boldsymbol{B}$ 相似，记为 $\boldsymbol{A} \sim \boldsymbol{B}$。相似矩阵的特性之一是 $\boldsymbol{A}$ 与 $\boldsymbol{B}$ 有相同的特征方程，有相同的特征值。

上述的旋转变换矩阵 $\boldsymbol{P}^{-1'} = \boldsymbol{P}$，因此有 $\boldsymbol{A}_1 = \boldsymbol{P}^{-1}\boldsymbol{A}\boldsymbol{P}^{-1'} = \boldsymbol{P}^{-1}\boldsymbol{AP}$，因此旋转前后的二次型矩阵为相似矩阵，求解二者的特征根与特征向量的程序代码如下：

```
[V,D] = eig(A)
[V1,D1] = eig(A1)
V =
     1    0
     0    1
D =
     1    0
     0    4
V1 =
   - 0.8660   - 0.5000
   - 0.5000    0.8660
D1 =
    1.0000         0
         0    4.0000
```

从运行结果可以清楚地看出,两个矩阵具有相同的特征根和不同的特征向量。

2. 三维空间图形

【例 3-6】 在三维空间中,绘制出二次型 $f(x_1,x_2)=[x_1,x_2]\begin{bmatrix}1 & 0\\0 & 4\end{bmatrix}\begin{bmatrix}x_1\\x_2\end{bmatrix}$ 的图形。

程序如下(Quadratic3D. m):

```
% 椭圆 f = x1^2 + 4 * x2^2 = [x1,x2] * [1,0;0,4] * [x1,x2]'
% 二次型的矩阵 A
A = [1,0;0,4]
% 定义两个实数型的符号变量
syms x1 real
syms x2 real
% f 为椭圆的符号方程表示
f = [x1,x2] * A * [x1,x2]'
% 建立图 1
figure(1)
% theta 作为向量参与运算,得到的 x1 也为相同长度的向量
theta = [0:1:360]'; Data = [];
for r = 0.1:0.1:2
    x1 = r * cos(theta * pi/180);
    x2 = r/2 * sin(theta * pi/180);
    z = eval(f);Data = [Data;x1,x2,z];
    plot3(x1,x2,z);
    hold on
end
xlim(gca,[ - 3,3]);
ylim(gca,[ - 3,3])
grid on
```

得到的图形如图 3-6(a)所示。

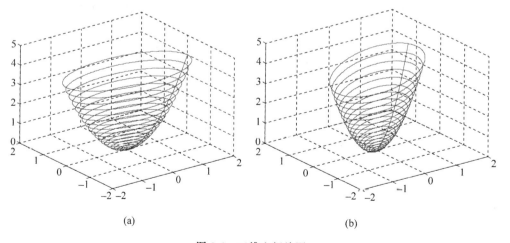

(a)   (b)

图 3-6   三维空间绘图

三维空间中的旋转变换比二维空间中的旋转变换复杂。除了需要指定旋转角外,还需要指定旋转轴。若以坐标系的 3 个坐标轴 x、y、z 分别作为旋转轴,则点实际上只在垂直坐标轴的平面上做二维旋转。此时用二维旋转公式就可以直接推出三维旋转变换矩阵。

例如,使用 $\boldsymbol{X}_1 = \boldsymbol{X} \cdot \boldsymbol{P} = [x, y, z] \cdot \begin{bmatrix} \cos\alpha & \sin\alpha & 0 \\ -\sin\alpha & \cos\alpha & 0 \\ 0 & 0 & 1 \end{bmatrix}$ 即可实现绕 z 轴的旋转。

【例 3-7】 将例 3-6 的图形沿 z 轴旋转 $30°$。

程序如下(Quadratic3DYaw.m):

```
% 直接将图形旋转 30°
alpha = 30/180 * pi;
P = [cos(alpha),sin(alpha),0; - sin(alpha),cos(alpha),0;0 0 1];
% 旋转后的矩阵
figure(2)
Data = Data * P;
plot3(Data(:,1),Data(:,2),Data(:,3));
 xlim(gca,[ - 2,2]);
 ylim(gca,[ - 2,2])
grid on
```

运行后可得到的图形如图 3-6(b)所示。显然变换 $\boldsymbol{P}$ 有一个等于单位 1 的实特征根和两个共轭复特征根。

生成旋转矩阵的一种简单方式是把它作为 3 个基本旋转的序列复合。关于右手笛卡儿坐标系的 $x-$、$y-$ 和 $z-$ 轴的旋转分别称为 roll、pitch 和 yaw 旋转。因为这些旋转被表示为关于一个轴的旋转,它们的生成元很容易表达。

绕 $x-$ 轴的主动旋转定义为

$$R_x(\theta_x) = \begin{bmatrix} 1 & 0 & 0 \\ 0 & \cos\theta_x & -\sin\theta_x \\ 0 & \sin\theta_x & \cos\theta_x \end{bmatrix}$$

其中,θ_x 是 roll 角。

绕 $y-$ 轴的主动旋转定义为

$$R_y(\theta_y) = \begin{bmatrix} \cos\theta_y & 0 & \sin\theta_y \\ 0 & 1 & 0 \\ -\sin\theta_y & 0 & \cos\theta_y \end{bmatrix}$$

其中,θ_y 是 pitch 角。

绕 $z-$ 轴的主动旋转定义为

$$R_z(\theta_z) = \begin{bmatrix} \cos\theta_z & -\sin\theta_z & 0 \\ \sin\theta_z & \cos\theta_z & 0 \\ 0 & 0 & 1 \end{bmatrix}$$

其中,θ_z 是 yaw 角。风力发电中的变桨(pitch)和偏航(yaw)控制对应的就是 y 轴和 z 轴的旋转。

3.2 函数应用

3.2.1 函数的定义

MATLAB 提供了强大的函数库供用户调用,但也支持用户自己定义函数。许多时候希望将特定的代码(算法)书写成函数的形式,提高代码的可封装性与重复性,简化代码设计,提高执行效率。

前面用到的 M 文件都是脚本文件。脚本文件只是用于存储 MATLAB 的语句。当一个脚本被执行时,与直接在 MATLAB 命令窗口中输入命令的结果是一样的。一个脚本文件没有输入参数,也不返回结果。不同的脚本文件可以通过共享工作区的变量来实现数据的共享。

相对而言,MATLAB 的函数是一种特殊形式的 M 文件,它运行在独立的工作区,通过输入参数列表接收输入参数,通过输出参数列表返回结果。其基本形式如下:

```
function [outarg1, outarg2, … ] = fname(inarg1, inarg2, … )
% H1 comment line;
% Other comment lines
…
(Executable code)
…
(return)
end
```

function 是函数的关键词,表明该文件定义的是一个函数。fname 是函数名称,该 M 文件也必须存储为 fname. m 的形式,如果文件名被修改为其他名称,如 fname1,由于 MATLAB 是解释性的语言,它将找不到 fname 的函数,反而可以调用到 fname1 的函数。

%后的内容为注释,用于说明函数的用途,没有计算的功能。其中 H1 行用于使用 MATLAB 内部函数 lookfor 搜索相关函数功能,如在命令行窗口中输入命令">> lookfor sin"时,如果定义的函数的 H1 行中,含有字符 sin,它能够被 lookfor 命令找到,并显示 H1 行的内容。紧接着 H1 行的其他注释行,则在使用 help 命令查看函数功能时会显示出来,但这些注释必须是连续的,中间不能有空行。函数最末尾的 end 是不必需的,只有在一个 M 文件中,有多个函数时,才需要添加。

【例 3-8】 实现一个加法功能的函数(myadd. m)。

与例 3-1 新建脚本文件类似,新建一个空白的脚本文件,并输入以下内容:

```
function c = myadd(a, b)
% This is myadd function … .
% 在工作区中, help myadd 将显示此处的说明

% 运行代码开始
c = a + b;
% end % 非必需的
```

保存该文件为 myadd.m。在命令行窗口可以这样调用该函数：

```
>> c = myadd(2,3)
c =
     5
```

在命令行窗口输入"lookfor myadd"，会显示：

```
>> lookfor myadd
myadd              - This is myadd function….
```

在命令行窗口输入"help myadd"，会显示：

```
>> help myadd
This is myadd function….
```

在工作区中，help myadd 将显示此处的说明。

由于在注释行"%运行代码开始"前面有空行，该行内容在 help 命令中不会被显示。

若将该文件保存为 myaddition.m，尽管文件中的函数名为 myadd，调用时也必须改为 myaddition(2,3)，才能显示出正确的结果。

3.2.2　函数的输入与输出参数数量控制

nargin 是用来判断输入变量个数的函数，这样就可以针对不同的情况执行不同的功能。通常可以用它来设定一些默认值。

【例 3-9】　实现一个求 3 个以内输入参数平均值的函数。

函数实现如下：

```
function fout = mymean(a,b,c)
    if nargin == 1
        fout = a;
    elseif nargin == 2
        fout = (a + b)/2;
    elseif nargin == 3
        fout = (a + b + c)/3;
    end
```

在命令行窗口输入带不同参数的命令，会显示：

```
>> mymean(2)
ans =
     2
>> mymean(2,3)
ans =
    2.5000
>> mymean(2,3,4)
ans =
     3
```

nargout 指出了输出参数的个数。特别是在利用了可变参数列表的函数中,用 nargout 获取输入参数个数很方便。

【例 3-10】 实现一个向量的模长和角度。

```
function [M,theta] = GetVector(x,y)
    if nargin == 1
        fprintf('输入参数数量不足');
    elseif nargin == 2
        M = sqrt(x^2 + y^2);
        if nargout > 1
            theta = atan(x/y) * 180/pi;
        end
    end
```

在命令行窗口输入带不同参数的命令,会显示:

```
>> GetVector(1)
输入参数数量不足
>> M = GetVector(1,1)
M =
    1.4142 >> [M ang] = GetVector(1,1)
M =
    1.4142
ang =
    45
```

需要注意的是,nargin 和 nargout 本身都是函数,不是变量,所以不能赋值,也不能显示。

3.3 小结

(1) 虽然 MATLAB 中使用变量时不需要显示说明其数据类型,但在很多应用中,对数据类型有一定的要求,因此全面了解 MATLAB 中具体可用的数据类型有哪些非常必要。

(2) 作为编程的基本要素,除了了解数据类型和结构,就是掌握该编程语言的基本语法规则,因此本章简单介绍了常用的逻辑分支语句和循环语句的用法。

(3) 与其他工科课程一样,数学是 MATLAB 学习的基础。因此本章以探讨线性代数中矩阵的特征根和特征向量的物理意义为目标,通过二维和三维图形的绘制,一则展示 MATLAB 的基本编程方法;二则学习如何将 MATLAB 作为辅助工具,以更直观地学习和深入了解本学科其他课程的知识。

第4章

Simulink 基础

Simulink 是 MATLAB 最重要的组件之一,它提供一个动态系统建模、仿真和综合分析的集成环境。在该环境中,无须大量书写程序,而只需要通过简单直观的鼠标操作,就可构造出复杂的系统。Simulink 具有适应面广、结构和流程清晰及仿真精细、贴近实际、效率高、灵活等优点,并基于以上优点 Simulink 已被广泛应用于控制理论和数字信号处理的复杂仿真和设计。同时有大量的第三方软件和硬件可应用于或被要求应用于Simulink。

本章通过在理解二阶电路基础上,学习使用 Simulink 平台搭建仿真模型及封装子模块的方法。

4.1　电路分析实例

4.1.1　二阶电路原型

考察图 4-1 所示的简单电路,已知电路各组成元件的参数,输入量取电压源 $e(t)$,输出变量取电阻 R_2 的端电压 u_c。

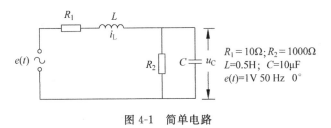

$R_1 = 10\Omega; R_2 = 1000\Omega$
$L = 0.5\text{H};\ C = 10\mu\text{F}$
$e(t) = 1\text{V}\ 50\ \text{Hz}\ \ 0°$

图 4-1　简单电路

确立状态变量,选取电容电压 u_C 和流经电感的电流 i_L 为电路的状态变量。根据电路原理相关定律,对图中的节点电流、电压回路分别列出电路微分方程。

列出原始方程为

$$
\begin{cases}
R_1 i_L + L \dfrac{\mathrm{d}i_L}{\mathrm{d}t} + u_C = e(t) \\[2mm]
i_L - \dfrac{u_C}{R_2} - C \dfrac{\mathrm{d}u_C}{\mathrm{d}t} = 0
\end{cases}
\tag{4.1}
$$

也可以改写成以下形式

$$
\begin{cases}
\dfrac{\mathrm{d}i_L}{\mathrm{d}t} = \dfrac{e(t) - R_1 i_L - u_C}{L} \\[2mm]
\dfrac{\mathrm{d}u_C}{\mathrm{d}t} = \dfrac{i_L - u_C/R_2}{C}
\end{cases}
\tag{4.2}
$$

4.1.2　二阶电路数学模型

1. 状态方程

在4.1.1节中,我们已经将图4-1所示简单电路的数学模型写成二阶常微分方程,如式(4.2)所示。进一步可以将其按现代控制理论的相关知识,写成状态方程形式

$$
\begin{bmatrix} \dot{i}_L \\ \dot{u}_C \end{bmatrix} =
\begin{bmatrix} -R_1/L & -1/L \\ 1/C & -1/(R_2 C) \end{bmatrix}
\begin{bmatrix} i_L \\ u_C \end{bmatrix} +
\begin{bmatrix} 1/L \\ 0 \end{bmatrix} e(t)
\tag{4.3}
$$

求其特征根,即求解方程

$$
\left(-\frac{1}{R_2 C} - \lambda \right)\left(-\frac{R_1}{L} - \lambda \right) + \frac{1}{L}\frac{1}{C} = 0
\tag{4.4}
$$

解得

$$
\lambda_{1,2} = \frac{-L - R_1 R_2 C \pm \sqrt{(L^2 - 2LCR_1 R_2 + C^2 R_2^2 R_1^2 + (-4)LCR_1^2)}}{2CLR_2}
\tag{4.5}
$$

代入实际数值,得

$$
\lambda_1 = (-0.6 + j4.4542) \times 10^2; \quad \lambda_2 = (-0.6 - j4.4542) \times 10^2
$$

【例 4-1】 求解式(4.3)所示状态方程的特征根。

MATLAB求解代码如下(SecondEig.m):

```
A = sym('[-R1/L, -1/L;1/C, -1/R2/C]'); % 系统的状态方程
eig(A) % 求取特征根符号表达式
% 代入实际数值计算
R1 = 10;
R2 = 1000;
L = 0.5;
C = 10e-6;
A = [-1/R2/C, 1/C; -1/L, -R1/L];
eig(A)
```

运行结果:

```
ans =
-(L + (C^2*R1^2*R2^2 - 2*C*L*R1*R2 - 4*C*L*R2^2 + L^2)^(1/2) + C*R1*
R2)/(2*C*L*R2)
```

```
- (L - (C^2 * R1^2 * R2^2 - 2 * C * L * R1 * R2 - 4 * C * L * R2^2 + L^2)^(1/2) + C * R1 *
R2)/(2 * C * L * R2)

ans =
    1.0e + 02 *
  - 0.6000 + 4.4542i
  - 0.6000 - 4.4542i
```

由电路原理和控制理论相关知识可知,状态方程特征根的虚部表达的是系统的振荡频率,发生在 445.42/2/pi＝70.8908Hz 处。

到此步骤后,要在理论上对系统进行进一步的分析,如获取系统传递函数的伯德图等,用手工方法就相当烦琐了。好在 MATLAB 为用户提供了一系列的工具来帮助用户完成工作。

2. 传递函数

由于想观察的输出为电容上的电压 u_C,因此系统的输出可以写为

$$y = \begin{bmatrix} 0 & 1 \end{bmatrix} \begin{bmatrix} i_L \\ u_C \end{bmatrix} + \begin{bmatrix} 0 \end{bmatrix} e(t) \qquad (4.6)$$

此时往往使用传递函数来表示输入输出的关系。

1) 控制系统工具箱

在 MATLAB 下用控制系统工具箱函数的相关函数来求解系统的状态方程是相当直观的。控制系统工具箱生成系统传递函数或状态方程的函数可查阅相关参考文献。

【例 4-2】　求解式(4.3)、式(4.6)所示二阶系统的传递函数。

MATLAB 求解代码如下(StateEquation.m):

```
%参数实际值
R1 = 10;
R2 = 1000;
L = 0.5;
C = 10e - 6;
%生成二阶电路的状态方程
AA = [ - R1/L - 1/L;1/C - 1/R2/C];
BB = [1/L;0];
CC = [0 1];
DD = 0;
G = ss(AA,BB,CC,DD);    %生成状态方程
Gs = tf(G)              %转换为传递函数
```

运行结果:

```
Gs =
          2e05
  ---------------------------------
  s^2 + 120 s + 2.02e05
```

上述程序运行结果说明,若图 4-1 所示电路的数学模型输入为 $e(t)$,输出为 u_C,则该二

端口网络的传递函数可以写为

$$Gs = 2 \times 10^5 \frac{1}{s^2 + 120s + 2.02 \times 10^5} \tag{4.7}$$

同理,若将 i_L 设置为输出,则程序中的 CC 修改为[1 0],可得到输入为 $e(t)$,输出为 i_L 的二端口网络的传递函数为

$$Gs = \frac{2s + 200}{s^2 + 120s + 2.02 \times 10^5} \tag{4.8}$$

该方法的缺点是生成的传递函数 Gs 是控制系统工具箱定义的结构体(在工作区 WorkSpace 双击变量 Gs 可以看到其内部结构如图 4-2 所示),ss()、tf()等函数也不能使用符号变量作为参数。因此虽然表现为拉普拉斯变换的形式,但无法直接使用符号运算来求解。

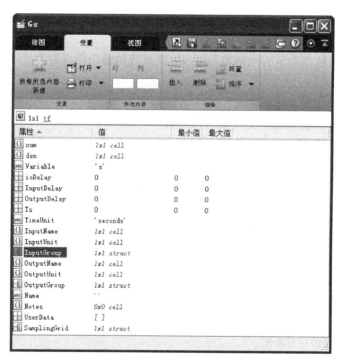

图 4-2 Gs 结构体的组成

2) 拉普拉斯变换

上述结果也可以采用拉普拉斯变换来完成。对式(4.3)进行拉普拉斯变换为

$$s\begin{bmatrix} i_L(s) \\ u_C(s) \end{bmatrix} = \begin{bmatrix} -R_1/L & -1/L \\ 1/C & -1/(R_2 C) \end{bmatrix}\begin{bmatrix} i_L(s) \\ u_C(s) \end{bmatrix} + \begin{bmatrix} 1/L \\ 0 \end{bmatrix} e(s) \tag{4.9}$$

故

$$\begin{bmatrix} i_L(s) \\ u_C(s) \end{bmatrix}/e(s) = \begin{bmatrix} s + R_1/L & +1/L \\ -1/C & s + 1/(R_2 C) \end{bmatrix}^{-1} \begin{bmatrix} 1/L \\ 0 \end{bmatrix} \tag{4.10}$$

【例 4-3】 求输入为 $e(t)$,输出分别为 i_L 和 u_C 时的传递函数。

MATLAB 求解代码如下(SecondLaplace.m):

```
% 定义符号变量,中间用空格隔开,不能用逗号
syms R1 R2 L C s Ue;
% 定义符号矩阵
AA = [ − R1/L − 1/L;1/C − 1/R2/C];
BB = [1/L;0];
% 实施矩阵运算
G = (s * eye(2) − AA)^ − 1 * BB
% 转换为 Latex 格式
str = ['$' latex(G) '$']
```

运行结果：

```
G =
   (C * R2 * s + 1)/(R1 + R2 + L * s + C * L * R2 * s^2 + C * R1 * R2 * s)
           R2/(R1 + R2 + L * s + C * L * R2 * s^2 + C * R1 * R2 * s)
str =
$ \left(\begin{array}{c} \frac{C\, \mathrm{R2}\, s + 1}{\mathrm{R1} + \mathrm{R2} + L\,
s + C\, L\, \mathrm{R2}\, s^2 + C\, \mathrm{R1}\, \mathrm{R2}\, s}\\ \frac{\mathrm{R2}}{\
mathrm{R1} + \mathrm{R2} + L\, s + C\, L\, \mathrm{R2}\, s^2 + C\, \mathrm{R1}\, \mathrm
{R2}\, s} \end{array}\right) $
```

因此传递函数 G 的表达式为

$$G(s) = \left\{ \begin{array}{c} \dfrac{CR_2s+1}{R_1+R_2+Ls+CLR_2s^2+CR_1R_2s} \\ \dfrac{R_2}{R_1+R_2+Ls+CLR_2s^2+CR_1R_2s} \end{array} \right\} \tag{4.11}$$

式(4.11)等号右边由调用函数 latex() 生成的 LaTex 格式转化而来,原文中有意没用下标,为 LaTex 自动转换结果。读者可以学习编程,在式(4.11)中代入 R_1、R_2、L 和 C 的实际值,验证它与式(4.7)和式(4.8)的一致性。

技巧：程序中 latex() 函数将 MATLAB 公式转换为 LaTex 格式,然后在前后各加一个 '$' 符号后赋值给 str。将 str 的内容复制并粘贴到 Word 中,全部选中后按下 Alt＋\键,公式将被转换为 MathType 公式编辑器的格式,如式(4.11)的形式,便于阅读。

运用该方法求解传递函数的优势是所生成的符号表达式,可以使用 eval() 函数代入实际数值运算,从而得到系统的数值解。具体应用举例参见5.1节。

4.2　基本建模过程

在本节中将学习使用 Simulink 平台搭建 4.1 节中的电路模型,并进行简单的仿真。在MATLAB 主界面的工具栏中选择"新建"→Simulink→Simulink Model 选项,即可新建一个空白的 *.slx 模型文件,如图 4-3 所示。

将文件保存并命名为 Secondsimulink. slx,接下来按以下步骤搭建仿真模型。

(1) 单击模型窗口的 图标,打开 Simulnk Library Browser 窗口(即模块库窗口),如图 4-4 所示。

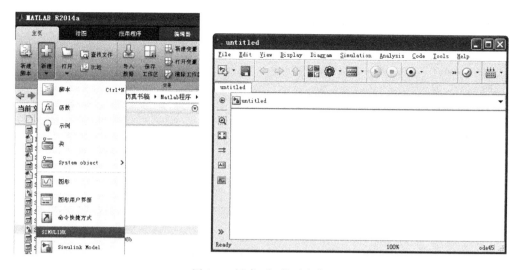

图 4-3　新建.slx 模型文件

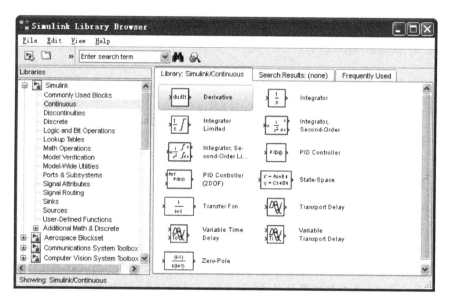

图 4-4　Simulink 模块库窗口

（2）首先由 $\dfrac{du_C}{dt}$ 和 $\dfrac{di_L}{dt}$ 得到 u_C 和 i_L，这样先在 Simulink→Continous 子模块库中选择 Integrator（积分器）选项，使用拖曳或粘贴的方式在新建的 Secondsimulink.slx 文件中。积分模块的进线为微分量，出线为状态量，如图 4-5 所示。

（3）在假定已知状态量 u_C 和 i_L 后，根据变形公式 $L\dfrac{di_L}{dt}=e(t)-R_1 i_L-u_C$ 可知，状态量 i_L 的微分 $\dfrac{di_L}{dt}$ 是由电源、状态量和器件参数经过加减乘除运算得来的。

（4）在 Simulink→Math Operations 子模块库中选择 Add（加法器）模块，拖曳到模型窗口中，双击 Add 模块，打开模块属性对话框，将 List of signs 改为"－＋－"，如图 4-6 所示。

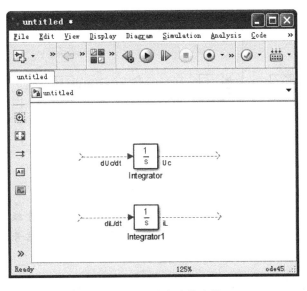

图 4-5　电压和电流状态量

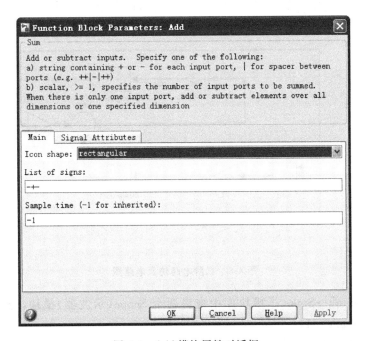

图 4-6　Add 模块属性对话框

　　(5) 在 Simulink→Sources 子模块库中选择 Sine Wave(电源)模块,拖曳到模型窗口中,并命名为 $e(t)$,将其连接到 Add 模块"＋"端。

　　(6) 在 Simulink→Math Operations 子模块库中选择 Gain(增益)模块,拖曳到 Secondsimulink 模型窗口中,命名为 R1,将这个模块连接到 Add 模块的"－"端。再复制一个 Gain 模块,命名为 1/L。然后依照公式 $L\dfrac{\mathrm{d}i_{\mathrm{L}}}{\mathrm{d}t}=e(t)-R_1 i_{\mathrm{L}}-u_{\mathrm{C}}$ 连线,就可以得到一个电流的闭环,如图 4-7 所示。

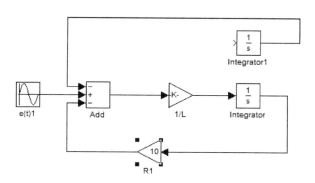

图 4-7　系统部分图

注意：①对模块进行（或修改）命名，单击模块名称；②对信号线进行命名，双击信号线；③常规 Simuilink 连接端口，用"＞"符号标识，该连接类端口的信号线具有方向性；④如果连接的信号线为红色的，则表示连线错误。

（7）然后依据相同原理，根据公式 $\dfrac{du_C}{dt} = \dfrac{i_L - u_C/R_2}{C}$，连接 u_C 这个闭环。完成后系统模型如图 4-8 所示。图中求和模块 Add1 可以通过修改其设置界面的 Icon Shape 属性为 Round 变形为圆形。

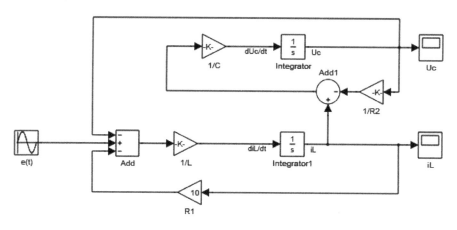

图 4-8　二阶电路仿真电路图

（8）在 Simulink→Sinks 子模块库中拖曳两个 Scope（示波器）模块，分别连接积分器 Integrator 和 Integrator1。

示波器的作用是用来观测各种信号的波形。示波器可以清楚地显示出信号随时间的变化，同时可以观测信号的频率特性、幅值的变化等。示波器模块可以输入多个不同信号并分别显示，所有轴在一定时间范围里都有独立的 y 轴，方便对比分析。

（9）元件参数的设定。双击电压源模块 $e(t)$，打开模块属性对话框，将参数 Amplitude 设置为 $100 * \text{sqrt}(2)$，Frequency（频率）设置为 $2 * \text{pi} * 50$（这是因为 Frequecy 的单位是角频率）。双击增益模块 1/R2，打开模块属性对话框，将"Gain"改为 1/1000；将增益模块 R1 的"Gain"改为 10；将增益模块 1/L 的"Gain"改为 1/0.5；将增益模块 1/C 的"Gain"改为 $1/10\text{e}-6$，请注意电容参数的写法 10e^{-6} 代表 10×10^{-6}。举例 R1 的修改如图 4-9 所示。

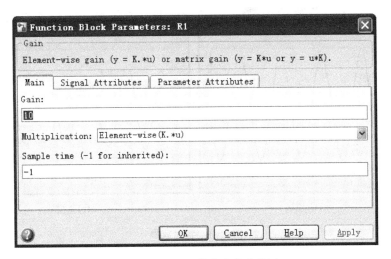

图 4-9 R1 增益模块参数的设置

（10）仿真参数的设定和运行。选择 Secondsimulink 模型窗口的 Simulation→Model Configuration Parameters 选项，可以对 Secondsimulink 模型的仿真参数进行设置，如图 4-10 所示。

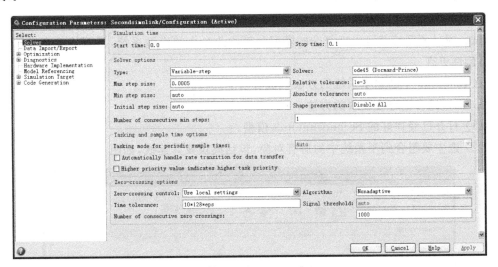

图 4-10 仿真参数的设置

默认情况下，系统设置的积分算法为 ode45，仿真时间为 10s，采用变步长方式。便于观察波形细节，将仿真终止时间（Stop Time）设置为 0.1s（5 个完整波形），同时考虑输出波形的连贯性和精确度，将最大步长由 auto（自动）改为 0.0005s，即每个周波至少采样 40 点。

（11）单击模型窗口的 ▶ 图标，或选择 Simulation→Run 选项。运行结束后，双击示波器 Uc 和 iL 模块，即可观察到 u_C 和 i_L 的稳态输出，如图 4-11 所示。由图可知，此时仿真的是电路的零状态响应。

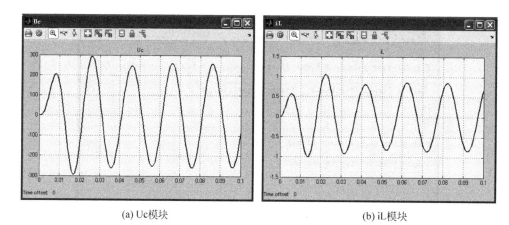

(a) Uc模块   (b) iL模块

图 4-11　输出波形

4.3　子系统与封装

4.3.1　创建子系统

在利用 Simulink 仿真时,(电力)系统仿真模型一般都比较复杂,规模很大,模块很多。如果这些模块都直接显示在 Simulink 仿真平台窗口中,将显得拥挤、杂乱,不利于用户建模和调试。通过子系统就可以把复杂的模型分割成几个小的模型系统,从而使整个模型更简洁、可读性更高。

在 Simulink 中创建子系统的方法一般有以下两种。

1. 通过组合已存在模块的方法

(1) 打开已经建好的 Secondsimulink 模型。

(2) 选中要组合到子系统中的所有对象,包括模块及其连线,如图 4-12 所示。

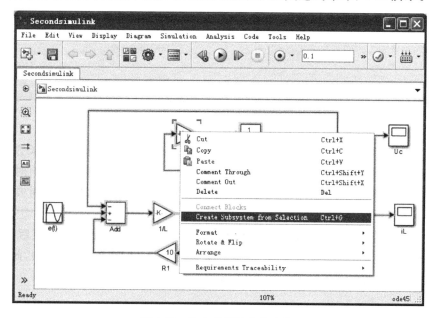

图 4-12　选中子系统中的对象

（3）右击某选择模块,在弹出的快捷菜单中选择 Create Subsystem from Selection 选项(旧版本也可选择 Edit/Create Subsystem 选项),模型中选择的部分将被放入到创建的子系统 Subsystem 中。

（4）双击 Subsystem,可看到子系统的内部结构。输入按 in、输出按 out 从 1 开始按顺序编号。将 in 和 out 的标签修改为 e(t)、Uc、iL。完成后的外观和内部结构如图 4-13 所示。

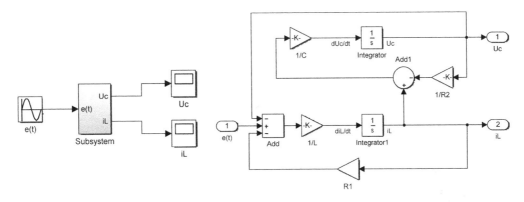

图 4-13　完成后的子系统和内部结构

2. 通过"子系统"模块的方法

（1）新建一个空白的模型,命名为 Subsystem. slx,我们依然采用图 4-1 中的二阶电路为例进行说明。

（2）在 Simulink→Ports&Subsystems(端口与子系统)模块库中,选择其中 Subsystem(子系统)模块,复制到新建的仿真平台窗口中。

（3）双击 Subsystem 模块,弹出一个子系统编辑窗口。系统自动添加一个输入和输出端子,命名为 In1 和 Out1,这是子系统与外部联系的端口。

（4）将组成子系统的所有模块都添加到子系统编辑窗口中,合理排列。

（5）按要求用信号线连接各模块。

（6）修改外接端子标签并重新定义子系统标签,使子系统更具可读性。

4.3.2　封装子系统

所谓封装(Mask),就是将 Simulink 的子系统"包装"成一个模块,并隐藏全部的内部结构。访问该模块时只出现一个参数设置对话框,模块中所有需要设置的参数都可以通过该对话框来统一设置。

（1）在 Secondsimulink. slx 中,右击需要封装的子系统 Subsystem,选择 Mask/Create Mask 选项。

（2）这时会弹出封装编辑器,通过它进行参数设置,编辑器包含 4 个选项卡,分别对各选项卡进行设置。

① Initialization(初始化)选项卡,如图 4-14 所示。允许用户定义封装子系统的初始化命令,一般在此定义附加变量、初始化变量或绘制图表等。本例中为了实现模块的图标绘制,首先必须在初始命令区中提前准备好绘制图图标所需的输入向量。例如,图 4-14 中

预备了两个向量 t 和 y，为绘制模块的图标做准备。

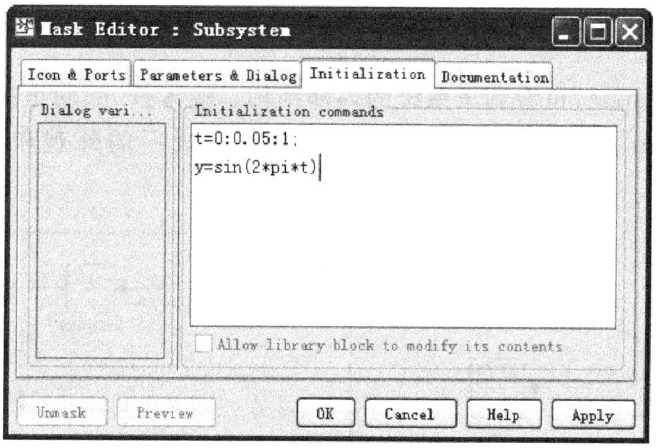

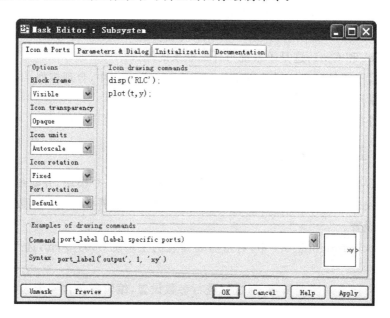

图 4-14 初始化选项卡的设置

② Icon&Ports(图标)选项卡，如图 4-15 所示。

Options 面板——定义图标的边框是否可见(Block frame)，系统在图标自动生成的端口标签是否透明(Icon transparency)等，用户可以多加尝试；

Icon drawing connands 文本框——用 MATLAB 命令来定义如何绘制模型的图标，这里的绘图命令可以调用 Initialization 选项卡中定义的变量。

Examples of drawing commands 面板——向用户解释如何使用各种绘制图表的命令，每种命令都对应在右下角有一个示例。用户可以方便地按照 Command 选项框中的命令格式和右下角给出的相应示例图标来书写自己的图标绘制命令。

图 4-15 图标选项卡的设置

单击图中的 Apply(应用)按钮，子系统封装模块图标如图 4-16 所示。

③ Parameters&Dialog(参数)选项卡。它是最关键的选项卡，可增加或删除子系统对

话框中的变量及属性，如图 4-17 所示。

　　Prompt 栏的内容为在参数界面中向用户提供的提示信息；Name 栏至关重要，必须和子系统中对应模块内设置的变量名称一致，才能建立起封装模块内部变量和封装对话框的联系；Type 为界面控件的种类，这里选择为文本框（edit），此外还有下拉框（popup）和复选框（checkbox）等多种选择，它们的差别和使用方法请查阅相关资料。

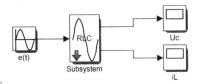

图 4-16　绘制封装模块的图标

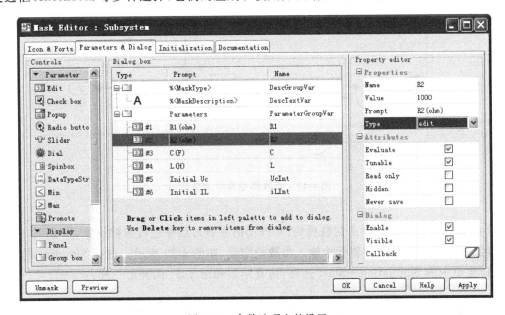

图 4-17　参数选项卡的设置

　　④ Documentation（文本）选项卡。可设定封装子系统的类型、描述和帮助等文字说明。通过设置可增加模块的可读性，设置完成后如图 4-18 所示。单击封装编辑器窗口中的 OK 按钮，子系统的封装过程结束。

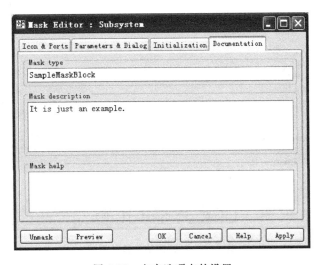

图 4-18　文本选项卡的设置

(3) 为了方便对子系统内部参数进行修改，将子系统中的 4 个 Gain 模块参数改为变量。将参数值分别设置为 R1、1/R2、1/L 和 1/C。为了使系统能在任意初始状态下进行仿真，将子系统中的两个 integrator 模块中 Initial Condition 参数设置为 UcInt 和 iLInt。最终模块内部如图 4-19 所示(注意它与图 4-13 的区别)。

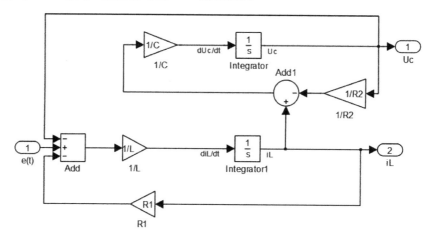

图 4-19　修改模型参数为变量

(4) 运用封装模块。单击封装模块，对弹出的参数对话框进行参数设置，即分别对参数设置区的 R1、R2、C 和 L 编辑框中输入参数设定值，如图 4-20 所示。选择 Simulink 仿真平台窗口菜单中的 Simulation→Start 选项，仿真结果和图 4-11 的波形一样。

Function Block Parameters: Subsystem

SampleMaskBlock (mask)

It is just an example.

Parameters

R1(ohm)

10

R2(ohm)

1000

C(F)

10e-6

L(H)

0.5

Initial Uc

1

Initial IL

1

OK　Cancel　Help　Apply

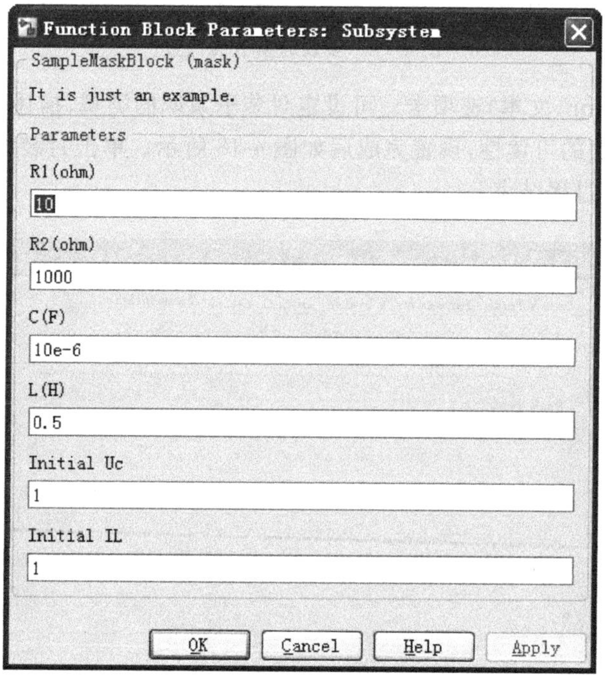

图 4-20　封装模块参数的设置

（5）利用子系统,可以建立一个零输入的二阶电路。将电压源 $e(t)$ 的 Amplitude 参数设置为 0,将 circuit 模块的 Initial Uc 和 Initial IL 参数分别设置为 1 和 1,设置完成后仿真运行。得到如图 4-21 所示电容的电压波形和电感的电流波形。

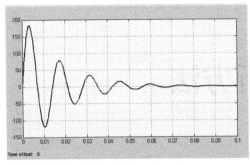
(a) 电容的电压波形

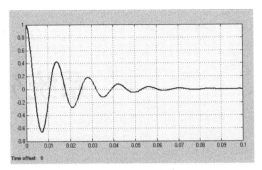
(b) 电感的电流波形

图 4-21 电压和电流输出波形

4.4 小结

本章从一个简单的二阶电路开始,学习使用 Simulink 平台搭建仿真模型及子系统封装、设置参数和初始化及反过来查看已封装模块的基本过程。学习要点有以下几点。

（1）从物理模型到数学模型的建立。

（2）从数学模型到仿真模型的建立。

（3）Simulink 基本模块的使用方法。

（4）子系统的封装过程。

（5）子系统外观、初始化和参数设定的方法。

这些过程虽然简单,却是学习 MATLAB 工具箱模块和 Demo 程序时所必须掌握的基本知识和操作技能。熟悉模型的封装过程,有利于通过反推模型的构建过程来学习 MATLAB 工具箱中一些典型的电力系统模块的实现原理。

本章关键函数如下。

sym()——生成符号表达式；

dsolve()——解微分方程。

控制系统工具箱有:

ss()——生成状态方程；

tf()——生成传递函数。

其他:

latex()——将公式转换为 LaTex 格式,便于编辑。

第5章

系统分析方法

本章继续对第 4 章中的二阶电路进行学习,这次从自动控制原理中的系统传递函数角度来分析,加深对自动控制原理相关概念的理解。

5.1 时域分析

5.1.1 直接求解微分方程

MATLAB 提供了 dsolve()函数用于求解常微分方程组,其具体格式如下(MATLAB 2008 之前和之后版本参数有点不同,使用时查看相关资料):

```
r = dsolve('eq1,eq2, … ', 'cond1','cond2, … ', 'v')
```

(1) 'eq1,eq2,…'为微分方程或微分方程组。

(2) 'cond1,cond2,…'是初始条件或边界条件。

(3) 'v'是独立变量,默认的独立变量是't'。

函数 dsolve()用来解符号常微分方程、方程组,如果没有初始条件,则求出通解,如果有初始条件,则求出特解。

在 4.1.2 节中已经说明,图 4-1 所示电路的系统动态过程可以写成以下形式

$$\begin{cases} \dfrac{\mathrm{d}i_L}{\mathrm{d}t} = \dfrac{e(t) - R_1 i_L - u_C}{L} \\ \dfrac{\mathrm{d}u_C}{\mathrm{d}t} = \dfrac{i_L - u_C/R_2}{C} \end{cases} \tag{5.1}$$

使用 dsolve 函数可以求解该微分方程的解析解,得到的返回值为符号方程。

【例 5-1】 求解式(5.1)所示二阶系统的零状态响应。

MATLAB 求解代码如下(SecondDSolve. m):

```
% dsolve 求解微分方程
[iL,Uc] = dsolve('L * DiL = (100 * sqrt(2) * sin(w * t) - R1 * iL - Uc)','C * DUc = (iL - Uc/R2)',
'iL(0) = 0,Uc(0) = 0','IgnoreAnalyticConstraints',false);

t = 0:0.0005:0.1;
w = 2 * pi * 50;
R1 = 10;
R2 = 1000;
L = 0.5;
C = 10e - 6;
% 计算 iL 零状态响应
iLt = eval(iL);
% 计算 Uc 零状态响应
Uct = eval(Uc);
% 绘图
plot(t,iLt)
figure
plot(t,Uct)
```

函数 eval(iL) 相当于把 iL 符号表达式的内容当成一条普通的 MATLAB 语句来执行。具体说明查看帮助文件。程序运行完后,将绘制出该系统在正弦激励 $e(t)=100\sin(100\pi t)$ 的零状态响应曲线,如图 5-1 所示。

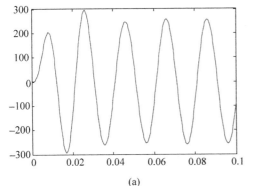
(a)

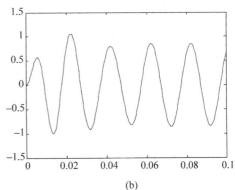
(b)

图 5-1 u_C 和 i_L 输出波形

对比图 5-1 和图 4-11 可以看出,用 MATLAB 编程得到仿真波形与用 Simulink 仿真做出的结果是完全一致的。

注意:在 MATLAB 2008 之后的 dsolve() 函数增加了 'IgnoreAnalyticConstraints' 选项。默认为 false,当为 true 时会先对原方程进行一些化简操作后再解,以得到较为精简的结果,这也有可能使一些原本用 solve 解不出来的方程可以得到解。但置为 true 时也有可能导致解不完整或产生错误。

5.1.2   拉普拉斯变换求解

在 4.1.2 节中式(4.11)已经说明,以 $e(t)$ 为输入,u_C、i_L 为输出时,系统的传递函数为

$$G(s) = \begin{bmatrix} \dfrac{CR_2 s + 1}{R_1 + R_2 + Ls + CLR_2 s^2 + CR_1 R_2 s} \\ \dfrac{R_2}{R_1 + R_2 + Ls + CLR_2 s^2 + CR_1 R_2 s} \end{bmatrix} \tag{5.2}$$

设 $e(t) = A\sin(\omega t)$，根据拉普拉斯变换表可知

$$e(s) = \frac{A\omega}{s^2 + \omega^2} \tag{5.3}$$

显然，对式(5.2)和式(5.3)的乘积进行反拉普拉斯变换，也可以得到输出 u_C、i_L。

【**例 5-2**】　用拉普拉斯变换求解式(5.1)所示二阶系统的零状态相应。

MATLAB 求解代码如下(StateLaplace.m)：

```
% 定义符号变量,中间用空格隔开,不能用逗号
syms R1 R2 L C s w t positve;
% 定义符号矩阵
AA = [ - R1/L  - 1/L;1/C  - 1/R2/C];
BB = [1/L;0];
% 实施矩阵运算
G = (s * eye(2) - AA)^ - 1 * BB
% 激励及其拉普拉斯变换
Ue = 100 * √2 * sin(w * t);  % + 20 * sin(3 * w * t);
Ues = laplace(Ue,t,s);
X = [0;0];
% 系统响应及其反变换
Rs = G * Ues + X;
Rt = simplify(ilaplace(Rs))
iL = Rt(1);
Uc = Rt(2);
% 转换为 Latex 格式
str = [' $ ' latex(iL) ' $ ']
str = [' $ ' latex(Uc) ' $ ']
% A = 100 * sqrt(2);
f = 50;
t = 0:0.0005:0.1;
w = 2 * pi * f;
L = 0.5;
C = 10e - 6;
R1 = 10;
R2 = 1000;
% 计算 iL 零状态响应
iLt = eval(iL);
% 计算 Uc 零状态响应
Uct = eval(Uc);
% 绘图
figure(1)
subplot(2,1,1)
plot(t,iLt)
subplot(2,1,2)
plot(t,Uct)
```

程序运行结果如图 5-2 所示，与图 5-1 完全一致。

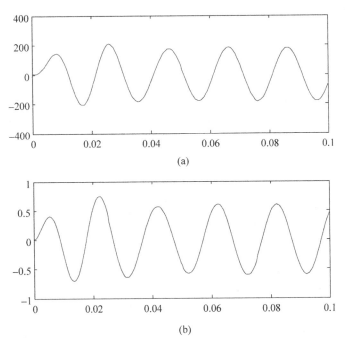

图 5-2 u_C 和 i_L 输出波形

5.2 频域分析

5.2.1 频率特性

在信号与系统中,输出信号和输入信号的放大倍数与频率的关系称为幅频特性,输出信号与输入信号的相位差与频率之间的关系称为相频特性,两者统称为频率特性。

从一阶电路的网络函数 $G(j\omega)$ 来看,网络函数 $G(j\omega)$ 最终总能够变换为

$$G(j\omega) = K(\omega)(\cos(\Delta\theta(\omega)) + j\sin(\Delta\theta(\omega))) = K(\omega)e^{j\Delta\theta(\omega)} \tag{5.4}$$

设输入信号为余弦信号 $u_i(t) = U\cos(\omega t + \theta)$,根据电路中相量法思想,它也可以写成

$$u_i(t) = Ue^{j(\omega t + \theta)} \tag{5.5}$$

那么当该信号通过网络后,输出信号将会是

$$u_o(t) = G(j\omega)u_i(t) = K(\omega)e^{j\Delta\theta(\omega)}Ue^{j(\omega t + \theta)} = U_1 K(\omega)e^{j[\omega_1 t + \theta + \Delta\theta(\omega)]} \tag{5.6}$$

从式(5.6)可知,任何一个给定频率的信号,在经过网络后,发生了两个方面的改变:幅值变化了 $K(\omega)$ 倍;相位发生了的偏移 $\Delta\theta(\omega)$。

换言之,如果给系统一个角频率 ω 不断变化的正弦(或余弦)输入,系统输出响应在幅值和相位上也呈现不同的变化。其中输出幅度随着 ω 变化规律为幅频特性,输出相角与输出相角的相位差与 ω 的变化规律构成相频特性。

补充:实际上,信号 $u_i(t) = U\cos(\omega t + \theta)$ 也可以写成以下形式

$$u_i(t) = \frac{U}{2}[\cos(\omega t + \theta) + j\sin(\omega t + \theta)] + \frac{U}{2}[\cos(\omega t + \theta) - j\sin(\omega t + \theta)]$$

$$= \frac{U}{2}e^{j(\omega t + \theta)} + \frac{U}{2}e^{j(-\omega t - \theta)}$$

在信号与系统中,使用傅里叶变换得到的频谱有负频率,对应的幅值为信号强度的一半,即由此而来。

5.2.2 伯德图

普通的幅频率特性图,横坐标是频率,纵坐标是幅值的放大倍数,表明了一个电路网络对不同频率信号的放大能力。但是在电子电路中,这种图有可能比较麻烦,第一,要表示一个网络在低频和高频下的所有情况,那么横轴(频率轴)会很长;第二,一般放大电路的放大倍数可能达到几百,使得纵轴也很长;第三,这样画出的图形往往是很不规则的曲线。

伯德图是由贝尔实验室的荷兰裔科学家 Bode H. W. 在 1940 年提出的。Bode 发明了一种简单但准确的方法绘制增益及相位的图,这样的图后来就称为伯德图。伯德图针对上述 3 个问题做了改进。

(1) 横坐标的频率改成指数增长,而不是以前的线性增长,如频率刻度为 10、10^2、10^3、10^4 等,每一小格代表不同的频率跨度。使一条横轴能表示 $1\sim10^8$ Hz 频率范围。

(2) 纵坐标表示放大倍数的自然对数的 20 倍。根据分贝的定义,这样做的好处是使得各环节的放大倍数由相乘关系变为相加关系,便于计算。同时纵坐标的值为 $0\sim60$。

(3) 在手工分析时,将把曲线做直线化处理,简化图形绘制。但在现代计算机仿真技术的支持下,这种处理的优势已经大大弱化。

伯德图是线性非时变系统的传递函数对频率的半对数坐标图,其横轴频率以对数尺度(Log Scale)表示,纵坐标幅值或相角采用线性分度,利用伯德图可以看出系统的频率响应。伯德图一般是由以下两张图组合而成的。

(1) $G(j\omega)$ 的幅值(以分贝,dB 表示)-频率(以对数标度)对数坐标图,其上画有对数幅频曲线。

(2) $G(j\omega)$ 的相角-频率(以对数标度)对数坐标图,其上画有相频曲线。

对数幅值的标准表达式为 $20\lg|G(j\omega)|$,单位是分贝,相角的单位是度。配合伯德图可以估算信号进入系统后,输出信号及原始信号的比例关系及相位。

例如,一个 $A\sin(\omega t)$ 的信号进入系统后振幅变原来的 k 倍,相位落后原信号 φ,则其输出信号则为 $(kA)\sin(\omega t-\varphi)$,其中的 k 和 φ 都是频率的函数。

5.2.3 伯德图绘制方法

1. 根据传递函数绘制

已知图 4-1 所示电路的传递函数如式(5.2)所示,令 $s=j\omega$,则系统的传递函数为

$$G(j\omega) = \begin{bmatrix} \dfrac{CR_2j\omega+1}{R_1+R_2+Lj\omega-CLR_2\omega^2+CR_1R_2j\omega} \\ \dfrac{R_2}{R_1+R_2+Lj\omega-CLR_2\omega^2+CR_1R_2j\omega} \end{bmatrix} \tag{5.7}$$

根据式(5.7)可以绘制以 $e(t)$ 为输入,u_C 为输出的系统伯德图。

【例 5-3】 绘制以 $e(t)$ 为输入,u_C 为输出的二阶系统的伯德图。

MATLAB 求解代码如下(SecondTransbode.m):

```
%频率范围
f = 1:10000;
w = 2 * pi * f;
%参数
R1 = 10;
R2 = 1000;
C = 10e - 6;
L = 0.5;
%传递函数
Gs = R2./(R1 + R2 + L * j * w - C * L * R2 * w.^2 + C * R1 * R2 * j * w)
%求取幅值
Mag = abs(Gs);
%求取相角
Pha = angle(Gs) * 180/pi;
%绘制伯德图
subplot(2,1,1)
semilogx(f,20 * log10(Mag));
grid
title('Bode Diagram')
ylabel('Magnitude')
subplot(2,1,2)
semilogx(f,Pha)
ylabel('Phase (deg)')
xlabel('Frequency (Hz)')
grid
```

程序运行结果如图 5-3 所示。

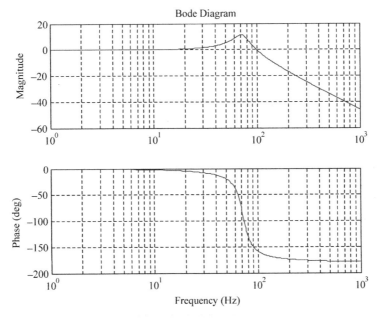

图 5-3　二阶电路的伯德图

2. 控制系统工具箱

MATLAB 的控制系统工具箱提供了 bode() 函数来求取、绘制给定线性系统的伯德图。该函数的调用方法可以查看 MATLAB 的帮助文件。常用的 3 种调用方式如下。

(1) [mag,pha]＝bode(G,w)：该方式由用户指定频率点构成的向量 w（以角频率为单位），对系统进行频域分析。返回的变量（mag,pha）分别为系统的幅值和相位向量（为三维矩阵）。注意，其中相位的单位为角度，而在绘制伯德图时，幅值向量要自己换算成分贝形式。

(2) [mag,pha,w]＝bode(G)：该方式频率点向量由 bode() 函数根据系统模型产生。

(3) bode(G)：该方式不返回任何变量，自动绘制出系统的伯德图。需要注意的是，此时绘制的伯德图横坐标以角频率为单位。

由于在电力系统中，习惯以实际频率来分析电路。因此下述程序以频率为横坐标单位，绘制了式(5.7)所表达的线性系统的伯德图。

【例 5-4】 求解式(4.3)、式(4.6)所示二阶系统的伯德图。

MATLAB 求解代码如下（SecondStateEquationbode. m）：

```
% 参数实际值
R1 = 10;
R2 = 1000;
L = 0.5;
C = 10e - 6;
% 生成二阶电路的状态方程
AA = [ - R1/L  - 1/L;1/C  - 1/R2/C];
BB = [1/L;0];
CC = [0 1];
DD = 0;
G = ss(AA,BB,CC,DD);        % 生成状态方程
Gs = tf(G)                  % 转换为传递函数

% Bode 图绘制
f = [0:1:1000];             % 频率
w = f * 2 * pi;             % 角频率
[mag,pha] = bode(Gs,w);
% 三维转换为二维
mag1(1,:) = mag(1,:,:);
pha1(1,:) = pha(1,:,:);
% 绘制幅频特性
subplot(2,1,1);
semilogx(f,20 * log10(mag1));
grid on
% 绘制相频特性
subplot(2,1,2)
semilogx(f,pha1);
grid on
```

上述程序绘制的二阶电路伯德图与图 5-3 一致。在 Command 窗口中输入如下命令：

```
>> [v,p] = max(mag1)
```

max()用于找出输入向量的最大值,可以返回最大值及其位置,具体用法参考帮助文件。该命令将得到如下结果:

```
v =
    3.7406
p =
    71
```

从上述可以看出,最大值出现在第71个,即实际振荡频率在70.89Hz附近。

5.2.4 实例解读

1. 傅里叶级数

设 $u(t)=u(t+T)$ 为周期函数,其周期为 T,满足 $[0,T]$ 区间上绝对可积,则 $u(t)$ 可展开为级数

$$u(t) = \frac{u_{a0}}{2} + \sum_{n=1}^{\infty} (u_{an}\cos n\omega t + u_{bn}\sin n\omega t) \tag{5.8}$$

式中,

$$\begin{cases} u_0 = \frac{2}{T}\int_0^T u(t)\,\mathrm{d}t \\ u_{an} = \frac{2}{T}\int_0^T u(t)\cos n\omega t\,\mathrm{d}t \quad (n=0,1,2,\cdots) \\ u_{bn} = \frac{2}{T}\int_0^T u(t)\sin n\omega t\,\mathrm{d}t \end{cases} \tag{5.9}$$

MATLAB 和 maple 语言均未直接提供求解 Fourier 级数的系数的直接函数,下面提供了一个代码,完成 Fourier 级数的系数的求解。

【例 5-5】 撰写函数求解 Fourier 级数的系数(FourierSeries.m)。

```
function [an,bn,f] = FourierSeries(fx,x,n,a,b)
% 傅里叶级数展开 %
% an 为 fourier 余弦项系数
% bn 为 fourier 正弦项系数
% f 为展开表达式
% fx 为给定函数
% x 为自变量
% n 为展开系数
% a,b 为 x 的区间,默认为[-pi,pi] %
if nargin == 3
    a = - pi;
    b = pi;
end
l = (b-a)/2;
an = int(fx,x,a,b)/l;
bn = [];
```

```
f = an/2;
for ii = 1:n
    ann = int(fx * cos(ii * pi * x/l),x,a,b)/l;
    bnn = int(fx * sin(ii * pi * x/l),x,a,b)/l;
    an = [an,ann];
    bn = [bn,bnn];
    f = f + ann * cos(ii * pi * x/l) + bnn * sin(ii * pi * x/l);
end
```

下面结合图 4-1 的电路举例说明函数的运用及加深对伯德图的理解。

【例 5-6】 将幅值为 100,频率为 50Hz 的方波信号在(0,0.02)的范围内 5 次傅里叶级数展开,并绘图比较二者。

设该方波为奇函数形式,求其傅里叶级数前 5 项,即为求解信号的基波、三次谐波和五次谐波。求解代码如下(HarmonicSample.m,为便于观察,绘图中绘制了两个波):

```
syms t
ft = 100 * sign(sin(2 * pi * 50 * t));
[an,bn,f] = FourierSeries(ft,t,5,0,0.02)      % 前 5 项展开
s = latex(f)                                  % 将 f 转换成 Latex 代码
% 绘图
t = 0:0.00002:0.04;                           % 前面的 x 符号变量将被实际赋值取代
ft1 = eval(ft);                               % 等价于在 Command 窗口运行 ft 所代表的语句
f1 = eval(f);
subplot(2,1,1);                               % 将画布分为 2 行 1 列,绘制上半部分
plot(t,ft1,'k');                              % 绘图
axis([0 0.04, -120 120]);
subplot(2,1,2);
plot(t,f1,'k')
hold on;
% 基波及三次、五次谐波
fb = bn(1) * sin(2 * pi * 50 * t);
f3b = bn(3) * sin(2 * pi * 150 * t);
f5b = bn(5) * sin(2 * pi * 250 * t);
plot(t,fb,'r',t,f3b,'g',t,f5b,'b')
an =
[ 0, 0, 0, 0, 0, 0]

bn =
[ 400/pi, 0, 400/(3 * pi), 0, 80/pi]

f =
(400 * sin(100 * pi * t))/pi + (400 * sin(300 * pi * t))/(3 * pi) + (80 * sin(500 * pi * t))/pi
```

绘制波形如图 5-4 所示。

程序求解的结果为

$$f(t) = \frac{400\sin(100\pi t)}{\pi} + \frac{400\sin(300\pi t)}{3\pi} + \frac{80\sin(500\pi t)}{\pi} \tag{5.10}$$

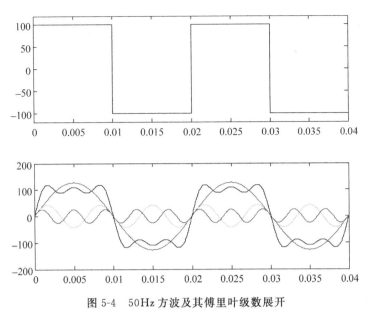

图5-4 50Hz方波及其傅里叶级数展开

2. 基波与谐波的放大与相移

由前述可知,50Hz方波实际是由50Hz正弦波及其高次谐波组合而成的。因此当图4-1中电源幅值为100,频率为50Hz的方波信号时,输出u_C的波形实际为基波及各次谐波的共同作用。

在5.2.1节中已经说明,一个正弦信号在通过传递函数$G(j\omega)$时,发生了两个方面的改变:一是赋值变化了$K(\omega)$倍;二是相位发生了的偏移$\Delta\theta(\omega)$。图5-4中的3个信号分量在通过系统时,都将发生此类变化。而具体的变化值可通过查看伯德图直接得到。

例如,在运行5.2.3节中例题程序后,在Command Window中输入以下命令:

```
>> MP = [Mag(50:100:250);Pha(50:100:250)]
```

找出50Hz、150Hz、250Hz的放大倍数和相移。该命令将得到如下结果:

```
MP =
    1.8187    0.2876    0.0880
  -20.0487  -170.6417  -175.2436
```

可知基波被放大了1.82倍左右,三次谐波衰减到原来的1/4左右,五次谐波则不到原来的1/10。

在Command Window中依次输入以下命令:

```
>> t = 0:0.00002:0.04;
>> fb = bn(1) * MP(1,1) * sin(2 * pi * 50 * t + MP(2,1) * pi/180);
>> f3b = bn(3) * MP(1,2) * sin(2 * pi * 150 * t + MP(2,2) * pi/180);
>> f5b = bn(5) * MP(1,3) * sin(2 * pi * 250 * t + MP(2,3) * pi/180);
>> f = fb + f3b + f5b;
>> plot(t,f,'k',t,fb,'r',t,f3b,'g',t,f5b,'b')
```

其中,bn 为傅里叶级数展开的结果。程序将得到如图 5-5 所示的结果。

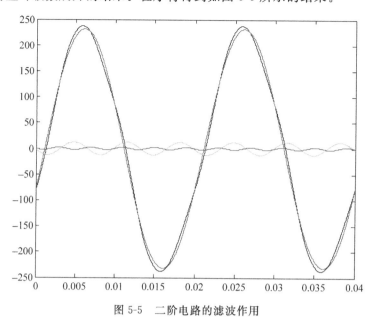

图 5-5　二阶电路的滤波作用

从图 5-5 可以看出,图 4-1 所示的电路基本滤除了 50Hz 方波的谐波成分,但幅值被放大,同时产生了 20°左右的相移。

3. 系统响应比较

但需要注意的是,在"基波与谐波的放大与相移"中程序实现的方法是直接将基波、三次和五次谐波的幅值进行放大,相位进行偏移,然后重新组合得到的结果;并非在电路中加入激励后得到。

下面将利用 4.3 节中封装的子系统来完成电路响应的情况分析。

图 5-6 中使用了一个幅值为 200 的脉冲发生器(Pulse Generator)减去一个常数 100 来模拟方波信号。3 个正弦信号分别为基波、三次谐波和五次谐波。在示波器 Uc 可以观察到

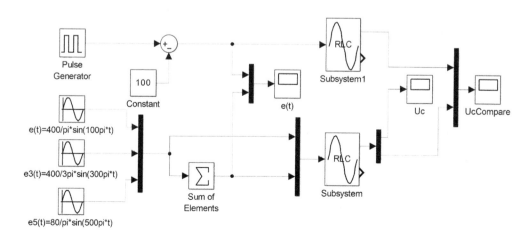

图 5-6　系统响应分析模型(ResponseCompare. slx)

各次分量的响应,图形与图 5-5 类似(由于是零状态响应,因此前面两周波不同于图 5-5)。在 $e(t)$ 上可以观察输入为方波和以基波、三次和五次谐波为主要成分的输入波形对比,如图 5-7(a)所示。在 UcCompare 可以观察到两种波形经过该二阶电路系统后的响应,如图 5-7(b)所示。

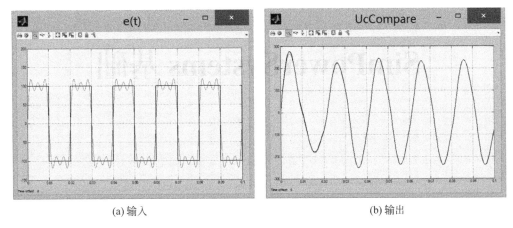

(a)输入　　　　　　　　　　　　　　(b)输出

图 5-7　系统输入与响应对比

从图 5-7 可以看出,尽管两种输入波形有显著差异,但它们在经过该二阶电路系统后的响应曲线吻合度非常高。从系统伯德图也可以看出,该电路对三次和五次谐波有明显的抑制作用。尤其是五次谐波,伯德图对应 250Hz 处的放大倍数小于 -20dB,等于是衰减到原来的 $1/10$。

5.3　小结

本章从时域和频域两个角度展示了使用 MATLAB 的相关函数来求解动态方程的基本方法。这些函数在应用上虽然比使用 Simulink 模块略微复杂,但熟练掌握相关概念和知识点,夯实理论基础,对后续相关内容的学习大有裨益。

第6章

SimPowerSystems 基础

SimPowerSystems 可以用于仿真含线性和非线性元件的电路模型。在本章中将由简入繁、循序渐进地介绍 SimPowerSystems 的相关元件,学习如何使用 powerlib 模块库搭建简单的电路,以及如何配合 Simulink 和 Control system 工具箱来观察系统的相关信息。

6.1　二阶电路分析

6.1.1　电路原型

考察图 6-1 所示的简单电路,电路各组成元件的参数已知,输入量取电压源 $e(t)$,输出变量取电阻 R_2 的端电压 u_{R2}。

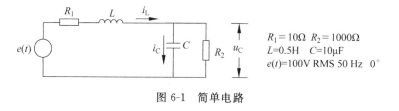

$R_1 = 10\Omega$　$R_2 = 1000\Omega$
$L = 0.5H$　$C = 10\mu F$
$e(t) = 100V$ RMS 50 Hz　$0°$

图 6-1　简单电路

下面将介绍 SimPowerSystems 的 powerlib 库,通过搭建简单的电路,分析电路的稳态特性、动态特性,以及求解系统频率响应等过程,来了解和掌握如何使用 SimPowerSystems 的元件进行电力系统仿真。

6.1.2　搭建电路模型

在 MATLAB 的命令行窗口(Command Window)中输入如下命令。

```
powerlib
```

该命令将打开一个名称为 powerlib 的 Simulink 窗口,包含了电力系统工具箱下属的子模块集合,如图 6-2 所示。双击对应的子模块库,可以看到子窗口中所显示的电力系统工具模块。

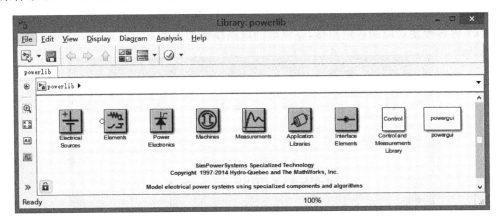

图 6-2　powerlib 的 Simulink 窗口

可以双击打开这些子模块库,复制所需要的元件模块到 Model 编辑窗口。每个模块都用一个专门而且醒目的图标进行标识,而且通常都带有一个或几个输入、输出端子。

接下来按以下步骤搭建电路模型。

(1) 从 powerlib 窗口的 File 菜单中打开一个 Model(模型)窗口,并将其保存,文件命名为 SimpleCircuit.mdl。

(2) 打开 Electrical Source 库,复制或拖曳一个 AC Voltage Source(交流电压源)模块到 SimpleCircuit 模型窗口,并将其更名为 $e(t)$。

(3) 双击 AC Voltage Source 模块,打开其属性页,在 Peak amplitude 文本框中输入图 6-1 所示的电压幅值,并将 Frequency(频率)文本框中 60 Hz 修改为 50 Hz。

注意:图 6-1 中给出电源为有效值(RMS: Root-Mean-Square),故幅值中应输入"100 * sqrt(2)"。

(4) 在 Elements(元件)库复制一个 Parallel RLC Branch(RLC 并联支路)模块到 SimpleCircuit 模型窗口中。

(5) 将该模块更名为 R1,双击该模块,Branch type 选择为 R,电阻值 R 设置如图 6-3 所示。

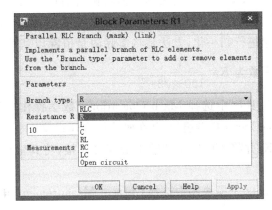

图 6-3　电阻设置

（6）在 SimpleCircuit 模型窗口中复制并粘贴 R1 模块，即可得到 R2 模块，修改其 R 值，并右击该模块选择 Rotate&Flip→ Clockwise 选项，将其旋转。

（7）以类似的方法获得 C 和 L 模块，并将其值按图 6-1 所示进行设置。

（8）将各模块对应的首尾相接，完成后的电路模型如图 6-4 所示。

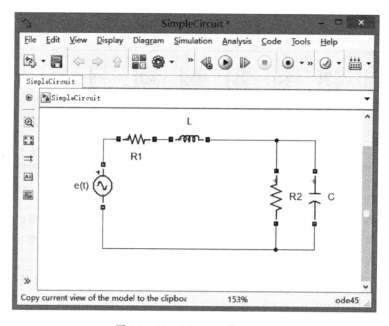

图 6-4　SimpleCircuit 模型窗口

电路模型搭建完成后，还无法观察电路各部分的状况。为观察电路不同位置的电压或电流波形，需加入相应的测量模块。

（9）为观察电容 C 两端的电压，需从 Measurements 子模块库中选择 Voltage Measurement（电压测量）模块，并复制或拖曳到 SimpleCircuit 模型窗口中。

（10）将其更名为 UC，并将标识有"＋""－"的两端连接到 C 模块的两端。

（11）从 Simulink 工具库（非 SimPowerSystems 工具库）中选择 Sinks（接收器）子模块库，复制或拖曳 Scope（示波器）模块到 SimpleCircuit 模型窗口中。

如果将 Scope 模块输入端与 UC 电压测量模块输出端直接相连接，那么在 Scope 模块中显示的将是以伏特来表示的电压值。然而在电力系统中，我们通常使用标幺值系统（per unit system）来对观测量进行归一化，方法是将实际测量值除以基准值。在本例中，对电压进行归一化处理，比例系数为 $K=\dfrac{1}{100\times\sqrt{2}}$。

（12）从 Simulink 工具库中选择 Math Operations（数学操作）子模块库，复制或拖曳 Gain（增益）模块到 SimpleCircuit 模型窗口，并在属性页的 Gain 文本框中输入"1/100/sqrt(2)"。

（13）将其更名为 K，并将 UC 模块的输出端与之连接，将其输出端与 Scope 模块输入端相连接。

（14）从 Measurements 子模块库中选择 Current Measurement（电流测量）模块，并复制或拖曳到 SimpleCircuit 模型窗口中。

（15）将其更名为 IL，并将标识有"＋""－"的两端串联到 L 支路。

（16）复制并粘贴模块 Scope，得到 Scope1，为便于对比标幺值与国际标准值，这里不作归一化处理，将其直接连接到 IL 模块的输出端。

（17）从 powerlib 库中复制一个 powergui 到模型。在新版的 MATLAB 中，做 SimPower Systems 的仿真时，必须添加一个 powergui 模块。

电路搭建完成后，系统模型如图 6-5 所示。

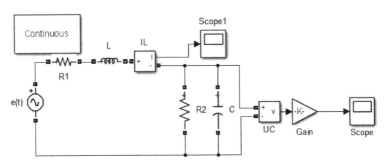

图 6-5 添加测量模块后的 SimpleCircuit 模型

注意：在 MATLAB 中，工具箱模块的端口和连接信号线通常可以分为两类，具体情况如下。

① 常规的 Simulink 连接端口，用">"符号表明其方向。连接该类端口的信号线具有方向性。

② 专用的电气连接端口，用"□"符号标识。该类端口的连接没有方向性，而且可以随意产生分支，但是不能将其与">"标识的 Simulink 端口直接相连，也不能连接到 Simulink 系统的信号线上。

③ ">"标识的 Simulink 端口只能与其他 Simulink 端口连接，"□"标识的 SimPowerSystems 端口只能与其他 SimPowerSystems 端口连接。

④ 两类端口之间通过 SimPowerSystems 中同时具备两类端口的模块进行转换。

在该系统中，Voltage Measurement 模块和 Current Measurement 模块，充当了从 SimPowerSystems 系统到 Simulink 系统的接口。这两个模块将测量到的电压和电流信号转变成 Simulink 信号。

反之，从 Simulink 系统到 SimPowerSystems 系统的信号也需要接口进行支持，如利用 Simulink 系统中的控制模块，将信号加在 Controlled Voltage Source（可控电压源）模块上，向 SimPowerSystems 系统注入电压源。

6.1.3 仿真参数设定与运行

选择 SimpleCircuit 模型窗口的 Simulation→Model Configuration Parameters 选项，可以对 SimpleCircuit 模型的仿真参数进行设置。

默认情况下，系统设置的积分算法为 ode45，仿真时间为 10s，采用变步长方式。为便于观察波形细节，将仿真终止时间（Stop Time）设置为 0.1s（5 个完整波形），同时考虑输出波形的连贯性和精确度，将最大步长由 auto（自动）改为 1e-4(0.0001)s，即每个周波至少采样 200 点。

选择 SimpleCircuit 模型窗口的 Simulation→Run 选项或单击工具栏中的 ▶ 按钮,启动仿真,观察状态栏右下角将显示算法、当前运行时间等信息。

运行结束后,双击 Scope 模块与 Scope1 模块,将观察到系统的状态量 u_C 和 i_L 的稳态输出,如图 6-6 所示(经处理)。

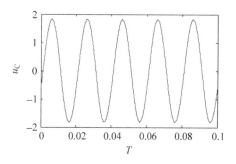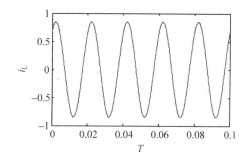

图 6-6　状态量 u_C(标幺值)和 i_L(国标值)的输出波形

6.2　系统分析

6.2.1　电路的稳态分析

为了便于分析电路的稳态信息,powerlib 库提供了一个 Powergui 的图形用户界面(Graphical User Interface,GUI)模块。Powergui 是电气系统模块库提供的一个有力的工具。通过它,能方便地计算和显示出系统中各状态变量和测量变量的稳态值。

(1) 在图 6-2 所示的 powerlib 库中复制或拖曳 Powergui 模块到 SimpleCircuit 模型窗口中。双击该模块打开其属性页。

(2) 在 Analysis tools(分析工具)菜单下选择 Steady-State Voltages and Currents(稳态电压与电流)选项,打开 Powergui Steady-State Tool(稳态工具)窗口,如图 6-7 所示。

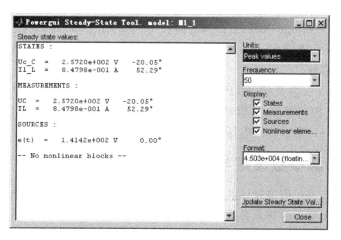

图 6-7　Powergui Steady-State Tool 窗口

(3) 在 Display 选项区域选中 States、Measurements、Sources 和 Nonlinear elements 复选框,则在 Steady state values 文本框中显示出系统的内部状态量、测量的输出量和电源输

出量的幅值与相位,同时标明本系统无非线性元件。

注意:在 Units 下拉列表框中显示为 Peak values(峰值),因此 e(t)显示为 141.42V。可以选择 RMS Value(有效值)进行对比。在 Format 下拉列表框中可以选择数值的显示精度与方式。

在图 6-7 中,STATES 和 MEASUREMENTS 显示为相同的状态量,但需注意区分其来源。MEASUREMENTS 来自于 SimpleCircuit 模型窗口中的测量元件,而 STATES 来自 SimPowerSystems 内部。在 SimPowerSystems 系统中的内部状态量命名规则如下。

① Il_后缀:后缀为电感电流出现的模块名称,如 Il_L 表示流经模块 L 的电流。

② Uc_后缀:后缀为电容电压出现的模块名称,如 Uc_C 表示模块 C 两端的电压。

注意:电流或电压的正负方向由测量模块连接的方向决定。同时由于模块加入 SimpleCircuit 模型窗口的次序不同,状态变量显示的次序可能与图 6-7 显示的不一致。

6.2.2 电路的暂态分析

Powergui 模块允许修改系统的初始状态,以观察不同情况下的系统响应。首先观察一下系统的零状态响应,其操作步骤如下。

(1) 双击 Powergui 模块打开其属性页。

(2) 在 Analysis tools(分析工具)菜单下选择 Initial States Settings(初始状态设置)选项,打开 Powergui Initial States Setting Tool(初始状态工具)窗口,如图 6-8 所示。

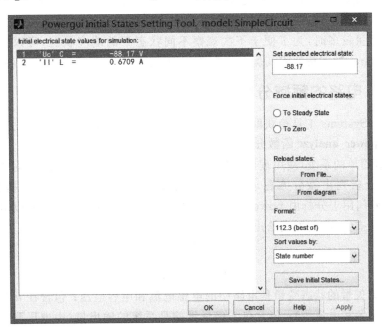

图 6-8 Powergui Initial States Setting Tool 窗口

注意:图 6-8 所示的电容电压初始值,可由图 6-7 显示的电容电压幅值和相位计算得出:$2.5720e+002 * \sin(-20.05 * pi/180)$。电流初始值亦然。

(3) 选中 To Zero 单选按钮将系统的初始状态设置为 0,然后关闭稳态工具窗口及 Powergui 模块属性页。

（4）选择 SimpleCircuit 模型窗口的 Simulation→Run 菜单或单击工具栏中的 ▶ 按钮启动仿真。

（5）双击打开 Scope 模块，可以看到系统的零状态响应过程，如图 6-9 所示（经处理）。

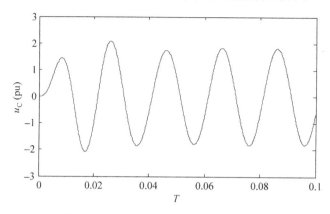

图 6-9　电容 C 上的电压零状态响应曲线

初始状态设置工具除了能够将系统初始状态全部设置为 0 外，还可以进行以下设置。

① 将系统初始状态全部设置成稳态（To Steady State）。

② 将系统初始状态全部设置成任意稳态：在 Set selected electrical state 文本框中输入新的状态值，在完成所有状态量修改后，单击 Apply 按钮即可生效（直接关闭窗口也生效，但也可以在不关闭窗口的情况下再次启动仿真）。

③ 当状态量较多时，为了便于下次观察不同状态下的响应状况，可以将状态量通过 Save Initial States 功能按钮将其保存到文件中，下次通过 From File 功能按钮将其调出。

6.2.3　电路的频域分析

SimPowerSystems 工具箱获取系统的频域信息还可以采用以下两种方法。

1. 利用 power_analyze 函数分析

对于相对简单的系统，使用理论分析还可以比较方便地得到结果；但对于相对复杂的电路，用理论分析列出微分方程求解就比较烦琐了。SimPowerSystems 提供了 power_analyze 函数专门用于分析由 powerlib 库模块搭建起来的电路模型，一般以电路的等效状态空间模型（状态方程）的方式给出系统结构

$$\begin{cases} x = Ax + Bu \\ y = Cx + Du \end{cases} \tag{6.1}$$

其中，包含在 x 矢量的状态变量是电路中的电感电流和电容电压；包含在 u 矢量里的是系统的输入（电压源和电流源）；包含在 y 矢量里的是系统的输出量（由电压测量模块和电流测量模块来确定）。

对于 SimpleCircuit 模型，MATLAB 分析程序如下（P_States. m）：

```
[A,B,C,D,x0,states,inputs,outputs] = power_analyze('SimpleCircuit');
  % 获取系统状态方程、初始状态、输入输出等信息
root = eig(A)      % 获取系统特征根
```

可以得到系统的相关信息：

```
states =
Uc_C
Il_L
inputs =
U_e(t)
outputs =
U_UC
I_IL
x0 =
  - 88.1748
    0.6709
root =
    1.0e + 002 *
  - 0.6000 + 4.4542i
  - 0.6000 - 4.4542i
```

由电路原理和控制理论相关知识可知，从电源的两端观察系统输入阻抗，为电路的激励 $e(t)$ 和电流 $i_L(t)$ 之间的比值。该关系通过 Laplace 变换，用传递函数表示，可以得到

$$Z(s) = \frac{e(s)}{i_L(s)} \tag{6.2}$$

目前想观察的是输入阻抗 Z 上的电压电流关系，即输入 $e(t)$ 与输出 $i_L(t)$ 的关系。可由以下程序实现（在程序 P_States.m 后补充以下内容）：

```
freq = 1:1000;                        % 观察频率范围 1～1000Hz
w = 2 * pi * freq;                    % 转换为弧度表示
[mag,phase] = bode(A,B,C,D,1,w);      % 获取系统伯德图参数
subplot(2,1,1)
loglog(freq,mag(:,2));                % 用对数坐标绘制幅度图形
subplot(2,1,2)
semilogx(freq,phase(:,2));            % 用半对数坐标绘制相位图形
```

bode(a,b,c,d,iu,w) 函数属于 Control System（控制系统）工具箱，第 5 个参数（iu）用于指示当前加入激励的输入。在 SimpleCircuit 模型中，输入只有一个，即 $e(t)$，故 iu＝1。但对于多输入系统而言，则当需要观察不同输入下系统的响应情况时，iu 可设置为对应的输入序号。

同时，希望得到第 2 个输出 $i_L(t)$ 与输入之间的响应关系，故程序中使用 mag(:,2) 和 phase(:,2) 来绘制伯德图。

程序运行后，得出系统传递函数的伯德图，如图 6-10 所示。

但需要指出的是，当前系统的输入是电压 $e(t)$，输出是电流 $i_L(t)$，因此图 6-10 表示的实际是输入导纳 $G(s)$ 随频率变化的曲线，即

$$G(s) = \frac{1}{Z(s)} = \frac{i_L(s)}{e(s)} \tag{6.3}$$

在 Command 窗口中输入以下语句：

```
>> IL = 100 * sqrt(2) * mag(50,2)
IL =
    0.8480
>> ang = phase(50,2)
ang =
    52.2945
```

即电流 i_L 的幅值(输入电压幅值与 50Hz 处导纳增益的乘积)和相位滞后,与图 6-7 中系统稳态电流参数显示相同。

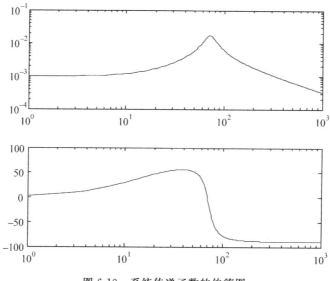

图 6-10　系统传递函数的伯德图

在 Command 窗口中输入以下语句:

```
>> [v,p] = max(mag(:,2))
v =
    0.0171
p =
    71
```

表达了系统的最大增益为 0.0171,出现在振荡频率 70.8908Hz≈71Hz 处。

power_analyze 函数不仅可以用于简单的电路模型,也可以运用于本章后面部分输电线路模型的分析,只不过随着系统的复杂度增加,系统的内部状态量也随之增多,要分析和了解这些状态量对应的物理模型位置,就需要有相当的耐心了。

2. 使用 LTI Viewer 观察

如果能熟练利用 power_analyze 函数进行分析,就已经可以得到比较完整的分析结果。但是仍需要进行部分手工编程,并对相关函数有较为清楚的了解,同时当需要了解电路特定部分的相关信息时,要能够清楚地知道相关状态量在状态方程中的位置。

考虑到为用户提供更为简便和直观的分析,Powergui 提供了更为直接的手段,即 LTI Viewer(Linear, Time-Invariant Viewer),线性时不变(系统)观测器。和伯德函数一样,

LTI Viewer 也属于控制系统工具箱。

（1）双击 Powergui 模块打开其属性页。

（2）在 Analysis tools(分析工具)菜单下选择 Use LTI Viewer(使用线性时不变观测器)，打开 Powergui 连接到 LTI Viewer 的接口，如图 6-11 所示。

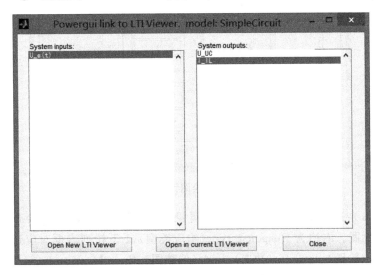

图 6-11　Powergui 连接到 LTI Viewer 的接口

（3）当前系统只有一个输入 U_e(t)，在系统输出中选择 I_IL，单击 Open New LTI Viewer 按钮，将打开控制系统工具箱的 LTI Viewer 窗口，如图 6-12 所示。

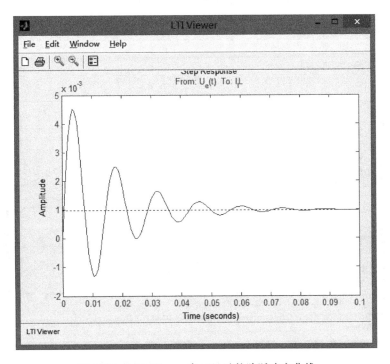

图 6-12　LTI Viewer 窗口显示的阶跃响应曲线

（4）默认情况下，LTI Viewer 打开的是 I_IL 输出对 U_e(t)输入的阶跃响应。选择 Edit→Plot Configurations 选项，弹出如图 6-13 所示的绘图设置窗口。

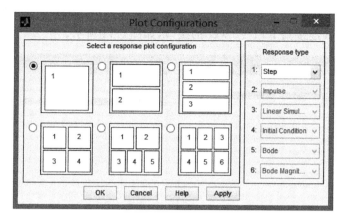

图 6-13　绘图设置窗口

（5）图 6-13 左边为图数量和布局显示，可见 LTI Viewer 可同时观察 6 种不同的系统响应或频域特性图。右边为 Response type(响应类型)，1 下拉列表框对应选择 1 号子图响应类型，有 Step(阶跃)、Impulse(冲击)、Bode(伯德图)、Bode Magnitude(幅频特性伯德图)、Nyquist(奈氏图)、Nichols(尼氏图)、Singular Value(频域单一值)、Pole/Zero(零极点图)、IO Pole/Zero(IO 零极点图)9 种选择。

（6）在 Response type 选项区域 1 下拉列表框中选择 Bode 选项，再单击 OK 或 Apply 按钮，LTI Viewer 将显示系统的伯德图，如图 6-14 所示。

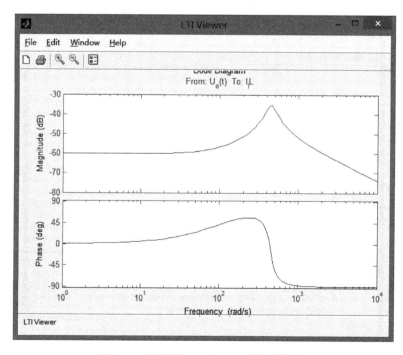

图 6-14　LTI Viewer 窗口显示的伯德图

与图 6-10 相比较,图 6-14 幅频特性纵坐标使用的单位是分贝值(dB),如果需要,也可以选择 Edit→Viewer Preferences 选项修改坐标单位。

3. 引入 Impedance Measurement 模块和 Powergui 模块自动测量

如前所述情况中,观察到的都是电导纳 $G(s)$ 的幅频特性与幅相特性,然而有时确实需要得到系统的输入阻抗的幅频特性与幅相特性。MATLAB 在 measurements 模块库提供了 Impedance Measurement(阻抗测量)模块用于测量给定位置的阻抗特性,该模块必须与 Powergui 模块配合使用。

Impedance Measurement 模块的工作原理实际与方法 2 基本相同。事实上,其内部组成就是由一个电流源模块 Iz 和电压测量模块 Vz 构成的。我们将通过以下步骤,逐步说明其工作原理和使用方法。

(1) 将 SimpleCircuit 窗口另存为 SimpleCircuit_a。

(2) 从 Measurements 模块库引入 Impedance Measurement 模块到 SimpleCircuit_a 模型窗口,将其与电压源模块 $e(t)$ 两端连接,并更名为 Z,如图 6-15 所示。那么显然,我们希望测量的是从电源两端看的系统输入阻抗。

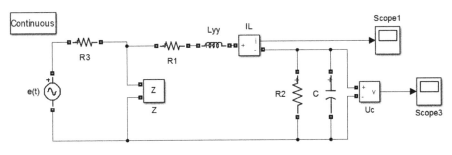

图 6-15 SimpleCircuit_a 模型

(3) 在 Command 窗口中运行如下语句:

```
>>
[A,B,C,D,x0,states,inputs,outputs] = power_analyze('SimpleCircuit_a')
>> inputs
inputs =
I_Z
U_e(t)
>> outputs
outputs =
U_Z
U_Uc
I_IL
```

与程序 P_States.m 运行结果对比,可知当前系统多出了一个输入 I_Z 和一个输出 U_Z,来自 Impedance Measurement 模块内部的电流源和电压测量模块。

(4) 此时双击 Powergui 模块打开其属性页,在 Analysis tools(分析工具)菜单下选择 Impedance vs Frequency Measurment(阻抗-频率测量)选项,打开阻抗测量窗口,如图 6-16 所示。

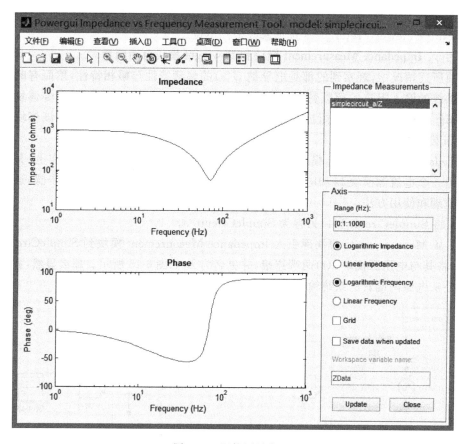

图 6-16　阻抗测量窗口

注意：在早期的版本中，阻抗测量窗口可能仅仅绘制出一条直线，而并非期望中的系统输入阻抗的幅频和相频特性。

出现以上现象的原因在于：对于多输入多输出系统而言，Impedance Measurement 模块和 Powergui 模块在计算时，对电路的其他输入采取了电压源短路、电流源开路处理措施。从图 6-15 可以清楚地看出，当电压源 $e(t)$ 做短路处理后，Z 模块是无法得到正确的输入阻抗幅频和相频特性的。在后期版本中修正了这一问题。

图 6-16 与图 6-14 相比较，幅频曲线值恰好是倒数关系，而相频特性则恰好沿 x 轴翻转。

6.3　输电系统等效电路与模型

6.3.1　简单的输电系统

图 6-17 所示的单相输电系统等效模型代表了一条 300km 长的输电线路，在其接收端（Receiving End）通过并联电感进行补偿，同时通过断路器操作来保护线路。

模型的搭建过程与简单电路类似（本例来源于 MATLAB 的 SimPowerSystems 用户手册，详细的建模过程可参考该手册），将等效电路图所指示的参数输入，并加入 Powergui 模块，完成后模型如图 6-18 所示。

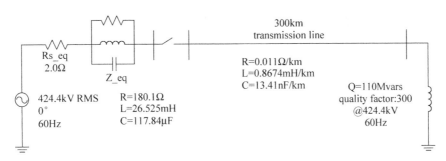

图 6-17　输电线路模型

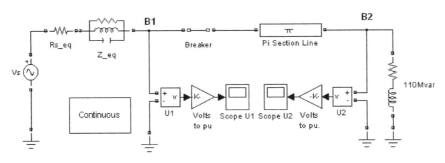

图 6-18　输电线路仿真模型

6.3.2 输电系统仿真模型

这里仅说明新增的 3 个元件及使用时需特别注意的地方。

1. Breaker(断路器)模块

断路器模块属于 elements 子模块库。断路器的初始状态在图 6-19 所示的断路器属性页中的 Initial status 文本框中设置,输入 0 为断开,输入 1 为闭合。Ron 为系统的内部阻抗,考虑到建模的需要,该值不能被设置为 0(通常为 10mΩ)。

有两种方式可以控制断路器模块的开闭。

(1) 内部方式。在图 6-19 所示的断路器属性页面中的 Switching times 文本框中输入时间序列,如图中初始状态为闭合,则 1/60s 断开,3/60s 再闭合。

(2) 外部方式。使用来自 Simulink 控制系统模块的控制信号来控制断路器的开断(0)与关闭(1)。

无论是内部方式还是外部方式,断路器的关闭是瞬时的。而在开断情况下,为了模拟断路器的灭弧过程,直到下一个过零点,断路器才实际动作。

当断路器模块与电感和电流源串联使用时,就需要设置缓冲电阻和电容,多数情况下可以分别设置为 1e6 和 inf。

最后需要注意的是,在带有 breaker 的电路中只能使用刚性(stiff)积分算法,如在默认情况下使用 ode23tb 或 ode15s 算法以得到理想的仿真速度。

2. PI Section Line(π 型电路)模块

SimPowerSystems 工具箱中的 π 型电路模块使用的是如图 6-20 所示的集中参数等效模型。

图 6-19　断路器参数设置

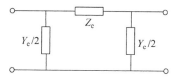

图 6-20　输电线路等效模型

这是一个精确(Exact)的模型

$$Z_e = Z_c \sinh(\gamma l)$$

$$\frac{Y_e}{2} = \frac{1}{Z_c} \tanh\left(\frac{\gamma l}{2}\right) \tag{6.4}$$

通常典型的电力线路中,$G=0$。因此在图 6-21 所示的 π 型电路模块的属性页面中,输入的是单位长度的串联电阻、电感和并联电容,但并不提供导纳输入。

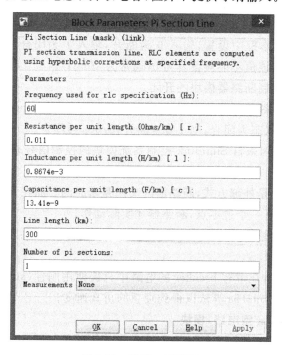

图 6-21　线路 π 型模型

此外还有所谓的标称 π 型等值电路,其含义是考虑到 $\gamma l \ll 1$,Z_e 和 Y_e 的表达式可以近似为

$$Z_e = Z_C \sinh(\gamma l) \approx Z_C(\gamma l) = zl = Z$$

$$\frac{Y_e}{2} = \frac{1}{Z_C} \tanh\left(\frac{\gamma l}{2}\right) \approx \frac{1}{Z_C}\left(\frac{\gamma l}{2}\right) = \frac{yl}{2} = \frac{Y}{2}$$

上述两式分别代表了总的串联阻抗(zl)和总的并联导纳(yl)。一般情况下,对于架空线,$l < 10000/f \mathrm{km}$($f = 50\mathrm{Hz}$,为 $200\mathrm{km}$);对于地下电缆,$l < 3000/f \mathrm{km}$($f = 50\mathrm{Hz}$,为 $60\mathrm{km}$)。

两种计算相差不是太大,这种近似是可以接受的。对于短于 $80\mathrm{km}$ 的线路,甚至可以忽略并联电容,而对于 $200\mathrm{km}$ 或更长的线路,参数的分布明显,需要用等值 π 型电路。介于两者之间的线路,则可以使用标称 π 型等值电路。

除了频率和每公里的给定参数外,还应输入线路的总长度(km),以及使用 π 型等值电路来模拟输电线路。

但 π 型电路模块并非一个完全的精确模型,更为精确的模型是 Distributed parameter line(分布参数线路)模块。该模块可以仿真三相分布参数线路,也可以选择作为单相分布参数线路使用。在后面小节中将看到不同模型在暂态过程中的仿真情况。

3. Series RLC Load(串联 RLC 负荷)模块

Series RLC Load 模块也属于 elements 子模块库,其属性页面如图 6-22 所示。从该模块的属性页面来看,其使用相对简单,输入模块使用时的额定电压、额定频率,所需要消耗的有功功率、感性无功功率和容性无功功率值后即可。

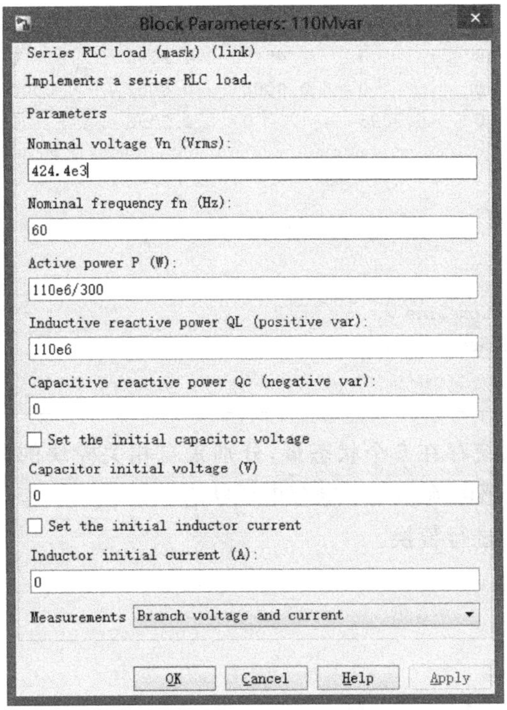

图 6-22　Series RLC Load 模块

但是,当在母线 B2 处接入 Series RLC Load 模块,并按照图 6-17 所示输入相关参数时,该模块实际消耗的有功功率和无功功率会是 110/300MW 和 110Mvar 吗? 答案是否定的。

该负荷模块的数学模型实际是将负荷用恒定阻抗来模拟,即认为负荷的等值阻抗保持不变,其数值由负荷所吸收的功率和节点的额定电压来确定。然而在母线 B2 处,既已认为该节点属于 PQ 节点类型,那么在电网中,该节点电压就无法保证运行在负荷模块所要求的额定电压下,因此实际消耗的功率也就无法仅凭该模块参数确认,而是需要靠网络的结构等信息才能最后确定。

在后续小节中将通过仿真手段来观察该模块实际消耗的电功率。

6.3.3 系统状态分析

当 6.3.2 节中的 π 型电路模块中的 Number of pi sections 设置为 1,即使用一个 π 型电路来等效 300km 的线路时,则此时系统的状态数相对还比较少,可以通过手工分析来验证 SimPowerSystems 程序分析出来的状态方程。程序分析过程如下。

(1) 将 6.3.2 所示系统保存为 TransmissionLine.slx。

(2) 在 Command 窗口中运行如下语句:

```
>> [A,B,C,D,x0,states,inputs,outputs] = power_analyze('TransmissionLine');
>> A
A =
 1.0e + 005 *
        0    0.0004         0         0         0         0
  - 0.0849  - 0.0429         0  - 0.0424         0         0
        0         0  - 0.0000         0         0    0.0000
        0  - 2.4548         0  - 2.4548  - 4.9096         0
        0         0         0    0.0000  - 0.0001  - 0.0000
        0         0  - 4.9096         0    4.9096         0
>> states
states =
    Il_Z_eq
    Uc_Z_eq
    Il_110Mvar
    Uc_input: Pi Section Line
    Il_section_1: Pi Section Line
    Uc_out
```

可以清楚地看出,系统存在 6 个状态量,分别来自相关模块的电感或电容部分。例如,Z_eq 模块中存在一个电感电流和一个电容电压状态。

为便于书写,将变量进行替换。

Il_Z_eq $\longrightarrow I_{L\_Z}$

Uc_Z_eq $\longrightarrow U_{C\_Z}$

Il_110Mvar $\longrightarrow I_{Load}$

Uc_input: Pi Section Line $\longrightarrow U_{in}$

Il_section_1: Pi Section Line $\longrightarrow I_{\pi}$

Uc_output：Pi Section Line $\longrightarrow U_{\text{out}}$

由电路分析，通过手算可列出如下微分方程组

$$
\begin{cases}
\dfrac{\mathrm{d}I_{\text{L\_z}}}{\mathrm{d}t} = \dfrac{1}{L_{\text{z}}}U_{\text{C\_z}} \\[3mm]
\dfrac{\mathrm{d}U_{\text{C\_z}}}{\mathrm{d}t} = -\dfrac{1}{C_{\text{z}}}I_{\text{L\_z}} - \left(\dfrac{1}{R_{\text{S}}C_{\text{z}}} + \dfrac{1}{R_{\text{z}}C_{\text{z}}}\right)U_{\text{C\_z}} - \dfrac{1}{R_{\text{S}}C_{\text{z}}}U_{\text{in}} + \dfrac{1}{R_{\text{S}}C_{\text{z}}}U_{\text{VS}} \\[3mm]
\dfrac{\mathrm{d}I_{\text{Load}}}{\mathrm{d}t} = -\dfrac{R_{\text{Load}}}{L_{\text{Load}}}I_{\text{Load}} + \dfrac{1}{L_{\text{Load}}}U_{\text{out}} \\[3mm]
\dfrac{\mathrm{d}U_{\text{in}}}{\mathrm{d}t} = -\dfrac{1}{C_{\pi}}I_{\pi} + \dfrac{1}{C_{\pi}R_{\text{S}}}U_{\text{VS}} - \dfrac{1}{C_{\pi}R_{\text{S}}}U_{\text{in}} - \dfrac{1}{C_{\pi}R_{\text{S}}}U_{\text{C\_z}} \\[3mm]
\dfrac{\mathrm{d}I_{\pi}}{\mathrm{d}t} = \dfrac{1}{L_{\pi}}U_{\text{in}} - \dfrac{1}{L_{\pi}}U_{\text{out}} - \dfrac{1}{L_{\pi}}I_{\pi}R_{\pi} \\[3mm]
\dfrac{\mathrm{d}U_{\text{out}}}{\mathrm{d}t} = \dfrac{1}{C_{\pi}}I_{\pi} - \dfrac{1}{C_{\pi}}I_{\text{Load}}
\end{cases}
\tag{6.5}
$$

式中，R_{z}、L_{z}、C_{z} 为 Z_eq 上的电阻、电感和电容值；R_{π}、L_{π}、C_{π} 为 π 型电路上的电阻、电感和电容值（单边）；R_{Load}、L_{Load} 为负载的电阻、电感值；R_{S} 为 Rs_eq 的电阻；U_{VS} 为电压源输入。

代入各元件的实际值进行计算，可以得到与计算机分析相同的结果。但需要注意的是，π 型电路上的电阻、电感和电容值的计算方式（P_TransmissionLine.m）。

```
Rs = 2;                                      % Rs_eq 阻抗
Rz = 180.1;                                  % Z_eq 电阻
Lz = 26.525e-3;                              % Z_eq 电感
Cz = 117.84e-6;                              % Z_eq 电容

z = 0.011 + j * 2 * pi * 60 * 0.8674e-3;     % 单位长度阻抗
y = j * 2 * pi * 60 * 13.41e-9;              % 单位长度导纳
Zc = sqrt(z/y);                              % 特征阻抗
lamda = sqrt(z * y);                         % 传播常数
Rpi = real(Zc * sinh(lamda * 300));          % pi 型电路等效电阻
Lpi = imag(Zc * sinh(lamda * 300))/2/pi/60;  % pi 型电路等效电感
Cpi = imag(1/Zc * tanh(lamda * 300/2))/2/pi/60; % pi 型电路等效电容

S = 110e6/300 + j * 110e6;                   % 功率
V = 424.4e3;                                 % 额定电压
RL = real(V * V/S);                          % RLC 负荷模块等效电阻
LL = imag(V * V/S)/2/pi/60;                  % RLC 负荷模块等效电感

AA = [ 0            1/Lz                0         0          0          0;
      -1/Cz    1/Rs/Cz + 1/Rz/Cz       0      -1/Rs/Cz      0          0;
       0            0               -RL/LL       0          0        1/LL;
       0        -1/Cpi/Rs               0      -1/Cpi/Rs  -1/Cpi       0;
       0            0                   0       1/Lpi    -1/Lpi * Rpi -1/Lpi;
       0            0               -1/Cpi       0        1/Cpi        0]
输出:
AA =

   1.0e+05 *
```

0	0.0004	0	0	0	0
− 0.0849	0.0429	0	− 0.0424	0	0
0	0	− 0.0000	0	0	0.0000
0	− 2.4548	0	− 2.4548	− 4.9096	0
0	0	0	0.0000	− 0.0001	− 0.0000
0	0	− 4.9096	0	4.9096	0

上述程序得出的矩阵 A 和 AA,第三行显示均为 0,是受 MATLAB 默认的数字显示方式的影响。在 MATLAB 主窗口选择"主页"→"预设"选项,进入设置窗口,修改 MATLAB→"命令行窗口"的"文本显示"→"数值格式"为 long,重新运行,即可看第三行的状态参数。

6.3.4　仿真方式比较

SimPowerSystems 的 Powergui 模块提供了 3 种仿真方式,即 Continue(连续)、Discrete(离散)和 Phasor(相位),以应对不同需求。

1. 连续仿真

连续变步长算法是最为精确,但速度最慢的一种算法,其操作步骤如下。

(1) 双击 TransmissionLine 模型窗口中的 Breaker 模块,将初始状态设置为 0(断开),将 Switch times 设置为[(1/60)/4]。

(2) 双击 TransmissionLine 模型窗口中的 Scope U2 模块,单击 Parameters 图标,在 Data history 属性页面中,选择 Save data to workspace 选项,并在 Variable name 文本框中输入"U2",表示存储母线 B2 上的电压,同时将 Format 选项设置为 Array(数组)。

(3) 选择 Simulation→Model Configuration Parameters 选项,采用变步长方式,设置系统的积分算法为 ode23tb(因为 Breaker 属于刚性元件)。将仿真终止时间(Stop Time)设置为 0.02s。

(4) 单击 ⏵ 按钮,启动仿真。运行结束后,在 MATLAB 主窗口的 Workspace(工作空间)中,可以看到 246(行)×2(列)的 U2 变量,两列分别是采样时间和采样值。

(5) 在命令行窗口中输入"U2_1=U2",将用一个 π 型电路等价输电线路时,母线 B2 上电压的仿真结果保存到变量 U2_1。

(6) 将 TransmissionLine 模型窗口另存为 TransmissionLine_10pi,将 PI section line 模块的 Number of pi sections 设置为 10,即使用 10 个 π 型电路来等效 300km 的线路。

(7) 重复第(4)步操作。完成后,在命令行窗口中输入"U2_10=U2",将保存到变量 U2_10。

(8) 将 TransmissionLine_10pi 模型窗口另存为 TransmissionLine_d,删除 PI section line 模块,并从 Elements 模块库中选择 Distributed Parameters Line 模块。打开其属性页面,将 Number of phases N 设置为 1(单相),其他参数参照 PI section line 模块设置(只需设置正序分量)。

(9) 重复第(4)步操作。完成后,在命令行窗口中输入"U2_d=U2",将保存到变量 U2_d。

(10) 在命令行窗口中输入以下命令:

```
>> plot(U2_1(:,1), U2_1(:,2), U2_10(:,1), U2_10(:,2), U2_d(:,1), U2_d(:,2));
```

以上数据存储过程也可用以下程序一次完成(TransmissionLineCompare.m)：

```
sim('TransmissionLine.slx');
U2_1 = U2;
sim('TransmissionLine_10pi.slx');
U2_10 = U2;
sim('TransmissionLine_d.slx');
U2_d = U2;
plot(U2_1(:,1), U2_1(:,2), U2_10(:,1),...,
    U2_10(:,2), U2_d(:,1), U2_d(:,2));
```

不同模型的连续运行仿真结果如图6-23所示。

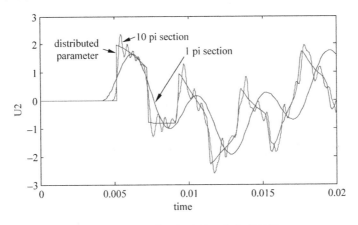

图6-23　不同模型的连续运行仿真结果

从图6-23中可以清楚地看出,就集中参数模型而言,与一个π型电路表达的输电线路模型相比,10个π型电路表达的输电线路模型更接近于分布参数线路模型,其高次谐波表达也相对准确。

对于分布参数线路而言,理论上波速为 $v = \dfrac{1}{\sqrt{LC}} = \dfrac{1}{\sqrt{0.8674 \times 10^{-3} \times 13.41 \times 10^{-9}}} \approx$ 293 208km/s。因此300km的输电线路,从发送端到接收端,波形需要约300/293 208＝1.023ms即可传送到。

在Workspace中双击变量U2_d(分布参数线路仿真结果),第2列中第一个不为0值出现在第58行。在Breaker模块中我们设置的断路器闭合时间是1/60/4s。在命令行窗口中输入以下命令：

```
>> U2_d(58,1) - 1/60/4
ans =
    0.00102317117081
```

由此可见,从母线B1到母线B2,波形延时约为1.023ms。

波形从发送端B1传送到接收端B2延时可用下列程序求取：

```
>> 300/(1/sqrt(0.8674e - 3 * 13.41e - 9))
ans =
     0.00102316423902
```

2. 离散仿真

对于小系统而言,变步长的连续仿真方式通常比固定步长方式要快一点,这是因为积分所需的步数相对少些的缘故。但是,对于状态量较多的大系统,尤其是含有非线性元件的系统,则采用离散化的方法,可以得到较快的仿真速度,然而此时精度就由步长决定。使用过大的步长时,精度就可能不够。唯一的办法是使用不同的步长进行试探,选取可以接受的仿真精度作折中处理。

一般来说,对频率为 50Hz 或 60Hz 的电力系统来说,$20\sim 50\mu s$ 的步长可以得到比较令人满意的仿真结果。然而对于含有或需要处理高频信号的电力电子器件,如 PWM 调制器,则要求的步长为 $1\mu s$。

为了解不同步长对仿真精度的影响,进行下列操作。

(1) 打开 TransmissionLine_10pi 模型窗口。

(2) 单击 ▶ 按钮,启动仿真。运行结束后,在命令行窗口中输入“U2c＝U2”,将连续仿真时,母线 B2 上电压的仿真结果保存到变量 U2c。

(3) 双击 Powergui 模块,在 Simulation type 中选择 Discretize electrical model 选项,并将 Sample time 设置为 25e-6s。选择 Simulation→Model Configuration Parameters 选项,Solver options 采用 Fixed-step 方式。

(4) 在命令行窗口中输入以下命令,并观察结果。

```
>> tic;sim(gcs);toc;
时间已过 0.410799s.
```

注意：tic 和 toc 命令用于计量存在于两命令之间的时间差,gcs 命令用于获取当前的 Simulink 模型(Get Current Simulink model)的完整路径,sim(gcs)命令启动该模型仿真。如果在 MATLAB 主窗口中 Current Directory(当前路径)设置为模型所在路径,sim(gcs)等价于 sim('TransmissionLine_10pi')。

(5) 在命令行窗口中输入“U2d25＝U2”,将母线 B2 上电压的仿真结果保存到变量 U2d25。

(6) 双击 Powergui 模块,并将 Sample time 设置为 50e-6s。

(7) 在命令行窗口中输入以下命令,并观察结果。

```
>> tic;sim(gcs);toc;
时间已过 0.299271s.
```

注意：与步骤(4)结果比较,可见使用大步长可以得到更快的仿真速度,但需要指出的是,该命令返回值取决于所使用的计算机配置和内存使用情况。

(8) 运行结束后,在命令行窗口中输入“U2d50＝U2”,将母线 B2 上电压的仿真结果保存到变量 U2d50。

（9）在命令行窗口中输入以下命令：

```
>> plot(U2c(:,1), U2c(:,2), U2d25(:,1), U2d25(:,2), U2d50(:,1), U2d50(:,2));
```

得到如图 6-24 所示的连续与离散仿真结果比较。在 Figure 窗口中选择"编辑"→"轴属性"选项，将 x 轴的范围修改为 $[0.004, 0.012]$，可以对结果进行局部的观察，如图 6-24所示。

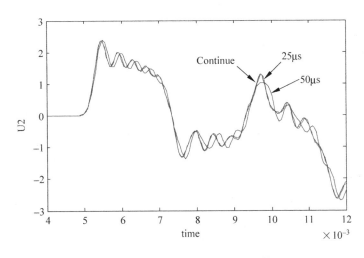

图 6-24　连续与离散仿真结果比较

3. 相位仿真

连续仿真和离散仿真关注于系统响应的详细过程，需要求解系统的状态（微分）方程。然而如果只是对断路器合闸之后电压或电流的幅值与相位变化感兴趣，则应该选择相位（Phasor）仿真方式。

相位仿真方式用解特定频率下的代数方程取代求解微分方程，因此执行速度更快。同时由于电压和电流的输出都是相量，因此便于计算实际功率。操作过程如下。

（1）将 TransmissionLine_10pi 模型窗口另存为 TransmissionLine_phasor，将仿真的起始时间设置为 0.0s，终止时间设置为 0.02s。

（2）双击 Powergui 模块，在 Simulation type 列表框中选择 Phasor simulation 选项，在Frequency 文本框中输入"60"。

在连续仿真和离散仿真方式下，电压测量模块和电流测量模块属性页面中的 Output signal 只有默认的 Magnitude-Angle 灰色选项。在相位仿真方式下，则存在 Complex（复数）、Real and Image（实部与虚部构成的向量）、Magnitude-Angle（幅值与相角构成的向量）和 Magnitude（幅值）4 种选择。

（3）由于 Scope 示波器模块不能处理复数信号，因此双击 U1 和 U2 电压测量模块，将Output signal 均设置为 Magnitude。

（4）双击 110Mvar 模块，在 Measurement 中选择 Branch voltage and current 选项，即测量该支路（元件）的电压和电流值。

（5）从 Measurement 模块库中选择 Multimeter（万用表）模块，拖曳或复制到

TransmissionLine_phasor 模型窗口。

(6) 双击 Multimeter 模块,从 Available Measurements 中将 Ub:110Mvar 和 Ib:110Mvar 两项依次选择到 Selected Measurements 列表框中,并确认 Output type 选择为 Complex(复数)。

Complex 格式确定输出的电压和电流信号为复数(相量)形式,那么 110Mvar 模块上的复功率 $\overline{S}$ 应为

$$\overline{S} = P + jQ = \frac{1}{2} \cdot \overline{V} \cdot \overset{*}{I}$$

(7) 从 Simulink 的 Signal Routing 模块库中选择 Demux(信号分解)模块,拖曳或复制到 TransmissionLine_phasor 模型窗口,与 Multimeter 模块相连,将其输出分解为电压和电流两个信号。

(8) 从 Simulink 的 Math operations 模块库中选择 Math Function(数学函数)模块,拖曳或复制到 TransmissionLine_phasor 模型窗口。双击打开其属性页面,在 Main 中的 Function 选择 conj(共轭)选项。关闭属性页面后,将其与 Demux 模块的第 2 个输出相连接,得到输出电流的共轭值。

(9) 从 Math operations 模块库中选择 Product(乘积)模块,拖曳或复制到 TransmissionLine_phasor 模型窗口。将 Demux 模块的第一个输出和 Math Function 的输出分别连接到 Product 模块的输入端。

(10) 从 Math operations 模块库中选择 Gain(增益)模块,拖曳或复制到 TransmissionLine_phasor 模型窗口。将增益设置为 1/2,并与 Product 模块输出相连接。

(11) 从 Math operations 模块库中选择 Complex to Real-Imag(复数转实部虚部分解)模块,拖曳或复制到 TransmissionLine_phasor 模型窗口。并与 Gain 模块输出相连接。

(12) 从 Simulink 的 Sink 模块库中选择 Display(显示)模块,拖曳或复制到 TransmissionLine_phasor 模型窗口。复制得到两个 Display(显示)模块后,更名为 P 和 Q,分别与 Complex to Real-Imag 模块的输出相连接。

完成以上操作步骤后,在 TransmissionLine_phasor 模型窗口中显示出如图 6-25 所示的负载功率测量部分。

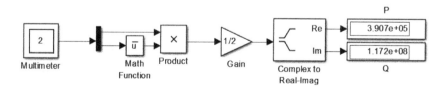

图 6-25　110Mvar 负载功率测量

(13) 单击 ▶ 按钮,启动仿真。运行结束后,在 P 模块中显示有功功率为 390.7kW,Q 模块中显示无功功率为 117.2Mvar,而并非设定的 110Mvar,原因在前面已经阐述过。通过双击 Scope U2 模块,并单击工具栏中的 🔍 按钮,可以观察到断路器闭合后,母线 B2 上电压的幅值变化情况,可以看到电压标幺值大于 1,因此负载的实际功率比额定的略大。

6.4 小结

本章以简单的二阶电路为例,初步学习了使用 SimPowerSystems 进行建模和用 Powergui 进行相关分析的方法。进一步用类似方法分析了更高阶的输电线路模型,并比较了模型不同、仿真方法不同等情况下的仿真结果。由此可知,受数值分析方法的影响,数字仿真方法是无法完全代替实物仿真的。

第7章

电力相关基本概念

本章先通过动画程序展示交流量的时间相量、空间矢量相关概念,然后用一个简单的 RLC 电路来举例说明 MATLAB 相关基础知识的运用。通过 MATLAB 编程示例展示涉及《电路原理》等课程相关的一些知识点,如有功无功、三相交流相量、三相空间矢量等概念。在加深对专业知识理解的同时,学习运用 MATLAB 编程和解决专业问题的方法。

7.1 交流电的时间相量和空间矢量的概念

在交流电机理论中的"相量""矢量""标量""向量"等术语经常会使学习者感到纠结,往往会将"相量"和"矢量"混为一谈,造成理解和运用上的错误。有文献指出相量是标量而非矢量,两者最大的共同点是都可以用复数来描述。本章通过具体例子来说明两者之间的区别和联系。

7.1.1 时间相量

1. 单相交流电

1893 年 8 月,德国出生的美国电气工程师施泰因梅茨(C. P. Steinmetz,1865—1923 年)在第 5 届国际电气会议上作了 *Complex qualities and their Use in Electrical Engineering* 的报告,第一次提出了利用相量法来分析正弦交流电路。

一个随时间按正弦或余弦规律变化的量,统称为正弦量,正弦量 $x(t)$ 可以描述为

$$x(t) = X_m \sin(\omega t + \theta_0) = \sqrt{2} X_{rms} \sin(\omega t + \theta_0) \tag{7.1}$$

式(7.1)中的 3 个常数 X_m、ω 和 θ_0 分别称为正弦量 $x(t)$ 的振幅、角频率和初相角,即正弦量 $x(t)$ 的三要素。随时间变化的角度 $\omega t + \theta_0$ 称为正弦量 $x(t)$ 的相位,$X_m = \sqrt{2} X_{rms}$ 称为正弦量 $x(t)$ 的最大值。

对复指数函数 $X(t) = |X_m| e^{j(\omega t + \theta_0)}$ 按欧拉恒等式展开有

$$X(t) = X_\mathrm{m}\mathrm{e}^{\mathrm{j}(\omega t + \theta_0)} = X_\mathrm{m}(\cos(\omega t + \theta_0) + \mathrm{j}\sin(\omega t + \theta_0)) \tag{7.2}$$

显然，复指数函数的虚部 $\mathrm{Im}[X(t)]$ 为一正弦量，即正弦量为对应复指数函数的虚部。由于余弦与正弦之间仅相差 $90°$ 相角，如前所述按余弦规律变化的量也可统称为正弦量。因此，式(7.2)中的实部 $\mathrm{Re}[X(t)]$ 也可以用于表示交流量。考虑到叙述和理解的方面，下文的叙述中主要以实部来表示交流量的变化。

式(7.2)在正弦量与复指数函数之间建立了映射关系

$$X_\mathrm{m}\cos(\omega t + \theta_0) \quad \text{或} \quad X_\mathrm{m}\sin(\omega t + \theta_0) \Leftrightarrow X_\mathrm{m}\mathrm{e}^{\mathrm{j}(\omega t + \theta_0)} \Leftrightarrow X_\mathrm{m}\mathrm{e}^{\mathrm{j}\theta_0} \Leftrightarrow \dot{X}_\mathrm{m} \tag{7.3}$$

式(7.3)中"$\Leftrightarrow$"表示映射关系，可见相量实质是一个用来表示正弦量的复常数，或者说可以将一个正弦量用相量来表示，但不能说正弦量就等于相量。也有文献使用有效值方式用 $\dot{X}_\mathrm{ms}$ 来表示向量，本书为方便比较变量与相量关系，使用幅值形式 $\dot{X}_\mathrm{m}$ 表示，两者之间差 $\sqrt{2}$ 倍。

前面设电源为 $u(t) = U_\mathrm{m}\cos(\omega t)$，它可以被视为复平面中向量 $U = U_\mathrm{m}(\cos(\omega t) + \mathrm{j}\sin(\omega t)) = U_\mathrm{m}\mathrm{e}^{\mathrm{j}\omega t}$ 的实部或 $U = U_\mathrm{m}(\sin(\omega t) + \mathrm{j}\cos(\omega t))$ 的虚部。

因此，一个随时间变化的交流量可以在复平面空间上的实轴/虚轴上表现为一个脉振的矢量或者在复平面上一个旋转的空间矢量。

【例 7-1】 以动画形式绘制交流电压 $u(t) = U_\mathrm{m}\cos(\omega t)$ 的波形和对应的时间相量与瞬时值关系图。

为绘制空间矢量的箭头，先编写函数，按极坐标方式用指定颜色 C 绘制一个从起点极坐标(StartAng,StartAm)到终点(EndAng,EndAm)的向量，并可以指定绘制向量的箭头大小(ArrowSize)、颜色(C)、粗细(W)和旋转角度(theta)。

调用程序如下(DrawArrowPolar.m)：

```
function DrawArrowPolar(StartAng,StartAm,...
    EndAng,EndAm,ArrowSize,C,W,theta)
% 从 Start 到 End 绘制一条带箭头的直线
    if nargin == 7
        theta = 0;
    elseif nargin == 6
        theta = 0;
        W = 1;
    elseif nargin == 5
        theta = 0;
        W = 1;
        C = 'k';            % 默认颜色为黑色
    elseif nargin == 4
        theta = 0;
        W = 1;
        C = 'k';            % 默认颜色为黑色
        ArrowSize = EndAm * 0.04;
    end
    hold_was_on = ishold;   % 保留原有的状态
    Start.A = StartAng;
    Start.M = StartAm;
    Start.A = Start.A + theta;
```

```
[Start.X, Start.Y] = pol2cart(Start.A, Start.M);
End.A = EndAng;
End.M = EndAm;
End.A = End.A + theta;
[End.X, End.Y] = pol2cart(End.A, End.M);
if nargin <= 6 % 只有 6 个参数
    W = 1; % 默认情况线宽为 1
    % 直接用极坐标绘制主线
    polar([Start.A,End.A],[Start.M End.M],C);
    hold on
else
    % 用直角坐标绘制,以调整线宽
    plot([Start.X,End.X],[Start.Y,End.Y],C,'LineWidth',W);
    hold on
end
% 箭头位置
PX = End.X - Start.X;
PY = End.Y - Start.Y;
[P.A, P.M] = cart2pol(PX,PY);
Bias = 8 * [1  -1];
for i = 1:2
    PA(i).M = ArrowSize;
    PA(i).A = Bias(i) * pi/180 + P.A + pi;
    [PA(i).X, PA(i).Y] = pol2cart(PA(i).A, PA(i).M);
    PA(i).Fx = PA(i).X + End.X;
    PA(i).Fy = PA(i).Y + End.Y;
    [PA(i).FA, PA(i).FM] = cart2pol(PA(i).Fx,PA(i).Fy);
    polar([PA(i).FA,End.A],[ PA(i).FM End.M],C);   % 绘制箭头
end

if hold_was_on == false                          % 原来是 hold off,还原状态
    hold off;
end
```

未传入参数 W 时,DrawArrowPolar 按默认宽度 1 绘制向量。由于 MATLAB 的内建极坐标绘制函数 polar 不能调整绘制线条的粗细,当需要指定线条的粗细时,采用 plot 绘制多条直线来组合形成箭头。该函数的具体实现原理不作解释,读者自行阅读理解。

以动画形式绘制交流电压波形和对应的空间旋转矢量的调用程序如下(SinglePhasorU1.m):

```
Frms = 220;              % 有效值
f = 50;                  % 频率
alpha = 0;               % 初始相角
% 时间为 0~0.1s,采样频率为 10000Hz
t = [0:0.02/200:0.1];
w = 2 * pi * f;          % 角频率
```

```
% 电压波形数据
Fa = Frms * sqrt(2) * cos(w * t + alpha);
% 获取信号最大值
FPeak = Frms * sqrt(2);
% 放大,电压矢量的长度
FBaseValue = FPeak * sqrt(3);
AngleCircle = [];                    % 轨迹值
ReferenceAngle = pi/2;               % 将实部逆时针旋转 90°
AS = 20;                             % 箭头大小
for i = 1:length(t)
    F = Fa(i);                       % 电压
    Ang = 2 * pi * f * t(i) + ReferenceAngle;
    % 左边电压
    subplot(1,2,1);
    hold off
    % 向量正方向
    DrawArrowPolar(0,0,ReferenceAngle,FPeak * 1.2,AS,'k');
    hold on
    % 单相电压矢量
    DrawArrowPolar(0,0,Ang,FPeak,AS,'r',2);
    DrawArrowPolar(0,0,ReferenceAngle,FPeak * sin(Ang),AS,'r',2);
    plot([FPeak * cos(Ang),0],[FPeak * sin(Ang),FPeak * sin(Ang)],'r-.')
    % 绘制轨迹
    % 记录电压矢量轨迹
    AngleCircle = [AngleCircle;FPeak * cos(Ang),FPeak * sin(Ang)];
    % 绘制轨迹图
    plot(AngleCircle(:,1),AngleCircle(:,2));
    % 标注当前时间
    xlabel(['t = ' num2str(t(i))])
    % 右边电压瞬时值曲线
    subplot(1,2,2);
    hold off
    plot(t(1:i),Fa(1:i),'r');
    hold on
    grid on;
    if i < 200
        axis([0,0.03, - FBaseValue, + FBaseValue]);
    else                             % 点数超过 200,开始移动坐标轴
        axis([i/10000 - 0.02, i/10000 + 0.01, - FBaseValue, + FBaseValue]);
    end
    pause(0.05);
end
```

程序的运行结果如图 7-1 所示。

程序将实轴逆时针旋转 90°,便于与右侧的时间序列进行对比。从图 7-1 中可以看到空间矢量长度保持不变,随时间在逆时针旋转,在实轴上的投影是一个脉振的交流量,将它在时间轴上拉伸,就得到了右边随时间变化的交流变量。

在许多网络教学的动画素材中,也经常用上面方式来说明交流电量的时空关系。实际上,将 $u(t) = U_m \cos(\omega t)$ 直接视为复平面中向量 $\boldsymbol{U} = U_m(\cos(\omega t) + \mathrm{j}\sin(\omega t))$ 是不够严谨的,

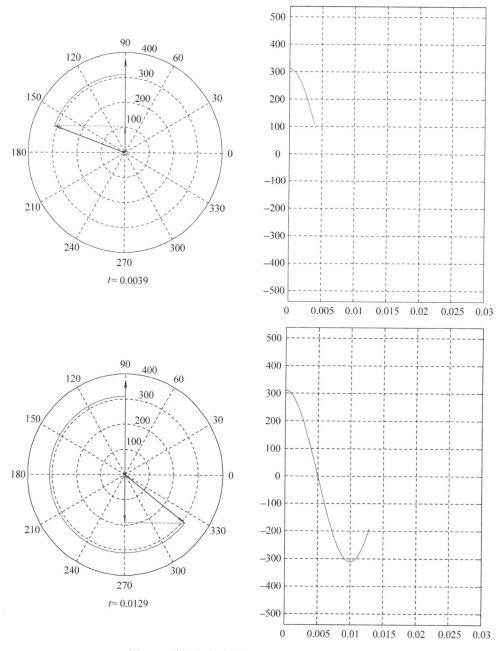

图 7-1 单相交流量的相量与瞬时值关系示意图

因为此时不好解释虚部存在的理由或者物理意义。

一个更合理的做法是按式(7.4)的推导将 $u(t) = U_m \cos(\omega t)$ 进行分解

$$u(t) = U_m \cos(\omega t)$$

$$= \frac{U_m}{2}(\cos(\omega t) + j\sin(\omega t)) + \frac{U_m}{2}(\cos(\omega t) - j\sin(\omega t))$$

$$= \frac{U_m}{2}(e^{j\omega t} + e^{-j\omega t}) \tag{7.4}$$

从式(7.4)可以看出,一个交流量实际可以分解为两个时间相量:一个逆时针旋转;一个顺时针旋转,它们的实部进行叠加和虚部恰好相抵消。

实际上这也是为什么在运用傅里叶变换进行频谱分析时,会得到负频率的信号,自然界信号的频率本身不会为负值,傅里叶分析得到的负频率实际上就是与正频率在旋转方向上相反的一个时间相量。

【例 7-2】 以动画形式绘制两个旋转方向相反的时间相量共同合成交流变量。

调用程序如下(SinglePhasorU2.m):

```
Frms = 220;              % 有效值
f = 50;                  % 频率
alpha = 0;               % 初始相角
% 时间为 0~0.1s,采样频率为 10000Hz
t = [0:0.02/200:0.1];
w = 2 * pi * f;          % 角频率
% 电压波形数据
Fa = Frms * sqrt(2) * cos(w * t + alpha);
% 获取信号最大值
FPeak = Frms * sqrt(2);
% 放大,电压矢量的长度
FBaseValue = FPeak * sqrt(3);
AngleCircle = [];        % 轨迹值
ReferenceAngle = pi/2;   % 将实轴逆时针旋转90°
Color = {'r','g','b',};  % 颜色预备
AS = 30;
for i = 1:length(t)
    F = Fa(i);           % 电压
    Ang = 2 * pi * f * t(i) + ReferenceAngle;
    % 左边电压
    subplot(1,2,1);
    hold off
    % 向量正方向
    DrawArrowPolar(0,0,ReferenceAngle,FPeak * 1.2,AS,'k');
    hold on
    % 单相电压矢量
    DrawArrowPolar(0,0,Ang,FPeak/2,AS,'r');
    DrawArrowPolar(0,0, - Ang + pi,FPeak/2,AS,'r');
    % 实轴投影
    DrawArrowPolar(0,0,...
        ReferenceAngle,FPeak * sin(Ang),AS,'r',2);
    plot([FPeak/2 * cos(Ang),0],...
        [FPeak/2 * sin(Ang), FPeak * sin(Ang)],'r - .');
    plot([FPeak/2 * cos( - Ang + pi),0],...
        [FPeak/2 * sin( - Ang + pi), FPeak * sin(Ang)],'r - .')
    % 绘制轨迹
    % 记录电压矢量轨迹
    AngleCircle = [AngleCircle;FPeak/2 * cos(Ang),FPeak/2 * sin(Ang)];
    % 绘制轨迹图
    plot(AngleCircle(:,1),AngleCircle(:,2));
```

```
        % 标注当前时间
        xlabel(['t = ' num2str(t(i))])
        % 右边电压瞬时值曲线
        subplot(1,2,2);
        hold off
        plot(t(1:i),Fa(1:i),'r');
        hold on
        grid on;
        if i < 200
            axis([0,0.03, - FBaseValue, + FBaseValue]);
        else    % 点数超过 200,开始移动坐标轴
            axis([i/10000 - 0.02,i/10000 + 0.01, - FBaseValue, + FBaseValue]);
        end
        pause(0.05);
    end
```

程序的运行结果如图 7-2 所示,两个相量在虚轴上的投影始终是大小相等、方向相反、相互抵消的,在实轴的投影则大小方向都相同,合成为脉振的交流量。

程序中使用符号 F 代替电压符号 U,是因为上述表述中的交流电量可以是电压,也可以是电流,还可以是磁势。

2. 三相交流电

对变压器、异步电机和同步电机等三相交流设备,在电机学教科书中,经常以明确"时间矢量"的方式来进行分析,其概念与前面提到的时间相量一致。为了方便与教科书对应,本小节依然沿用时间矢量的名称,以便阐述电机学中提到的"单时轴多矢量"和"多时轴单矢量"的概念。

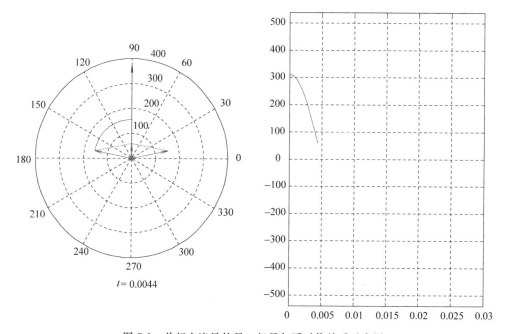

图 7-2 单相交流量的另一相量与瞬时值关系示意图

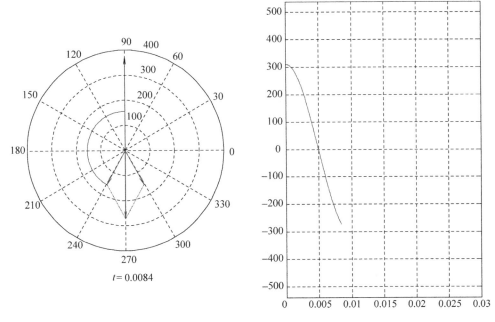

图 7-2 （续）

（1）单时轴多矢量。若把 A、B、C 三相交流量的时轴绘制在一起，而使用 3 个不同的时间矢量来表示它们在复平面空间的位置，称为单时轴多矢量图。

【例 7-3】 以动画形式绘制三相交流量的单时轴多矢量图。

调用程序如下（ThreePhasor1TimeAxis. m）：

```
clear all;
Frms = 220;                    % 有效值
f = 50;                        % 频率
alpha = 0;                     % 初始相角
% 时间为 0～0.1s,采样频率为 10000Hz
t = [0:0.02/200:0.1];
w = 2 * pi * f;                % 角频率
% 电压波形数据
Fa = Frms * sqrt(2) * cos(w * t + alpha);
Fb = Frms * sqrt(2) * cos(w * t + alpha - 2 * pi/3);
Fc = Frms * sqrt(2) * cos(w * t + alpha + 2 * pi/3);
Fabc = [Fa;Fb;Fc]';
% 获取三相信号最大值,峰值
FPeak = Frms * sqrt(2);
% 放大电压矢量的长度
FBaseValue = FPeak * sqrt(3);
Color = ['r','g','b'];         % 三相用不同颜色表示
% 是否绘制轨迹
ShowTrace = 1;
AngleCircle = [];              % 轨迹值
AngleCircle2 = [];
ReferenceAngle = pi/2;
```

```
% 箭头大小
AS = 30;
Color = ['r','g','b'];
txt = {'Ua','Ub','Uc'}
for i = 1:length(t)
    % 左边相量图
    subplot(1,2,1);
    hold off
    % 时轴方向
    DrawArrowPolar(0,0,ReferenceAngle,FPeak * 1.2,AS,'k');
    text(0,FPeak * 1.2,'ABC 相时轴');
    hold on
    % ABC 单相电量的实轴方向
    AngR = [0, - 2 * pi/3,2 * pi/3];
    for j = 1:3 % 逐相绘制
        A = w * t(i) + AngR(j);             % 单相矢量电压
        % 绘制时间相量
        DrawArrowPolar(0,0,A,FPeak,...
            AS,Color(j),2,ReferenceAngle);
        DrawArrowPolar(0,0,ReferenceAngle,...
            FPeak * cos(A),AS,Color(j),2);
        A = A + ReferenceAngle;
        plot([FPeak * cos(A),0],...
            [FPeak * sin(A),FPeak * sin(A)],[Color(j),' - .'])
        TextOut(FPeak * cos(A),FPeak * sin(A),txt{j},0);
    end
    % 保留 A 相轨迹
    A = w * t(i) + AngR(1) + ReferenceAngle;
    AngleCircle = [AngleCircle; FPeak * cos(A), FPeak * sin(A)];
    % 绘制轨迹
    if ShowTrace
        plot(AngleCircle(:,1),AngleCircle(:,2));
    end
    % 标注当前时间
    xlabel(['t = ' num2str(t(i))])
    % 右边三相交流量的瞬时值
    subplot(1,2,2);
    hold off
    for j = 1:3
        plot(t(1:i),Fabc(1:i,j),Color(j));
        hold on
    end
    if i < 200
        axis([0,0.03, - FBaseValue, + FBaseValue]);
    else % 点数超过 200,开始移动坐标轴
        axis([i/10000 - 0.02,i/10000 + 0.01, - FBaseValue, + FBaseValue]);
    end
    grid on;
    % 暂停一会
    pause(0.05);
end
```

程序的运行结果如图 7-3 所示。ABC 三相 3 个时间矢量按逆时针方向旋转,依次扫过 ABC 三相共同的时轴(单时轴)。任意时刻 3 个时间矢量在单时轴上的投影,即为此时 ABC 三相交流量的瞬时值。

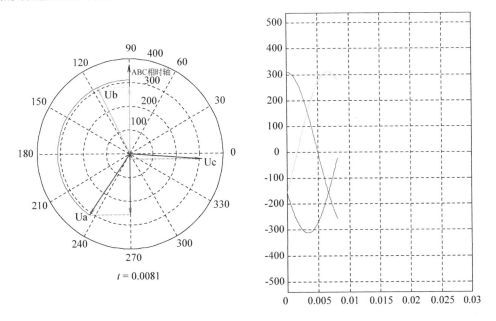

图 7-3　三相交流量的单时轴多矢量图

TextOut 函数用于在相量末端显示提示文本,不作详细解释,代码如下:

```
function TextOut(x, y, txt, theta)
    [A, M] = cart2pol(x, y);
    A = A + theta;        % 偏转给定角度
    [FX, FY] = pol2cart(A, M);
    if FX >= 0
        if FY >= 0
            bias.x = M * 0.02;
            bias.y = - M * 0.05;
        else
            bias.x = M * 0.02;
            bias.y = M * 0.05;
        end
    else
        if FY >= 0
            bias.x = - M * 0.08;
            bias.y = - M * 0.05;
        else
            bias.x = - M * 0.08;
            bias.y = M * 0.05;
        end
    end
    text(FX + bias.x, FY + bias.y, txt)
```

（2）多时轴单矢量。多时轴单矢量图可以反映三相时间相量与三相瞬时值的关系，在三相不对称情况下也可以完美地展示相关关系。但在三相对称的情况下，使用多时轴单矢量图就会导致需要绘制的单相时间矢量增多，尤其是在绘制多电气量时，如绘制电感上的电压与电流时间矢量关系时，需要绘制 6 个时间矢量。因此，在三相对称条件下，我们通常采用将 B 相时轴逆时针旋转 120°、C 相时轴顺时针旋转 120°的方式，使 3 个时间矢量重合，简化绘图。

【例 7-4】 以动画形式绘制三相交流量的多时轴单矢量图。

调用程序如下（ThreePhasor3TimeAxis. m）：

```
clear all;
Frms = 220;                    %有效值
f = 50;                        %频率
alpha = 0;                     %初始相角
%时间为 0~0.1s,采样频率为 10000Hz
t = [0:0.02/200:0.1];
w = 2 * pi * f;                %角频率
%电压波形数据
Fa = Frms * sqrt(2) * cos(w * t + alpha);
Fb = Frms * sqrt(2) * cos(w * t + alpha - 2 * pi/3);
Fc = Frms * sqrt(2) * cos(w * t + alpha + 2 * pi/3);
Fabc = [Fa;Fb;Fc]';
%获取三相信号最大值,峰值
FPeak = Frms * sqrt(2);
% 放大电压矢量的长度
FBaseValue = FPeak * sqrt(3);
Color = ['r','g','b'];         %三相用不同颜色表示
%是否绘制轨迹
ShowTrace = 1;
AngleCircle = [];              %轨迹值
AngleCircle2 = [];
ReferenceAngle = pi/2;
%箭头大小
AS = 30;
Color = ['r','g','b'];
txt = {'A 相时轴','B 相时轴','C 相时轴'}
for i = 1:length(t)
    %左边相量图
    subplot(1,2,1);
    hold off
    %时轴方向
    AngR = [0, -2 * pi/3,2 * pi/3];
    for j = 1:3                %逐相绘制
        DrawArrowPolar(0,0,...
            ReferenceAngle - AngR(j),FPeak * 1.2,AS,Color(j));
        A = ReferenceAngle - AngR(j);
```

```
                TextOut(1.2 * FPeak * cos(A),1.2 * FPeak * sin(A),txt{j},0);
                hold on
        end
        % ABC 单相电量的实轴方向
        % 绘制时间矢量
        A = w * t(i) + ReferenceAngle;
        DrawArrowPolar(0,0,A,FPeak,AS,'k',2);
        [sx,sy] = pol2cart(A,FPeak);
        TextOut(FPeak * cos(A),FPeak * sin(A),'U',0);
        for j = 1:3 % 逐相绘制
                A = w * t(i) + AngR(j);                  % 单相矢量电压
                % 在时轴上绘制箭头
                DrawArrowPolar(0,0,...
                        ReferenceAngle,FPeak * cos(A),AS,Color(j),2, - AngR(j));
                [ex,ey] = pol2cart(ReferenceAngle - AngR(j),FPeak * cos(A));
                A = A + ReferenceAngle;
                plot([sx,ex],[sy,ey],[Color(j),' - .'])
        end
        % 保留 A 相轨迹
        A = w * t(i) + AngR(1) + ReferenceAngle;
        AngleCircle = [AngleCircle; FPeak * cos(A), FPeak * sin(A)];
        % 绘制轨迹
        if ShowTrace
                plot(AngleCircle(:,1),AngleCircle(:,2));
        end
        xlabel(['t = ' num2str(t(i))])           % 标注当前时间
        % 右边三相交流量的瞬时值
        subplot(1,2,2);
        hold off
        for j = 1:3
                plot(t(1:i),Fabc(1:i,j),Color(j));
                hold on
        end
        if i < 200
                axis([0,0.03, - FBaseValue, + FBaseValue]);
        else                                    % 点数超过 200,开始移动坐标轴
                axis([i/10000 - 0.02,i/10000 + 0.01, - FBaseValue, + FBaseValue]);
        end
        grid on;
        % 暂停一会
        pause(0.05);
end
```

程序的运行结果如图 7-4 所示。ABC 三相时轴按逆时针方向分布,重叠的时间矢量依次扫过 ABC 三相的时轴(多时轴)。

在任意时刻,时间矢量在 3 个时轴上的投影,即为此时 ABC 三相交流量的瞬时值。

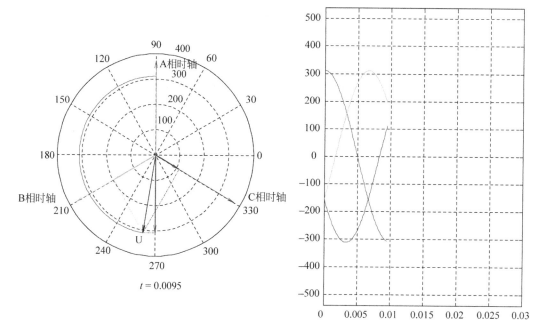

图 7-4　三相交流量的多时轴单矢量图

7.1.2　空间矢量

1. 概念

1954 年,匈牙利科学家柯伐煦(Kovacs)提出了空间矢量法,并导出在转速为任意值的旋转坐标系中,感应电机的空间矢量电压方程,为感应电机的速度和转矩控制打下了理论基础。

关于空间矢量的定义,我们从交流电机的物理结构谈起,图 7-5 所示为一个简化了的理想对称三相交流电机的剖面图。在图 7-5 中,θ_r 是定子 A 相绕组与转子 a 相绕组轴线之间的夹角,即转子的空间位置角,通常转子的角速度 $\omega_r = \mathrm{d}\theta_r/\mathrm{d}t$,其正方向为逆时针方向。

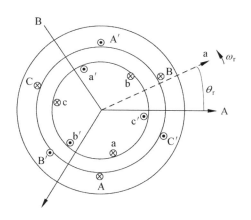

可以把交流电机看成一组具有电磁耦合和相对运动的多绕组电路,即交流电机的"动态耦合电路模型"。其中每一个定子、转子绕组都是一个完整的电路,但同时不同绕组之间又存在着磁耦合,与每个绕组相关的主要电磁量包括绕组的端电压、流过的电流、电流产生磁动势、交链的磁链、磁链变化感应的反电动势等。

图 7-5　简化的理想对称三相交流电机剖面图

根据各变量的物理意义可知,只有磁动势是矢量,而电压、电流、反电动势、磁链等均为标量。但如果给这些标量定义了它们的空间方向,则它们将变为空间矢量。

2. 图解

目前,我国生产、配送的都是三相交流电。三相交流电是由 3 个频率相同、电势振幅相等、相位差互差 120°角的交流电路组成的电力系统。三相交流电量可以表示为

$$\begin{cases} F_a = F_m\cos(\omega t) \\ F_b = F_m\cos(\omega t - 120°) \\ F_c = F_m\cos(\omega t + 120°) \end{cases} \tag{7.5}$$

从三相交流电的波形图可知,三相电量在时间上相继滞后。我们经常使用基于复平面投影映射的复数相量法和三相交流电空间矢量图来分析交流量。

前面中已经说明,单相交流量可以表示为一个在时轴上的脉振量,若把 b 相和 c 相的时轴搬移到与 a 轴成 ±120°夹角的位置,并定义一个新的复平面:时轴 α 与交流量 F_a 的时轴重合,而虚轴 β 超前 90°,垂直于 α 轴,如图 7-6 所示。

注意:图 7-6 中 b 轴的位置超前 a 轴 120°,只是空间位置的放置习惯。与 b 相交流量滞后 a 相交流量 120°没有必然关系。也可以将 b 轴与 c 轴对调,只不过合成空间矢量的旋转方向将变为顺时针,而不是后面所展示的逆时针旋转。

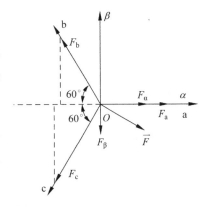

图 7-6 三相交流电的空间矢量图

在空间矢量控制等理论中,常引入式(7.6)所表示的空间矢量

$$\begin{aligned} \boldsymbol{F} &= F_a + F_b e^{j2\pi/3} + F_c e^{-j2\pi/3} \\ &= [F_a + F_b\cos(2\pi/3) + F_c\cos(-2\pi/3)] + j[F_b\sin(2\pi/3) + F_c\sin(-2\pi/3)] \\ &= F_\alpha + jF_\beta \end{aligned} \tag{7.6}$$

式中,F_a、F_b、F_c、F_α 和 F_β 都是时变量,也可以表示为相量形式。式(7.6)说明在任何一个瞬间,三相交流电的瞬时值都可以组合成一个在复平面的空间矢量 $\boldsymbol{F}$。

【例 7-5】 以动画形式绘制三相交流量及其空间矢量的瞬时关系。

调用程序如下(ThreePhasorUVector.m):

```matlab
clear all;
Frms = 220;                    % 有效值
f = 50;                        % 频率
alpha = 0;                     % 初始相角
% 时间为 0~0.1s,采样频率为 10000Hz
t = [0:0.02/200:0.1];
w = 2 * pi * f;                % 角频率
% 电压波形数据
Fa = Frms * sqrt(2) * cos(w * t + alpha);
Fb = Frms * sqrt(2) * cos(w * t + alpha - 2 * pi/3);
Fc = Frms * sqrt(2) * cos(w * t + alpha + 2 * pi/3);
Fabc = [Fa;Fb;Fc]';
% 获取三相信号最大值,峰值
```

```
FPeak = Frms * sqrt(2);
% 放大电压矢量的长度
FBaseValue = FPeak * sqrt(3);
% 三相用不同颜色表示
Color = ['r','g','b'];
txt = {'A相时轴','B相时轴','C相时轴'}
% 是否绘制轨迹
ShowTrace = 1;
AngleCircle = [];                    % 轨迹值
AngleCircle2 = [];
ReferenceAngle = 1 * pi/2;
% 箭头大小
AS = 30;
for i = 1:length(t)
    % 左边相量图
    subplot(1,2,1);
    hold off
    % 时轴方向
    AngR = [0, - 2 * pi/3,2 * pi/3];
    for j = 1:3                      % 逐相绘制
        DrawArrowPolar(0,0,ReferenceAngle - AngR(j), …
                FPeak * 1.6,AS,Color(j));
        A = ReferenceAngle - AngR(j);
        TextOut(1.6 * FPeak * cos(A),1.6 * FPeak * sin(A),txt{j},0);
        hold on
    end
    RV = 0;
    for j = 1:3                      % 逐相绘制
        F = Fabc(i,j);               % 单相矢量电压
        % 单相实轴方向旋转参考角度
        Ang = ReferenceAngle - AngR(j);
        DrawArrowPolar(0,0,Ang,F,AS,Color(j),2);
        % 合成矢量
        RV = RV + F * (cos(Ang) + 1j * sin(Ang));
    end
    % 保留轨迹
    AngleCircle = [AngleCircle; real(RV), imag(RV)];
    % 绘制轨迹
    if ShowTrace
        plot(AngleCircle(:,1),AngleCircle(:,2));
    end
    % 绘制交流空间矢量
    L = abs(RV);                              % 模长
    Ang = angle(RV);                          % 角度
    % 绘制箭头
    DrawArrowPolar(0,0,Ang,L,AS,'k',2);
    text(1.1 * L * cos(Ang),L * sin(Ang),'U');     % 标注字符
    xlabel(['t = ' num2str(t(i))])                 % 标注当前时间
```

```
% 右边三相交流量的瞬时值
subplot(1,2,2);
hold off
for j = 1:3
    plot(t(1:i),Fabc(1:i,j),Color(j));
    hold on
end
if i < 200
    axis([0,0.03, −FBaseValue, + FBaseValue]);
else % 点数超过 200,开始移动坐标轴
    axis([i/10000 − 0.02,i/10000 + 0.01, −FBaseValue, + FBaseValue]);
end
grid on;
% 暂停一会
pause(0.05);
end
```

程序的运行结果如图 7-7 所示,三相的交流量随时间在各自的时轴上脉振,它们在 α 轴和 β 轴上的投影之和组成空间矢量。该空间矢量逆时针按给定频率旋转,其幅值为单相峰值的 3/2 倍。

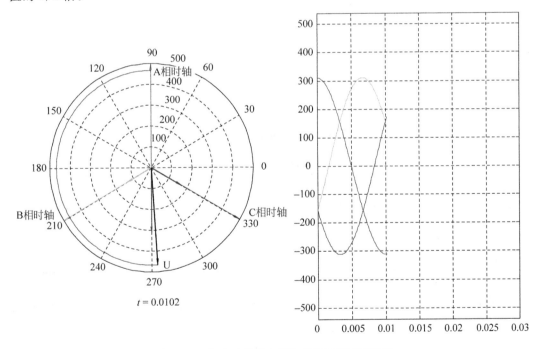

图 7-7 三相交流量的空间矢量图与瞬时值关系

提示:在本节中得出的合成空间矢量长度为单相时间矢量的 1.5 倍,与 8.2.2 节中提到的 3S/2R 变换相比,式(8.15)中多一个系数 2/3,从而使空间矢量与时间矢量的长度一致。因此,实际上时间矢量与空间矢量的区别并不体现在计算过程上,相反,在单时轴多矢量图中,将其视为时间矢量,而在多时轴单矢量图中将其视为空间矢量,这样更容易理解。

这里三相交流量可以是电压、电流和磁动势等三相交流量。对三相电动机而言,如果是三相绕组在通过交流电流时,产生的三相脉振磁动势,其合成磁动势将是一个圆形的旋转磁场。这个圆形磁场将切割转子导线,产生转子电流,进而产生转矩,使转子旋转起来,具有明显的物理意义。

对三相电压和电流空间矢量而言,物理意义虽然不十分显著,但在控制中,我们也经常采用这种合成矢量来分析和控制三相设备的工作。例如,在 SVPWM 控制器中,可以先设定需要的电压空间矢量,然后根据空间矢量的分解来确定各开关元件的动作顺序,以达到在逆变器上输出想要的电压波形。

7.2　容性与感性负载

7.2.1　电路原型

考察图 7-8 所示的简单电路,电路各组成元件的参数已知,输入变量取电压源 $U_s(t)$,输出变量为电流 i_L、i_C。

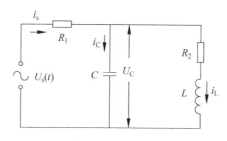

图 7-8　简单电路

根据电路原理知识,各支路的阻抗、模长和阻抗角如表 7-1 所示。

表 7-1　各支路的阻抗、模长和阻抗角

	阻　抗	模　长	阻　抗　角
R_2、L 所在支路	$Z_1 = R_2 + j\omega L$	ZM_1	γ(gamma)
C 所在支路	$Z_2 = 1/j\omega C$	ZM_2	$-\pi/2$
R_2、L 和 C 回路	$Z_3 = 1/(1/Z_1 + 1/Z_2)$	ZM_3	β(beta)
线路总阻抗	$Z_4 = R_1 + Z_3$	ZM_4	θ(theta)

设电源为 $e(t) = U_m \cos(\omega t + \alpha)$,它可以写成相量形式 $\dot{U}_m = U_m \angle \alpha$,因此流过 R_1 的电流为

$$\dot{I}_{R1} = \dot{I}_s = \frac{\dot{U}}{Z_4} = \frac{U_m}{ZM_4} \angle (\alpha - \theta) \tag{7.7}$$

电阻 R_1 上的压降为

$$\dot{U}_{R1} = \dot{I} \cdot R_1 = U_m \frac{R_1}{ZM_4} \angle (\alpha - \theta) \tag{7.8}$$

电容 C 两端电压为

$$\dot{U}_{\mathrm{C}} = \dot{I} \cdot Z_3 = \frac{U_{\mathrm{m}}}{\mathrm{ZM}_4} \cdot \mathrm{ZM}_3 \angle (\alpha - \theta + \beta) \tag{7.9}$$

流过电容 C 的电流为

$$\dot{I}_{\mathrm{C}} = \frac{\dot{U}_{\mathrm{C}}}{Z_2} = \frac{U_{\mathrm{m}}}{\mathrm{ZM}_2 \cdot \mathrm{ZM}_4} \cdot \mathrm{ZM}_3 \angle \left(\alpha - \theta + \beta + \frac{\pi}{2}\right) \tag{7.10}$$

流过电感 L 的电流为

$$\dot{I}_{\mathrm{L}} = \frac{\dot{U}_{\mathrm{C}}}{Z_1} = \frac{U_{\mathrm{m}}}{\mathrm{ZM}_1 \cdot \mathrm{ZM}_4} \cdot \mathrm{ZM}_3 \angle (\alpha - \theta + \beta + \gamma) \tag{7.11}$$

电感 L 两端的电压为

$$\dot{U}_{\mathrm{L}} = \dot{I}_{\mathrm{L}} \cdot \mathrm{j}\omega L = \frac{U_{\mathrm{m}}}{\mathrm{ZM}_1 \cdot \mathrm{ZM}_4} \cdot \mathrm{ZM}_3 \cdot \omega L \angle \left(\alpha - \theta + \beta + \gamma + \frac{\pi}{2}\right) \tag{7.12}$$

R_2 两端的电压为

$$\dot{U}_{\mathrm{R2}} = \dot{I}_{\mathrm{L}} \cdot R_2 = \frac{U_{\mathrm{m}}}{\mathrm{ZM}_1 \cdot \mathrm{ZM}_4} \cdot \mathrm{ZM}_3 \cdot R_2 \angle (\alpha - \theta + \beta + \gamma) \tag{7.13}$$

【例 7-6】 编写一个函数,将 RLC 电路和电源的参数作为输入,在 $t \in [0, 0.1]$ 的范围内,按 10000Hz 的采样速率,输出电流和电压的波形数据。

函数实现如下(I_RLC.m):

```
function [I,U,t,Z,theta,beta,gamma] = I_RLC(U,R1,R2,L,C)
    % RLC
    Urms = U(1);                    % 有效值
    f = U(2);                       % 频率
    alpha = U(3);                   % 初始相角
    % 时间为 0~0.1s,使用参数 t 对外输出
    t = [0:0.02/200:0.1];
    % 角频率
    w = 2 * pi * f;
    % 电压波形数据
    Us = Urms * sqrt(2) * cos(w * t + alpha);
    % 电感支路阻抗
    Z1 = R2 + j * w * L;
    % 电容支路阻抗
    Z2 = 1/(j * w * C);
    % 电容、电感,R1 支路总阻抗
    Z3 = 1/(1/Z1 + 1/Z2);
    % 电路总阻抗
    Z4 = R1 + Z3;
    % 电感、R2 支路的模长,使用参数 ZM1 输出
    ZM1 = abs(Z1);
    % 电容支路的模长
    ZM2 = abs(Z2);
    % 电容、电感,R1 支路的模长,使用参数 ZM2 输出
    ZM3 = abs(Z3);
    % 总阻抗的模长,使用参数 ZM1 输出
    ZM4 = abs(Z4);
    % 电路总阻抗的阻抗角,使用参数 theta 输出
```

```
    theta = angle(Z4);
    % 电容、电感,R1 支路的阻抗角,使用参数 beta 输出
    beta = angle(Z3);
    % 电感、R2 支路的阻抗角,使用参数 gamma 输出
    gamma = angle(Z1);
    % 干路上电流,使用参数 is 输出
    is = Urms * sqrt(2)/ZM4 * cos(w * t + alpha - theta);
    % 电阻 R1 上电压,使用参数 Ur1 输出
    Ur1 = Urms * sqrt(2) * R1/ZM4 * cos(w * t + alpha - theta);;
    % 电阻 R1 上电流,使用参数 ir1 输出
    ir1 = is;
    % 电容上电压
    Uc = Urms * sqrt(2) * ZM3/ZM4 * cos(w * t + alpha - theta + beta);
    % 电容上电流
    ic = Urms * sqrt(2) * ZM3/ZM4/ZM2 * cos(w * t + alpha - theta + beta + pi/2);
    % 电感上电流,使用参数 il 输出
    il = Urms * sqrt(2) * ZM3/ZM4/ZM1 * cos(w * t + alpha - theta + beta - gamma);
    % 电阻 R2 上电流,使用参数 ir1 输出
    ir2 = il;
    % 电感上电压
    Ul = Urms * sqrt(2) * ZM3/ZM4/ZM1 * w * L * cos(w * t + alpha - theta + ...
beta - gamma + pi/2);
    % 电阻上电压
    Ur2 = Urms * sqrt(2) * ZM3/ZM4/ZM1 * R2 * cos(w * t + alpha - theta + beta - gamma);
    % 电压信号,使用参数 U 输出
    U = [Us;Ur1;Uc;Ur2;Ul;];
    % 电流信号,使用参数 I 输出
    I = [is;ir1;ic;ir2;il;];
    % 阻抗,使用参数 Z 输出
    Z = [Z1,Z2,Z3,Z4];
end
```

函数接收 4 个输入参数:①电源的有效值、频率和相位(弧度)组合构成输入向量 U;②电阻值;③电感值;④电容值。

输出时,各元器件上的电压按$[U_s, U_{R1}, U_C, U_{R2}, U_L]$组合成 U 对外输出,各元器件上的电流按$[i_s, i_{R1}, i_C, i_{R2}, i_L]$组合成 I 对外输出,

7.2.2　电容的特性

为了更加直观地观察电容 C 上电压和电流的变化情况及它们波形的相位关系,令 $R_1 = 1\Omega, R_2 = \text{inf}$,$L = \text{inf}, C = 0.0025\text{F}$,电路转换形式如图 7-9 所示。

用下面程序来具体说明电容上电压与电流的关系。

【例 7-7】 考察电容上电压和电流波形的相位关系。

按以下形式调用 I_RLC 函数(Call_I_C.m):

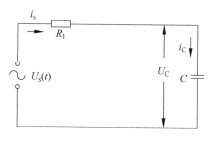

图 7-9　RC 电路

```
clear all;
% 设置电路参数
R1 = 1;
R2 = inf;
L = inf;
C = 0.0025;
f = 50;
% 调用 I_RLC 函数
[Ia,Ua,t,Z,theta,beta,gamma] = I_RLC([220,f,0],R1,R2,L,C);
% 绘制电压、电流关系图
figure(1)
plot(t,Ua(1,:),'k',t,Ua(3,:),'r', t,Ia(3,:),'g-.');
legend('Us','Uc', 'Ic');
grid on;
% 绘制功率关系图
figure(2)
plot(t, − Ua(1,:). * Ia(1,:) + Ia(2,:). * Ia(2,:) * R1,'k',t,Ua(3,:). * Ia(3,:),'r');
legend('Psc','Pc');
grid on;
```

参数 $Ua(1,:)$ 为电源电压；$Ia(1,:)$ 为通过电阻 R_1 的电流；$Ua(1,:). * Ia(1,:)$ 为电阻 R_1 上的瞬时功率；$Ua(1,:)$ 和 $Ia(1,:)$ 都为数组，故使用".*"点乘运算符号求取任意瞬间的瞬时功率，电容、电感上的情况以此类推。

函数 legend 根据 plot 函数的曲线输出图例，该函数具体应用方法可以查看相关书籍内容来了解更多的应用细节。

程序的输出波形如图 7-10 所示。

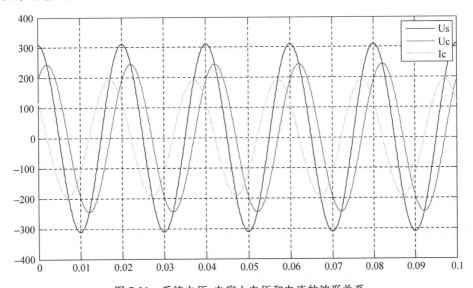

图 7-10　系统电压、电容上电压和电流的波形关系

1. 电容上电压与电流关系

从图 7-10 中可以看出，对电容来说，流过的电流超前电容电压 90°。这一结论也可以由

下面推导出：设电容上电压为 $u_C = \cos(\omega t)$，根据电容上电流与电压的关系 $i_C = C\dfrac{\mathrm{d}u_C}{\mathrm{d}t}$ 可知

$$i_C = -\omega C\sin(\omega t) = \omega C\sin(-\omega t)$$
$$= \omega C\cos(\pi/2 - (-\omega t))$$
$$= \omega C\cos(\omega t + \pi/2)) \tag{7.14}$$

2. 电源与电容的功率交换

由于系统电流 i_s 以流出电源为正，因此电源功率为 $-U_s i_s$，用于给电阻 R_1 和电容 C 供电。根据能量守恒原则，有 $-U_s i_s + i_s i_s R_1 + U_C i_C = 0$ 成立。故电源供给电容 C 的瞬时功率为 $P_{sc} = -U_s i_s + i_s i_s R_1$。程序使用下面语句来绘制电源与电容上的瞬时功率：

```
plot(t, - Ua(1,:). * Ia(1,:) + Ia(2,:). * Ia(2,:) * R1,'k',t,Ua(3,:). * Ia(3,:),'r');
```

电源与电容的功率交换结果如图 7-11 所示。

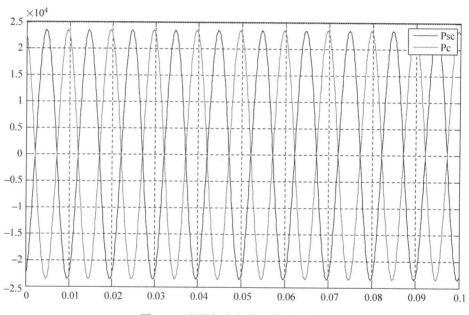

图 7-11　电源与电容的功率交换结果

在开始阶段，电容在吸收功率，而电源在发出功率，此后的 1/4 个周波，电容在发出功率，而电源在吸收功率，周而复始。

7.2.3　电感的特性

为了更加直观地观察电感 L 上电压和电流的变化情况及它们波形的相位关系，令 $R_1 = 1\Omega$，$R_2 = 0\Omega$，$L = 0.005\mathrm{H}$，$C = 0\mathrm{F}$，电路转换形式如图 7-12 所示。

用下面程序来具体说明电感上电压与电流的关系。

【例 7-8】　考察电感上电压和电流波形的相位关系。

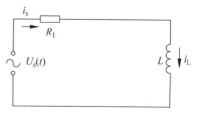

图 7-12　RL 电路

此时电阻值 R_2 和电容值 C 均为 0，按以下形式调用 I_RLC 函数(Call_I_L.m)：

```
clear all;
%设置电路参数
R1 = 1;
R2 = 0;
L = 0.005;
C = 0;
f = 50;
%调用 I_RLC 函数
[Ia,Ua,t,Z,theta,beta,gamma] = I_RLC([220,f,0],R1,R2,L,C);
%绘制电压、电流关系图
figure(1)
plot(t,Ua(1,:),'k',t,Ua(5,:),'r', t,Ia(5,:),'g-.');
legend('Us','Ul', 'Il');
grid on;
%绘制功率关系图
figure(2)
plot(t, - Ua(1,:). * Ia(1,:) + Ia(2,:). * Ia(2,:) * R1,'k',t,Ua(5,:). * Ia(5,:),'r');
legend('Psl','Pl');
grid on;
```

程序的输出波形如图 7-13 所示。

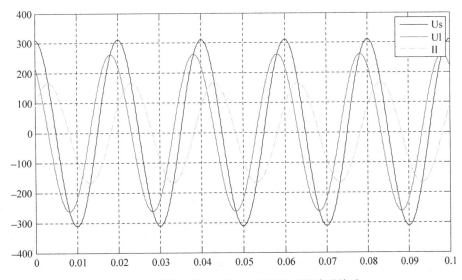

图 7-13　系统电压、电感上电压和电流的波形关系

1. 电感上电压与电流的关系

从图 7-13 中可以看出，对电感来说，流过的电流滞后电压 $90°$。这一结论也可以由下面推导得出。设电源信号为 $u = \cos(\omega t)$，根据电感上电流与电压的关系 $u = L \, di/dt$ 可知

$$i = \int_0^t \frac{1}{L}\cos(\omega t)\mathrm{d}t = \frac{\sin(\omega t)}{\omega L}\bigg|_0^t = \frac{\sin(\omega t)}{\omega L}$$

$$= \frac{\cos(\pi/2 - \omega t)}{\omega L} = \frac{\cos(\omega t - \pi/2)}{\omega L} \tag{7.15}$$

2. 电源与电感的功率交换

由于系统电流 i_s 以流出电源为正，因此电源功率为 $-U_s i_s$，用于给电阻 R_1 和电感 L 供电。根据能量守恒原则，有 $-U_s i_s + i_s^2 R_1 + U_L i_L = 0$ 成立。故电源供给电感 L 的瞬时功率为 $P_{SL} = -U_s i_s + i_s^2 R_1$。程序使用下面语句来绘制电源与电感上的瞬时功率：

```
plot(t, - Ua(1,:). * Ia(1,:) + Ia(2,:). * Ia(2,:) * R1,'k',t,Ua(5,:). * Ia(5,:),'r');
```

电源与电感的功率交换结果如图 7-14 所示。

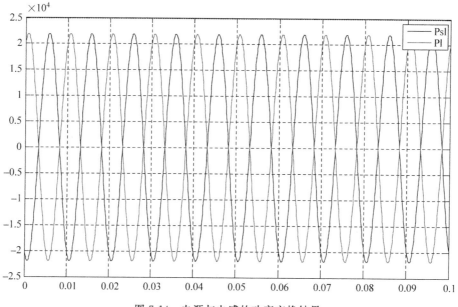

图 7-14　电源与电感的功率交换结果

在开始阶段，电感在吸收功率，而电源在发出功率，此后的 1/4 个周波，电感在发出功率，而电源在吸收功率，周而复始。

3. 有功功率和无功功率的概念

在电网中，由电源供给负载的电功率有两种：一种是有功功率；另一种是无功功率（Reactive Power）。当电流流过负荷时，会产生机械运动、光、热能等其他能量形式，这种转换的结果是能量的消耗，称为有功。而有些特殊的设备（如电抗器、电容器），当电流流过时，在半个周期内，电能会转变成磁能或场能等形式，在另外半个周期，这些能量又会转变回电能并返回电源中（从图 7-14 中可以看出实际是两个 1/4 周波）。因此，从整个周期来看，设备没有从电源吸收任何电能，只是不断地做能量交换。而无功的定义是为了表征无功类设备与电网进行能量交换的速率。

实际上并不存在纯无功设备。现场运行的无功设备在能量交换时，都会有一定的能量损耗（如磁漏、介质损耗等），这部分能量是为了产生无功作用而产生的有功损耗。而将设备产生的不需要的能量损失（如灯泡发光，同时产生热能）称为无功也是不对的，这部分能量是有功中的无用功，而不是无功，无用功不可能再转变回电能。

7.2.4 电压降低与无功交换

令 $C=0\text{F}$，$R_1=1\Omega$，$R_2=0.01\Omega$，$L=0.005\text{H}$，则可得到如图 7-15 所示的电路。

R_2 和 L 支路可以模拟异步电动机的特性，R_2 远小于 ωL，此类负载需要消耗大量无功功率，引起接入点的电压降低。

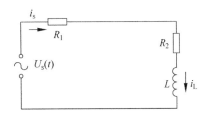

图 7-15 低电压实例电路

【例 7-9】 设图 7-15 中，电阻 $R_1=1\Omega$，$R_2=0.01\Omega$，$L=0.005\text{H}$，绘制电阻、电感上的电流和电压的关系图和功率消耗情况。

按以下形式调用 I_RLC 函数（Call_I_RRL.m）：

```
clear all;
% 设置电路参数
f = 50;
R1 = 1;
R2 = 0.01;
L = 0.005;
C = 0;
% 调用 I_RLC 函数
[Ia,Ua,t,Z,theta,beta,gamma] = I_RLC([220,f,0],R1,R2,L,C);
% 绘制电压、电流关系图
figure(1)
plot(t,Ua(1,:),'k',t,Ua(2,:),'r',t,Ua(4,:) + Ua(5,:),'b',t,Ia(5,:),'b-.');
legend('U','Ur1','Ur2 + UL','il')
grid on
% 绘制功率关系图
figure(2)
plot(t,Ua(1,:). * Ia(1,:),'k',t, Ua(2,:). * Ia(2,:),'r',t,Ua(5,:). * Ia(5,:),'b');
legend('Ps','Pr1','PL');
grid on
```

程序的输出波形如图 7-16 所示。

由图 7-16 可知，加在 R_2 和 L 支路上的电压降到 262V 左右。功率供给与消耗情况如图 7-17 所示，由于需要在电源和电感之间交换功率，导致通过 R_1 的电流加大（$i_{R1}=i_L$），引起电压降低和功率损耗。

治理低电压和减少损耗的常规方法是在电动机等无功负荷边并联上电容进行无功补偿。

【例 7-10】 设图 7-8 中，电阻 $R_1=1\Omega$，$R_2=0.01\Omega$，$L=0.005\text{H}$，求取电路谐振时 C 的大小，并绘制电阻、电感和电容上的电流和电压的关系图和功率交换情况示意图。

谐振时，有

$$\text{Im}[Y(\text{j}\omega)]=0$$

而

$$Y(\text{j}\omega) = \text{j}\omega C + \frac{1}{R_2 + \text{j}\omega L} = \text{j}\omega C + \frac{R_2}{\mid Z(\text{j}\omega) \mid^2} - \text{j}\frac{\omega L}{\mid Z(\text{j}\omega) \mid^2}$$

故有

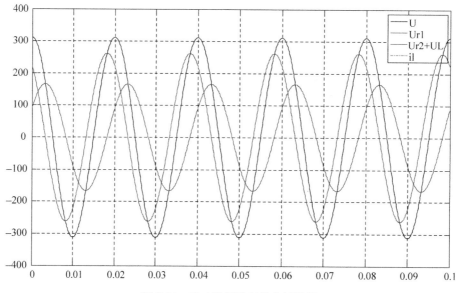

图 7-16 无功消耗引起的电压降低

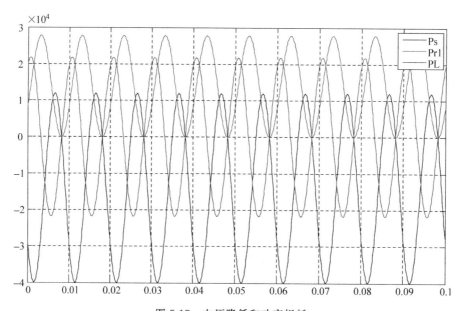

图 7-17 电压降低和功率损耗

$$\omega C - \frac{\omega L}{|Z(\mathrm{j}\omega)|^2} = 0$$

由上式可解得

$$C = \frac{L}{(\omega L)^2 + R_2^2}$$

谐振时的输入导纳为

$$Y(\mathrm{j}\omega) = \frac{R_2}{|Z(\mathrm{j}\omega)|^2} = \frac{CR_2}{L}$$

令 $R_1 = 1\Omega, R_2 = 0.01\Omega, L = 0.005H$，编写调用程序如下(Call_I_RRLC.m)：

```
clear all;
%设置电路参数
f = 50;
R1 = 1;
R2 = 0.01;
L = 0.005;
C = L/((2 * pi * f * L)^2 + R2^2);
%调用 I_RLC 函数
[Ia,Ua,t,Z,theta,beta,gamma] = I_RLC([220,f,0],R1,R2,L,C);
%绘制电压、电流关系图
figure(1)
plot(t,Ua(1,:),'k',t,Ua(3,:),'r',t,Ua(5,:),'b',t, Ia(1,:),'k-.',t, Ia(3,:),'r-.',t,
Ia(5,:),'b-.');
legend('U','Uc','UL','ir1','ic','il')
grid on
%绘制功率关系图
figure(2)
plot(t, -Ua(1,:).* Ia(1,:),'k',t,Ua(2,:).* Ia(2,:),'r',t, Ua(3,:).* Ia(3,:),'g',t,
Ua(5,:).* Ia(5,:),'b');
legend('Ps','PR1','PC','PL');
grid on
```

此时 $C = 0.002\text{F}$，谐振时的输入导纳为 $CR_2/L = 0.0041$(即输入阻抗为 246.7501Ω)，输出波形如图 7-18 所示。

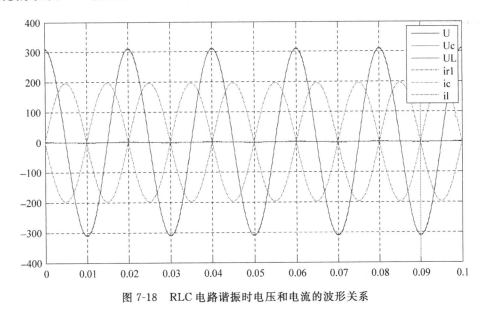

图 7-18 RLC 电路谐振时电压和电流的波形关系

由图 7-18 可知，此时加在 R_2 和 L 支路上的电压与电源电压 U 基本一致，在电感 L 上有感性电流流过，而在电容上有容性电流流过。对比图 7-16，流过电阻 R_1 上的电流明显减小。

而在电感和电容之间出现来回的功率交换,如图 7-19 所示。此时,当电容吸收功率时,电感发出功率,而电容发出功率时,电感吸收功率。对比图 7-17,在电阻 R_1 上消耗的功率明显减小。

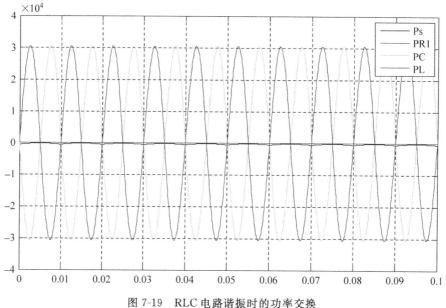

图 7-19　RLC 电路谐振时的功率交换

7.3　正序、负序和零序分量

7.3.1　相序的概念

三相电力系统中,各相电压或电流依其先后顺序分别达到最大值(以正半波幅值为准)的次序,称为相序。如果各相电压的次序为 A-B-C(或 B-C-A、C-A-B),各相相差 120°,则这样的相序称为正序或顺序,如图 7-20(a)所示。如果各相电压经过同一值的先后次序为 A-C-B(或 C-B-A、B-A-C),各相相差 120°,则这种相序称为负序或逆序,如图 7-20(b)所示。A、B、C 三相相位相同,哪一相既不领先,也不落后,则称为零序。

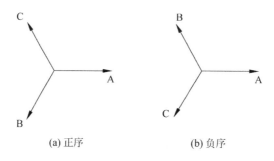

(a) 正序　　　　　　　　　(b) 负序

图 7-20　三相交流量的相序

注意:图中以逆时针方向为参考,B 相交流量滞后 A 相交流量120°,为时间上的角度关系,与空间旋转矢量合成的坐标系不是一个概念。

对于理想的电力系统,只有正序分量。以电压为例,对称的三相系统:三相中的电压 U_a、U_b、U_c 对称,只有一个独立变量。例如,三相相序为 a、b、c,由 U_a 得出其余两相电压

$$U_b = \alpha^2 U_a, \quad U_c = \alpha U_a \tag{7.16}$$

其中,$\alpha = e^{j2\pi/3}$,式(7.16)中乘以 α 相当于逆时针旋转;乘 α^2 相当于顺时针旋转。

若 A 相电压表示为 Ue^{j0},则 B 相电压可表示为 $Ue^{-j2\pi/3}$,C 相电压可表示为 $Ue^{j2\pi/3}$。

7.3.2 正负零序的计算方法

下面以电流为例,说明正负零序分量的计算方法,图 7-21 给出了根据 7.3.1 节定义绘制的 3 个分量关系图。

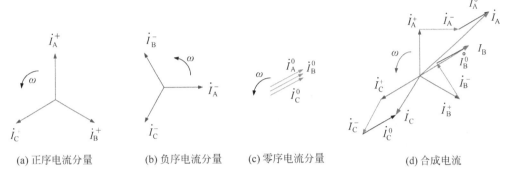

(a) 正序电流分量　　(b) 负序电流分量　　(c) 零序电流分量　　　　(d) 合成电流

图 7-21 对称分量及其合成相量

如果将参考轴定义在垂直方向,参考单时轴多矢量的处理方法来理解,正序电流分量中,向量 $\dot{I}_A^+$ 在参考轴上的投影是其瞬时值,按逆时针旋转,易知 $\dot{I}_B^+$ 和 $\dot{I}_C^+$ 在参考轴上的投影依次达到峰值电流。与此类似,负序电流分量则按 A-C-B 的顺序在参考值上达到最大值。而零序电流分量,三相在同一个时间达到最大值。将正负零序电流相量合成则可以得到合成后的电流相量图。

通过以上过程的分析,可以得出

$$\begin{cases} \dot{I}_A = \dot{I}_A^+ + \dot{I}_A^- + \dot{I}_A^0 \\ \dot{I}_B = \dot{I}_B^+ + \dot{I}_B^- + \dot{I}_B^0 = \alpha^2\,\dot{I}_A^+ + \alpha\,\dot{I}_A^- + \dot{I}_A^0 \\ \dot{I}_C = \dot{I}_C^+ + \dot{I}_C^- + \dot{I}_C^0 = \alpha\,\dot{I}_A^+ + \alpha^2\,\dot{I}_A^- + \dot{I}_A^0 \end{cases} \tag{7.17}$$

写成矩阵形式,有

$$\begin{bmatrix} \dot{I}_A \\ \dot{I}_B \\ \dot{I}_C \end{bmatrix} = \begin{bmatrix} 1 & 1 & 1 \\ \alpha^2 & \alpha & 1 \\ \alpha & \alpha^2 & 1 \end{bmatrix} \begin{bmatrix} \dot{I}_A^+ \\ \dot{I}_A^- \\ \dot{I}_A^0 \end{bmatrix} \tag{7.18}$$

与之对应有

$$\begin{bmatrix} \dot{I}_A^+ \\ \dot{I}_A^- \\ \dot{I}_A^0 \end{bmatrix} = \begin{bmatrix} 1 & 1 & 1 \\ \alpha^2 & \alpha & 1 \\ \alpha & \alpha^2 & 1 \end{bmatrix}^{-1} \begin{bmatrix} \dot{I}_A \\ \dot{I}_B \\ \dot{I}_C \end{bmatrix} = \frac{1}{3} \begin{bmatrix} 1 & \alpha & \alpha^2 \\ 1 & \alpha^2 & \alpha \\ 1 & 1 & 1 \end{bmatrix} \begin{bmatrix} \dot{I}_A \\ \dot{I}_B \\ \dot{I}_C \end{bmatrix} \tag{7.19}$$

以上逆矩阵求取过程可以用下面代码来进行验证：

```
>> A = [1 1 1; exp(j * 4 * pi/3), exp(j * 2 * pi/3) 1;exp(j * 2 * pi/3) exp(j * 4 * pi/3) 1]
A =
    1.0000 + 0.0000i    1.0000 + 0.0000i  1.0000 + 0.0000i
  - 0.5000 - 0.8660i  - 0.5000 + 0.8660i  1.0000 + 0.0000i
  - 0.5000 + 0.8660i  - 0.5000 - 0.8660i  1.0000 + 0.0000i
>> 3 * A ^ - 1
ans =
    1.0000 + 0.0000i  - 0.5000 + 0.8660i  - 0.5000 - 0.8660i
    1.0000 + 0.0000i  - 0.5000 + 0.8660i  - 0.5000 - 0.8660i
    1.0000 - 0.0000i    1.0000 + 0.0000i  1.0000 + 0.0000i
```

进而，B、C 相的正负零序可以由下式获得

$$\begin{cases} \dot{I}_B^+ = \alpha^2 \, \dot{I}_A^+ & \dot{I}_B^- = \alpha \dot{I}_A^- & \dot{I}_B^0 = \dot{I}_A^0 \\ \dot{I}_C^+ = \alpha \dot{I}_A^+ & \dot{I}_C^- = \alpha^2 \, \dot{I}_A^- & \dot{I}_C^0 = \dot{I}_A^0 \end{cases} \tag{7.20}$$

在如图 7-22 所示的三相四线制供电系统中，电压或电流出现不对称现象时，可以把三相的不对称分量分解成对称分量（正、负序）及同向的零序分量。

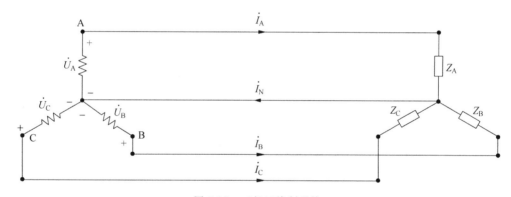

图 7-22　三相四线制系统

【例 7-11】　在三相四线制系统中，已知三相 380V 电源向三相不对称星形连接负荷供电，在单时轴多矢量系绘制电流关系。

根据前述理论，令 $Z_A = 20\Omega$，$Z_B = 10 + j\omega 0.05\Omega$，$Z_C = 7\Omega$，可以编写如下程序（IabcUnbalanceShow. m）：

```
clear all;
F clear all;
Urms = 220;                        % 有效值
f = 50;                            % 频率
alpha = 0;                         % 初始相角
% 时间为 0～0.1s,采样频率为 10000Hz
t = [0:0.02/200:0.1];
w = 2 * pi * f;                    % 角频率
% 三相 RLC 参数直接输入函数
```

```matlab
[ia,u,t,ZaM,thetaA] = I_RLC([Urms,f,0],20,0,0,0);
[ib,u,t,ZbM,thetaB] = I_RLC([Urms,f, - 2 * pi/3],10,0,0.05,0);
[ic,u,t,ZcM,thetaC] = I_RLC([Urms,f,2 * pi/3],7,0,0,0);
% 参考轴方向
ReferenceAngle = pi/2;
% 三相电流瞬时值
Iabc = [ia(1,:);ib(1,:);ic(1,:)]';
% 三相电流的相角
Angle = [alpha - thetaA,alpha - 2 * pi/3 - thetaB,alpha - 4 * pi/3 - thetaC];
% 三相电流的幅值
Im = Urms * sqrt(2)./abs([ZaM(4),ZbM(4),ZcM(4)]);
% 为绘图准备的尺度
FBase = max(max(Iabc));
% 三相用不同颜色表示
Color = ['r','g','b'];
txt = {'Ia','Ib','Ic'}
% 变换逆矩阵
P = [1 1 1; exp(j * 4 * pi/3), exp(j * 2 * pi/3) 1;exp(j * 2 * pi/3) exp(j * 4 * pi/3) 1]^ - 1;
% 箭头大小
AS = 3;
for i = 1:length(t)
    % 左边相量图
    subplot(1,2,1);
    hold off
    % 时轴方向
    DrawArrowPolar(0,0,ReferenceAngle,FBase,AS);
    hold on;
    for k = 1:3                          % 逐相绘制
        Ang = 2 * pi * f * t(i) + Angle(k);    % 单相矢量电压
        Ipeak = Im(k);
        % 单相实轴方向旋转参考角度
        DrawArrowPolar(0,0,Ang + ReferenceAngle, ...
                    Ipeak,AS,Color(k),2);
        % 投影
        DrawArrowPolar(0,0,ReferenceAngle, ...
            Ipeak * cos(Ang),AS,Color(k),2);
        Ang = Ang + ReferenceAngle;
        plot([Ipeak * cos(Ang),0],[Ipeak * sin(Ang),Ipeak * sin(Ang)], ...
            [Color(k),' - .'])
        TextOut(Ipeak * cos(Ang),Ipeak * sin(Ang),txt{k},0);
    end
    xlabel(['t = ' num2str(t(i))]) % 标注当前时间
    % -------------------------------------------------------
    % 右边三相交流量的瞬时值
    subplot(1,2,2);
    hold off
    for k = 1:3
        plot(t(1:i),Iabc(1:i,k),Color(k));
        hold on
```

```
      end
  if i < 200
      axis([0,0.03, - FBase * 1.3, + FBase * 1.3]);
  else % 点数超过 200,开始移动坐标轴
      axis([i/10000 - 0.02,i/10000 + 0.01, - FBase * 1.3, + FBase * 1.3]);
  end
  grid on;
  % 暂停一会
  pause(0.05);
  end
```

程序沿用了前面的 I_RLC 函数用来生产三相电流波形数据和 DrawArrowPolar 进行相量绘制。可以随意修改三相负载的 RLC 参数,以生成不同的不对称三相电流来观察正负零序的合成关系。程序运行结果如图 7-23 所示。

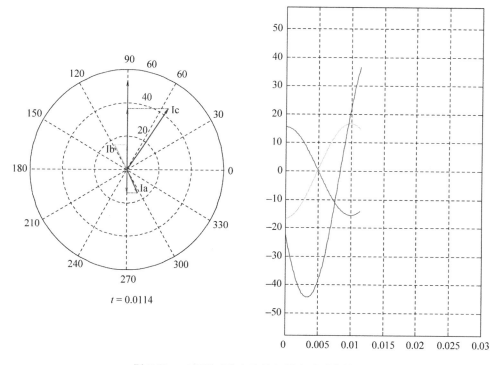

图 7-23　三相不对称电流的相量和瞬时值关系

由图 7-23 可以看出,三相时间矢量在垂直参考轴上的投影就是三相电流的瞬时值。由于 A、B、C 三相负载的特性不同,它们的幅值不同,它们之间的夹角也不再都是 120°(A、C 两相是纯阻性负载,因此它们之间的相角保持为 120°)。

为清楚地对比正负零序相量的旋转运动过程及其合成情况,编写下面程序进行演示(PNZAnalysis. m):

```
clear all;
Urms = 220;                              % 有效值
```

```
f = 50;                                        % 频率
alpha = 0;                                     % 初始相角
% 时间为 0~0.1s,采样频率为 10000Hz
t = [0:0.02/200:0.1];
w = 2 * pi * f;                                % 角频率
% 三相 RLC 参数直接输入函数
[ia,u,t,ZaM,thetaA] = I_RLC([Urms,f,0],20,0,0,0);
[ib,u,t,ZbM,thetaB] = I_RLC([Urms,f, - 2 * pi/3],10,0,0.05,0);
[ic,u,t,ZcM,thetaC] = I_RLC([Urms,f,2 * pi/3],7,0,0,0);


% 参考轴方向
ReferenceAngle = pi/2;
% 三相电流瞬时值
Iabc = [ia(1,:);ib(1,:);ic(1,:)]';
% 三相电流的相角
Angle = [alpha - thetaA,alpha - 2 * pi/3 - thetaB,alpha - 4 * pi/3 - thetaC];
% 三相电流的幅值
Im = Urms * sqrt(2)./abs([ZaM(4),ZbM(4),ZcM(4)]);
% 为绘图准备的尺度
FBase = max(max(Iabc));
FBaseValue = FBase * sqrt(3);
Color = ['r','g','b'];                         % 三相用不同颜色表示
txt = {'Ia','Ib','Ic'}
% 变换逆矩阵
P = [1 1 1; exp(j * 4 * pi/3), exp(j * 2 * pi/3) 1;exp(j * 2 * pi/3) exp(j * 4 * pi/3) 1]^ - 1;
% 箭头大小
AS = 3;
% Bias - 调整一下字符的位置
Bias = 5;
for i = 1:length(t)
    % 左边合成相量图
    subplot(1,2,1);
    hold off;
    % 时轴方向
    DrawArrowPolar(0,0,ReferenceAngle,FBase * 1.2,AS,'k');
    TextOut(FBase * 1.2 * cos(ReferenceAngle),...
            FBase * 1.2 * sin(ReferenceAngle),'ABC 单时轴',0);
    hold on;
    IabcV = [];
    for k = 1:3                                % 逐相绘制
        Ang = 2 * pi * f * t(i) + Angle(k);    % 单相矢量电压
        F = Im(k);
        IabcV = [IabcV;F * cos(Ang) + j * F * sin(Ang)];
        % 单相实轴方向旋转参考角度
        DrawArrowPolar(0,0,Ang,F,AS,Color(k),2,ReferenceAngle);
        TextOut((Bias + F) * cos(Ang + ReferenceAngle),...
            (Bias + F) * sin(Ang + ReferenceAngle),txt{k},0);
    end
    % A 相正负零序
```

```matlab
                                    % 根据式(7.19)
IaPNZ = P * IabcV;
Ang = 0;
F = 0;

for k = 1:3                         % 按正负零序首尾连接相量
    AngOld = Ang;
    Fold = F;
    NewP = Fold * cos(AngOld) + j * Fold * sin(AngOld) + IaPNZ(k);
    Ang = angle(NewP);              % 单相矢量电压
    F = abs(NewP);
    % 单相时轴方向旋转参考角度
    DrawArrowPolar(AngOld, Fold, Ang, F, …
            AS, Color(k), 1, ReferenceAngle);
end
% B 相正负零序
% 根据式(7.20)
IbPNZ = [ exp(j * 4 * pi/3); exp(j * 2 * pi/3); 1]. * IaPNZ;
Ang = 0;
F = 0;
for k = 1:3                         % 按正负零序首尾连接相量
    AngOld = Ang;
    Fold = F;
    NewP = Fold * cos(AngOld) + j * Fold * sin(AngOld) + IbPNZ(k);
    Ang = angle(NewP);              % 单相矢量电压
    F = abs(NewP);
    % 单相时轴方向旋转参考角度
    DrawArrowPolar(AngOld, Fold, Ang, F, …
            AS, Color(k), 1, ReferenceAngle);
end
% C 相正负零序
% 根据式(7.20)
IcPNZ = [exp(j * 2 * pi/3); exp(j * 4 * pi/3); 1]. * IaPNZ;
Ang = 0;
F = 0;
for k = 1:3                         % 按正负零序首尾连接相量
    AngOld = Ang;
    Fold = F;
    NewP = Fold * cos(AngOld) + j * Fold * sin(AngOld) + IcPNZ(k);
    Ang = angle(NewP);              % 单相矢量电压
    F = abs(NewP);
    % 单相时轴方向旋转参考角度
    DrawArrowPolar(AngOld, Fold, Ang, F, …
            AS, Color(k), 1, ReferenceAngle);
end
xlabel(['t = ' num2str(t(i))])      % 标注当前时间
% ------------------------------
% 正序负序零序分析
% 右边正负零序以原点为参考单独绘制
```

```
    subplot(1,2,2);
    hold off
    %时轴方向
    DrawArrowPolar(0,0,ReferenceAngle,FBase*1.2,AS,'k');
    TextOut(FBase*1.2*cos(ReferenceAngle),...
        FBase*1.2*sin(ReferenceAngle),'ABC单时轴',0);
    hold on;
    %A相正负零序
    txt={'Ia+','Ia-','Iabc0'};
    for k=1:3                        %按正负零序同颜色绘制
        Ang=angle(IaPNZ(k));
        F=abs(IaPNZ(k));
        %单相时轴方向旋转参考角度
        DrawArrowPolar(0,0,Ang,F,AS,'r',2,ReferenceAngle);
        TextOut((Bias+F)*cos(Ang+ReferenceAngle),...
            (Bias+F)*sin(Ang+ReferenceAngle),txt{k},0);
    end
    %B相正负零序
    txt={'Ib+','Ib-','Iabc0'};
    for k=1:3                        %按正负零序同颜色绘制
        Ang=angle(IbPNZ(k));
        F=abs(IbPNZ(k));
        %单相实轴方向旋转参考角度
        DrawArrowPolar(0,0,Ang,F,AS,'g',2,ReferenceAngle);
        TextOut((Bias+F)*cos(Ang+ReferenceAngle),...
            (Bias+F)*sin(Ang+ReferenceAngle),txt{k},0);
    end
    %C相正负零序
    txt={'Ic+','Ic-','Iabc0'};
    for k=1:3                        %按正负零序同颜色绘制
        Ang=angle(IcPNZ(k));
        F=abs(IcPNZ(k));
        %单相实轴方向旋转参考角度
        DrawArrowPolar(0,0,Ang,F,AS,'b',2,ReferenceAngle);
        TextOut((Bias+F)*cos(Ang+ReferenceAngle),...
            (Bias+F)*sin(Ang+ReferenceAngle),txt{k},0);
    end
    xlabel(['t = ' num2str(t(i))])    %标注当前时间
    %暂停一会
    pause(0.05);
end
```

程序的运行结果如图 7-24 所示，A、B、C 三相分别用红、绿、蓝三色表示。从图中可以看出，按逆时针旋转方向，正序分量最大，绿色的 B 相正序分量落后红色的 A 相 120°，蓝色的 C 相正序分量落后绿色的 B 相 120°。负序分量最小，蓝色的 C 相负序分量落后红色的 A 相 120°，绿色的 B 相负序分量落后蓝色的 C 相 120°。而零序分量完全重叠，只剩最后绘制的蓝色相量。

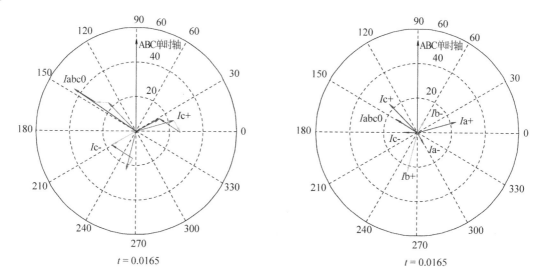

图 7-24　三相不对称电流的正负零序分量及其合成

注意：三相负载一般情况下是不对称的，由于中性线的作用，三相负载电压依然对称，各相负载均可以正常工作，只不过三相电流是不对称的，中性线的电流也不为 0。

如果中性线断开，由于三相负载的不对称，负载的中点电压将不等于电源中点的电压（前面的分析也将不适用）。此时三相负载的电压大小也不一样，会导致某些相电压偏高而某些相电压偏低，对负载的正常工作产生不利影响。因此在低压线路中不能省去中性线，即需要采用三相四线制供电。为保证中性线的作用，中性线上不允许安装熔断器或者开关。

对于理想的电力系统，只有正序分量。当系统出现故障时，就能分解出有幅值的负序和零序分量了（有时只有其中的一种），因此通过检测这两个在正常情况下不应出现的分量，来分析系统故障（特别是单相接地时的零序分量）。

在三相四线系统中，不同的负荷状况或故障，会产生不同的相序。

（1）三相负荷大小相等，相位都相差 120°时，系统中都是正序分量。

（2）单相接地故障时，系统有正序、负序和零序分量。

（3）两相短路故障时，系统有正序和负序分量。

（4）两相短路、接地故障时，系统有正序、负序和零序分量。

三相负荷不等时，则根据负载类型不同，可能产生的情况就比较多，需要根据实际情况进行分析。

7.4　小结

（1）给出了 MATLAB 自定义函数编写的基本实例。

（2）说明了交流电量的时间相量和空间矢量概念，通过 M 文件编程，以图形＋动画形式展示了向量、矢量与交流瞬时值之间的关系。

（3）从一个 RLC 串联电路分析出发，说明了感性无功、容性无功与电压之间的关系。

（4）对三相交流量的正负零序分量的原理进行了说明，给出了换算公式。并根据换算公式,给出了相应的演示例子。

　　本章的分析均是基于理想情况从理论上来分析和展示相关原理的,在实际工程系统中应用时,需要配合其他相关理论来进行分析和处理。例如,对三相电流的分析,由于线路压降、CT 测量和 AD 采样误差等原因,三相交流电流信号的相角关系是无法像例子中描述的那样只靠电源电压信号和阻抗角来直接计算的,而是需要锁频、锁相等其他技术来完成正负零序的分量。

第8章

Clarke 变换和 Park 变换

本章通过一些简单的 MATLAB 编程和建模案例,学习和了解 Clarke(克拉克)变换和 Park(派克)变换的由来及相互关系。其中,Park 变换存在两种变换形式,即经典变换式和正交变换式。经典 Park 变换在 SimPowerSystems 工具箱中已经建好,但 Clarke 变换和正交 Park 变换没有现成的模型。因此,在建立仿真模型前先了解 Simulink 平台的基本用法。

8.1　Clarke 变换(3S/2S)

8.1.1　Clarke 变换

首先需要提到一个"矢量坐标变换"的概念。永磁交流伺服电动机的定子磁场是由定子的三相绕组的磁势(或磁动势)产生的,根据电动机旋转磁场理论可知,向对称的三相绕组中通以对称的三相正弦电流时,就会产生合成磁势,它是一个在空间以 ω 速度旋转的空间矢量。

在交流电机及其系统分析中,Clarke 提出了一种以电机定子为静止参考系的电机参数变换分析方法,即依据功率不变和磁势不变的原理,将定子三相物理量从三维坐标转换到二维坐标。

Clarke 变换是将基于三轴二维的定子静止坐标系的各物理量变换到二轴的定子静止坐标系中,简称 3S/2S 变换,其中 S 表示静止(与之对应 R 表示旋转)。Clarke 变换可将原来的三相绕组上的电压回路方程式简化成两相绕组上的电压回路方程式。一般 Clarke 变换式中会引进一个新变量零轴电流 i_0。零轴是同时垂直于 α 和 β 轴的轴,因此形成 α、β、O 轴坐标系。三相和两相坐标系与绕组磁动势的空间矢量图如图 8-1 所示。

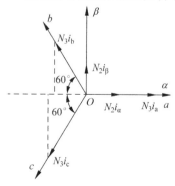

图 8-1　三相和两相坐标系与绕组
　　　　磁动势的空间矢量图

图 8-1 中绘出了 a、b、c 和 α、β 两个坐标系,为了方便,

取 a 轴和 α 轴重合。三相绕组每相有效匝数为 N_3,两相绕组每相有效匝数为 N_2,各相磁动势为有效匝数与电流的乘积,其空间矢量均位于有关相的坐标轴上。

矢量坐标变换就是用磁势或电流空间矢量来描述等效的三相磁场、两相磁场和旋转直流磁场,并对它们进行坐标变换。矢量坐标变换必须遵循以下两个原则。

(1) 变换前后电流所产生的旋转磁场等效。

(2) 变换前后两系统的电动机功率不变。

根据矢量坐标变换原则,Clarke变换前后的磁场应该完全等效,即合成磁势矢量分别在两个坐标系坐标轴上的投影应该相等。设磁动势波形是正弦分布的,当三相总磁动势与两相总磁动势相等时,两套绕组瞬时磁动势在 α、β 轴上的投影都应相等。

由图 7-6 得出

$$\begin{cases} N_2 i_\alpha = N_3 i_a + N_3 i_b \cos120° + N_3 i_c \cos(-120°) \\ N_2 i_\beta = 0 + N_3 i_b \sin120° + N_3 i_c \sin(-120°) \end{cases} \tag{8.1}$$

由式(8.1)变形得

$$\begin{cases} i_\alpha = \dfrac{N_3}{N_2}\left[i_a - \dfrac{1}{2} i_b - \dfrac{1}{2} i_c \right] \\ i_\beta = \dfrac{N_3}{N_2}\left[0 + \dfrac{\sqrt{3}}{2} i_b - \dfrac{\sqrt{3}}{2} i_c \right] \end{cases} \tag{8.2}$$

式中,N_2、N_3 分别表示三相电动机和两相电动机定子每相绕组的有效匝数。用矩阵表示,即

$$\begin{bmatrix} i_\alpha \\ i_\beta \end{bmatrix} = \frac{N_3}{N_2} \begin{bmatrix} 1 & -\dfrac{1}{2} & -\dfrac{1}{2} \\ 0 & \dfrac{\sqrt{3}}{2} & -\dfrac{\sqrt{3}}{2} \end{bmatrix} \begin{bmatrix} i_a \\ i_b \\ i_c \end{bmatrix} \tag{8.3}$$

因为矩阵 $\begin{bmatrix} 1 & -\dfrac{1}{2} & -\dfrac{1}{2} \\ 0 & \dfrac{\sqrt{3}}{2} & -\dfrac{\sqrt{3}}{2} \end{bmatrix}$ 不是方阵不能求逆矩阵,所以接下来需要引进一个新变量零轴电流 i_0。零轴是同时垂直于 α 和 β 轴的轴,因此形成 α、β、0 轴坐标系。在大多数应用中零轴并不重要,可忽略。为此可以定义为(k 为待定系数)

$$N_2 i_0 = k N_3 i_a + k N_3 i_b + k N_3 i_c \tag{8.4}$$

则

$$i_0 = \frac{N_3}{N_2}(k i_a + k i_b + k i_c)$$

所以可以得到

$$\begin{bmatrix} i_\alpha \\ i_\beta \\ i_0 \end{bmatrix} = \frac{N_3}{N_2} \begin{bmatrix} 1 & -\dfrac{1}{2} & -\dfrac{1}{2} \\ 0 & \dfrac{\sqrt{3}}{2} & -\dfrac{\sqrt{3}}{2} \\ k & k & k \end{bmatrix} \begin{bmatrix} i_a \\ i_b \\ i_c \end{bmatrix} \tag{8.5}$$

定义 C 矩阵为

$$\boldsymbol{C} = \frac{N_3}{N_2} \begin{bmatrix} 1 & -\dfrac{1}{2} & -\dfrac{1}{2} \\ 0 & \dfrac{\sqrt{3}}{2} & -\dfrac{\sqrt{3}}{2} \\ k & k & k \end{bmatrix} \tag{8.6}$$

$\boldsymbol{C}$ 的转置矩阵

$$\boldsymbol{C}^{\mathrm{T}} = \frac{N_3}{N_2} \begin{bmatrix} 1 & 0 & k \\ -\dfrac{1}{2} & \dfrac{\sqrt{3}}{2} & k \\ -\dfrac{1}{2} & -\dfrac{\sqrt{3}}{2} & k \end{bmatrix} \tag{8.7}$$

$\boldsymbol{C}$ 的逆矩阵

$$\boldsymbol{C}^{-1} = \frac{2N_2}{3N_3} \begin{bmatrix} 1 & 0 & \dfrac{1}{2k} \\ -\dfrac{1}{2} & \dfrac{\sqrt{3}}{2} & \dfrac{1}{2k} \\ -\dfrac{1}{2} & -\dfrac{\sqrt{3}}{2} & \dfrac{1}{2k} \end{bmatrix} \tag{8.8}$$

在 Clarke 变换下要保证发电机的输出功率在变换前后不发生变化,因此计算表达式为

$$P = u_{\mathrm{abc}}^{\mathrm{T}} i_{\mathrm{abc}} = (\boldsymbol{C}^{-1} u_{\alpha\beta0})^{\mathrm{T}} (\boldsymbol{C}^{-1} i_{\alpha\beta0}) = u_{\alpha\beta0}^{\mathrm{T}} [(\boldsymbol{C}^{-1})^{\mathrm{T}} (\boldsymbol{C}^{-1})] i_{\alpha\beta0}$$

$$= u_{\alpha\beta0}^{\mathrm{T}} \left(\frac{N_2}{N_3}\right)^2 \begin{bmatrix} \dfrac{2}{3} & 0 & 0 \\ 0 & \dfrac{2}{3} & 0 \\ 0 & 0 & \dfrac{1}{3k^2} \end{bmatrix} i_{\alpha\beta0} = u_{\alpha\beta0}^{\mathrm{T}} i_{\alpha\beta0} \tag{8.9}$$

【例 8-1】 撰写 M 文件验证 Clarke 变换的参数(CMatrix.m)。

```
syms N2 N3 k real;
C = N3/N2 * [1 -1/2 -1/2; 0 sqrt(3)/2 -sqrt(3)/2; k k k];
CInv = C ^ -1
CC = CInv' * CInv;

CInv =
[ (2 * N2)/(3 * N3),                        0, N2/(3 * N3 * k)]
[    -N2/(3 * N3), (3 ^ (1/2) * N2)/(3 * N3), N2/(3 * N3 * k)]
[    -N2/(3 * N3), -(3 ^ (1/2) * N2)/(3 * N3), N2/(3 * N3 * k)]


CC =
[ (2 * N2 ^ 2)/(3 * N3 ^ 2),                        0,            0]
[                0, (2 * N2 ^ 2)/(3 * N3 ^ 2),            0]
[                0,                        0, N2 ^ 2/(3 * N3 ^ 2 * k ^ 2)]
```

所以式(8.9)中,需要有 $\left(\dfrac{N_2}{N_3}\right)^2 = \dfrac{3}{2}$ 和 $k^2 = \dfrac{1}{2}$,才能保证变换前后输出功率不发生变化。

因此,可求得 $\dfrac{N_2}{N_3} = \sqrt{\dfrac{3}{2}}$ 和 $k = \sqrt{\dfrac{1}{2}}$,将其代入 $\boldsymbol{C}$ 矩阵和 $\boldsymbol{C}$ 逆矩阵。

由此可得出 Clarke 变换式为

$$
\begin{bmatrix} i_\alpha \\ i_\beta \\ i_0 \end{bmatrix} = \boldsymbol{C} \begin{bmatrix} i_a \\ i_b \\ i_c \end{bmatrix} = \sqrt{\frac{2}{3}} \begin{bmatrix} 1 & -\dfrac{1}{2} & -\dfrac{1}{2} \\[2mm] 0 & \dfrac{\sqrt{3}}{2} & -\dfrac{\sqrt{3}}{2} \\[2mm] \dfrac{1}{\sqrt{2}} & \dfrac{1}{\sqrt{2}} & \dfrac{1}{\sqrt{2}} \end{bmatrix} \begin{bmatrix} i_a \\ i_b \\ i_c \end{bmatrix} \tag{8.10}
$$

Clarke 逆变换式为

$$
\begin{bmatrix} i_a \\ i_b \\ i_c \end{bmatrix} = \boldsymbol{C}^{-1} C \begin{bmatrix} i_a \\ i_b \\ i_c \end{bmatrix} = \boldsymbol{C}^{-1} \begin{bmatrix} i_\alpha \\ i_\beta \\ i_0 \end{bmatrix} = \sqrt{\frac{2}{3}} \begin{bmatrix} 1 & 0 & \dfrac{1}{\sqrt{2}} \\[2mm] -\dfrac{1}{2} & \dfrac{\sqrt{3}}{2} & \dfrac{1}{\sqrt{2}} \\[2mm] -\dfrac{1}{2} & -\dfrac{\sqrt{3}}{2} & \dfrac{1}{\sqrt{2}} \end{bmatrix} \begin{bmatrix} i_\alpha \\ i_\beta \\ i_0 \end{bmatrix} \tag{8.11}
$$

8.1.2 Clarke 变换仿真

1. 基本建模过程

在 MATLAB 主界面的菜单栏选择"新建"→SIMULINK→Simulink Model 选项,即可新建一个空白的 ∗.mdl(或 ∗.slx)模型文件,如图 8-2 所示。

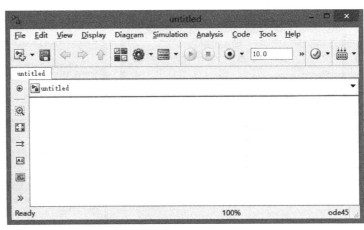

图 8-2 新建.mdl 模型文件

将文件保存并命名为 ClarkeTransf.mdl,然后按以下步骤搭建仿真模型。

(1) 单击模型窗口的 图标,打开 Simulink Library Browser 窗口(即模块库窗口),如

图 8-3 所示。在 Simulink→Sources 子模块库中选择 Sine Wave 选项。使用拖曳或复制粘贴的方式在新建的.mdl 文件中生成一个正弦波的信号源。

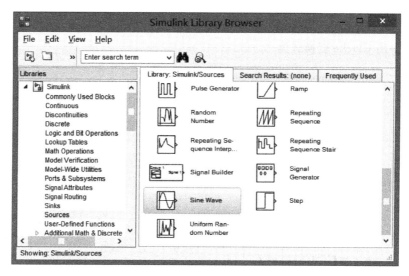

图 8-3　Simulink 模块库窗口

（2）Sine Wave 为整个仿真提供信号，它可以产生一个幅值、频率、相位随时间变化的正弦电压和电流，应用广泛灵活。本例中使用 3 个频率为 50Hz、相位相差为 120°的正弦信号 $100\sin(\omega t)$、$100\sin(\omega t+2\pi/3)$、$100\sin(\omega t-2\pi/3)$ 作为系统输入。双击模块名称，将它们一次修改为 Phase A、Phase B 和 Phase C。双击该模块，打开参数设置对话框，如图 8-4 所示。

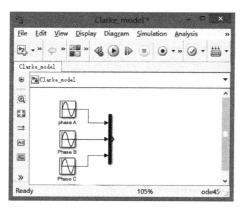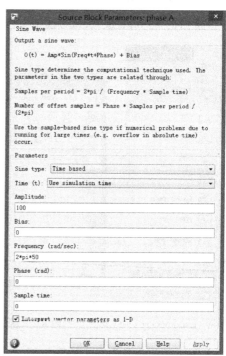

图 8-4　正弦波发生器参数设置对话框

说明：参数 Sine type 有两个选项，即 Time based 基于时间的正弦类型和 sample based 基于采样的正弦类型。Time 也有两个选项，即 Use simulation time 使用模拟时间和 Use external signal 使用外部时间。此处 Sine type 选择 Time based 选项，Time 选择 Use simulation time 选项。

Amplitude：幅值。

Bias：偏移。

Frequecy：频率(弧度/秒)。

Phase：相位(弧度)。

Sample time：采样时间。

a 相正弦信号输入 Amplitude 设置为 100，Frequecy 设置为 $2 \times pi \times 50$，Phase 设置为 0，其他为默认。

b 相正弦信号输入 Amplitude 设置为 100，Frequecy 设置为 $2 \times pi \times 50$，Phase 设置为 $-(2/3) \times pi$，其他为默认。

c 相正弦信号输入 Amplitude 设置为 100，Frequecy 设置为 $2 \times pi \times 50$，Phase 设置为 $(2/3) \times pi$，其他为默认。

(3) 在 Simulink→Signal Routing 子模块库中选择 Mux 模块，将其复制到 mdl 文件中。打开其属性对话框，将 Number of inputs 由默认的"2"改为"3"。按图 8-5 所示的方式连接，将三相信号汇集为一路。

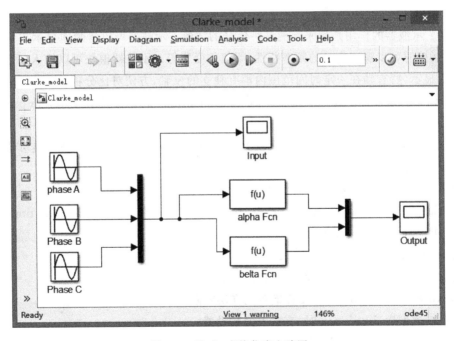

图 8-5 Clarke 变换仿真电路图

(4) 在 Simulink→User-Defined Functions 子模块库中选择 Fcn 模块，复制两个模块到 mdl 文件中，将它们分别更名为 alpha Fcn 和 belta Fcn。Fcn 模块可以设定较为复杂的函数表达式，根据变换矩阵输入函数表达式，如图 8-6 所示。

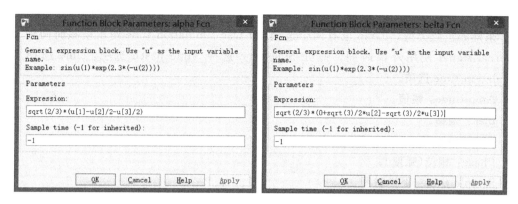

图 8-6　Fcn模块表达式输入

说明：转换模块计算出三相正弦信号在 α 轴、β 轴上的分量，计算如下

$$I_{\alpha} = \sqrt{\frac{2}{3}}\left(I_{b} - \frac{1}{2}I_{b} - \frac{1}{2}I_{c}\right)$$

$$I_{\beta} = \sqrt{\frac{2}{3}}\left(0 + \frac{\sqrt{3}}{2}I_{b} - \frac{\sqrt{3}}{2}I_{c}\right)$$

（5）增加一个信号汇集模块 Mux，按图 8-5 方式连接各模块。并在 Simulink→Sinks 子模块库中选择 Scope（示波器）模块，用于观察最后信号输出。输入和输出的示波器分别命名为 Input 和 Output。

说明：示波器的作用是用来观测各种信号的波形。示波器可以清楚地显示出信号随时间的变化，同时可以观测信号的频率特性、幅值的变化等。示波器模块可以输入多个不同信号并分别显示，所有轴在一定时间范围内都有独立的 y 轴，方便对比分析。

（6）仿真参数设置。打开模型窗口，通过 Simulation→Model Configuration parameters 选项可以设置仿真的参数。

Type：设置微分（差分）方程求解类型。其中，Variable-step 表示采用变步长算法；Fixed-step 表示采用定步长算法。

当求解类型为 Variable-step 时，有以下参数设置。

① Max step size——最大步长，若为 auto，则最大步长位（Stop time-Start time）/50。

② Min step size——最小步长。

③ Initial step size——初始步长。

④ Relative tolerance——设置相对允许误差限。

⑤ Absolute tolerance——设置绝对允许误差限。

当求解类型为 Fixed-step 时，有以下参数设置。

① Fixed step size——设置步长。

② Tasking mode for periodic sample times——设置模型类型。

为便于观察输出波形及使输出波形更加平滑，将 Stop time 设置为 0.1s，观察 5 个波头（50Hz，20ms），Max step size 设置为 0.0005，即每个周波至少产生 40 个输出点。仿真参数设置对话框如图 8-7 所示。

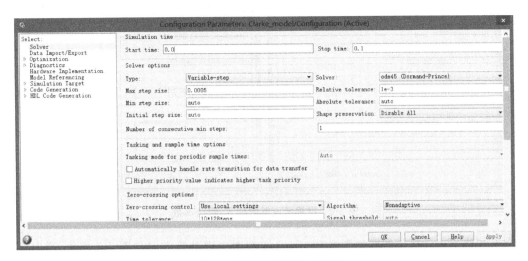

图 8-7　仿真参数设置对话框

（7）单击工具栏的 ▶ 按钮或使用 Simulation→Start 命令，仿真完成后，双击示波器模块，即可观察到输入和输出信号波形，如图 8-8 所示。

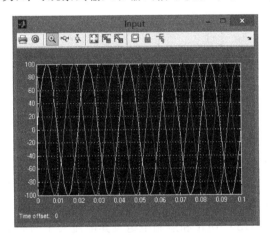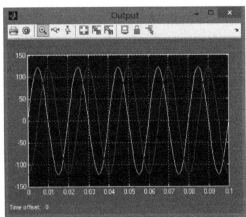

图 8-8　输入/输出信号波形

注意：在示波器的工具栏中，单击 ◎ 按钮，可以设置示波器参数。因为在 History 选项卡中的 Limit data points to last 文本框中默认被设置为"5000"，即只显示最后 5000 个输出点。若仿真时间较长，有可能不能显示全部波形，此时只需将该复选框取消即可。

如有必要，可以以变量的形式将数据输出到工作空间（WorkSpace）中，以备他用。如图 8-9 所示，将输入以 Input 为变量名，变换后结果以 Clarke 为变量名输出到工作空间。这两个变量均为带时间标志的结构体变量。

关于示波器其他参数的选择和应用，请读者查阅相关资料或在实际需要时再逐步了解。

2. 等效性验证

前面已经说明，通过 Clarke 变换将三相静止绕组 a、b、c 变换到假想的两相静止绕组 α、β，变换前后的合成磁势矢量分别在两个坐标系坐标轴上的投影应该相等。三相定子绕组与

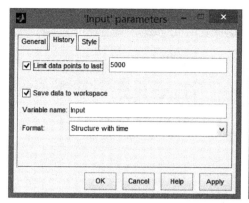 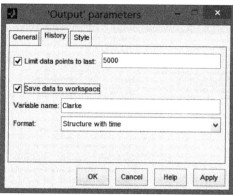

图 8-9　设置示波器的输入/输出参数

假想两相绕组磁动势示意图如图 8-10 所示(注意图中磁动势方向与图 7-6 相比,逆时针旋转了 90°)。

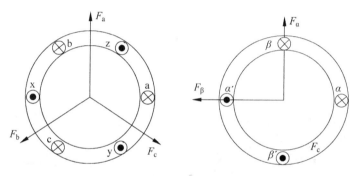

图 8-10　三相定子绕组与假想两相绕组磁动势示意图

可以通过程序代码来验证变换前后各时刻的合成磁动势方向。

注意:程序中的变量 Input 和 Clarke 是 Clarke 变换仿真模型运行后自动存入工作空间(WorkSpace)的,运行此段代码前,应确认这两个变量已经正确生成。

程序中将用到绘制向量箭头的函数 DrawArrowPolar 和绘制绕组及其电流大小的函数 PolarWindingCurrent。

【例 8-2】 撰写 Function 文件定义绘制绕组和显示电流大小(PolarWindingCurrent.m)。

```
function PolarWindingCurrent(Ang,IBase,I,C,BaseValue)
    % 本函数绘制各绕组及其电流强度
    % 根据电流方向获取绘制流入、流出位置
    %  Ang——确定绘制位置
    %  IBase——电流中最大值
    %  I——电流当前值
    % C——绘制的颜色
    r = BaseValue * sign(I);
    if r == 0
        r = BaseValue;
```

```
end
% 获取 hold 的状态
hold_was_on = ishold;
hold on
% 外部圆圈数据准备
theta = 0:pi/20:2 * pi;
R = BaseValue * 0.1;                    % 圆的半径
x = R * cos(theta);                     % 圆上的点
y = R * sin(theta);
% 根据电流大小决定流入(叉)和流出(点)的大小
Size = abs(I)/IBase * R * 0.8;
if Size == 0
    Size = eps;
end
% *****************************
% 绘制流入电流
% 中心点位置
X1 = r * cos(Ang);
Y1 = r * sin(Ang);
% 绘制十字
plot([X1 - Size,X1 + Size],[Y1,Y1],C);
plot([X1,X1],[Y1 - Size,Y1 + Size],C);
% 绘制外圆
plot(x + X1,y + Y1,C);
% *****************************
% 绘制流出电流
 % 中心点位置
X1 = r * cos(Ang + pi);
Y1 = r * sin(Ang + pi);
 % 圆上的点
xs = Size * cos(theta);
ys = Size * sin(theta);
 % 绘制内圆,填充颜色
rectangle('Position',[X1 - Size,Y1 - Size,2 * Size,2 * Size],...
    'Curvature',[1,1], 'FaceColor',C,'EdgeColor',C);
% 绘制外圆
plot(x + X1,y + Y1,C);
if hold_was_on == false                 % 原来是 hold off,还原状态
    hold off;
end
```

该函数工作原理不作详细解释,读者自行理解。

【例 8-3】 撰写 M 文件验证 Clarke 变换前后磁动势等效(ClarkeTransPolar.m)。

```
clear all;
Irms = 220;                             % 有效值
f = 50;                                 % 频率
alpha = 0;                              % 初始相角
```

```
% 时间为 0～0.1s,采样频率为 10000Hz
t = [0:0.02/200:0.1];
w = 2 * pi * f;                           % 角频率
% 电流波形数据
Ia = 0.8 * Irms * sqrt(2) * cos(w * t + alpha);
Ib = Irms * sqrt(2) * cos(w * t + alpha - 2 * pi/3);
Ic = Irms * sqrt(2) * cos(w * t + alpha + 2 * pi/3);
Iabc = [Ia; Ib; Ic];
N2 = sqrt(3);                             % 两相绕组每相有效匝数
N3 = sqrt(2);                             % 三相绕组每相有效匝数
k = sqrt(1/2);                            % 系数 k
% Clarke 变换矩阵
CT = N3/N2 * [1 - 1/2 - 1/2;0 sqrt(3)/2 - sqrt(3)/2;k k k];
figure(1);                                % 创建图形窗口
IBase = max(max(Iabc));
BaseValue = IBase * 1.5 * sqrt(3);        % 放大
Color = ['r','g','b'];                    % 三相用不同颜色表示
% 参考轴
ReferenceAngle = pi/2;
% 箭头大小
AS = 50;
% 是否绘制轨迹
IsTrace = true;
Trace1 = [];
Trace2 = [];
for i = 1:length(t)
    % 变换前
    subplot(1,2,1)                        % 绘制左边图形
    hold off
    % 合成磁势空间矢量
    RV = 0;
    txt = {'Fa','Fb','Fc'};
    for j = 1:3                           % 逐相绘制
        I = Iabc(j,i);                    % 电流
        Ang = (j - 1) * 2 * pi/3;
        % 时轴方向

DrawArrowPolar(0,0,ReferenceAngle + Ang,BaseValue,AS,'k');
        hold on

TextOut(BaseValue * cos(Ang),BaseValue * sin(Ang),txt{j},ReferenceAngle);
        % 绕组、电流
        PolarWindingCurrent(Ang,IBase,I,Color(j),BaseValue)
        % 磁动势
        F = N3 * I;
        Ang = (j - 1) * 2 * pi/3 + pi/2;
        % 磁动势方向
        DrawArrowPolar(0,0,Ang,F,AS,Color(j),2);
        % 合成磁动势
        RV = RV + F * (cos(Ang) + 1j * sin(Ang));
    end
```

```
Ang = angle(RV);
L = abs(RV);
DrawArrowPolar(0,0,Ang,L,AS,'k',2);
TextOut(L * cos(Ang),L * sin(Ang),'F',0);
[x,y] = pol2cart(Ang,L);
Trace1 = [Trace1;x,y];
if IsTrace == true                      % 绘制轨迹
    plot(Trace1(:,1),Trace1(:,2));
end
xlabel(['t = ' num2str(t(i))])          % 标注当前时间


% Clarke 变换后
Clarke = CT * Iabc(:,i);
subplot(1,2,2)                          % 绘制右边图形
hold off
                                        % alpha 绕组时轴方向
DrawArrowPolar(0,0,ReferenceAngle,BaseValue,AS,'k');
TextOut(BaseValue * cos(0),...
    BaseValue * sin(0),'F\alpha',ReferenceAngle);
hold on
% belta 绕组时轴方向
DrawArrowPolar(0,0,ReferenceAngle + pi/2,BaseValue,AS,'k');
TextOut(BaseValue * cos(pi/2),...
    BaseValue * sin(pi/2),'F\beta',ReferenceAngle);


% 合成矢量 Resultant Vector
RV = 0;
for j = 1:2                             % 逐相绘制 alpha 和 belta
    I = Clarke(j);                      % 电流
    Ang = (j - 1) * pi/2;
    % 绕组、电流
    PolarWindingCurrent(Ang,IBase,I,Color(j),BaseValue)

    F = N2 * I;                         % 磁动势
    Ang = (j - 1) * pi/2 + pi/2;
    DrawArrowPolar(0,0,Ang,F,AS,Color(j),2);
    % 合成磁动势
    RV = RV + F * (cos(Ang) + 1j * sin(Ang));
end
Ang = angle(RV);
L = abs(RV);
DrawArrowPolar(0,0,Ang,L,AS,'k',2);
Trace2 = [Trace1;x,y];
if IsTrace == true                      % 绘制轨迹
    plot(Trace2(:,1),Trace2(:,2));
end
xlabel(['t = ' num2str(t(i))])          % 标注当前时间
```

```
        % 暂停一会
        pause(0.1);
    end
```

　　程序运行后,以类似动画的方式演示各个时刻各绕组磁动势和合成磁动势的位置关系。程序将 A 相电流 I_a 值设置为 0.8pu,图 8-11 显示了当三相不平衡时的椭圆磁场(可以自行改为 1pu,观察圆形磁场),各绕组磁动势和合成磁动势的关系示意图。

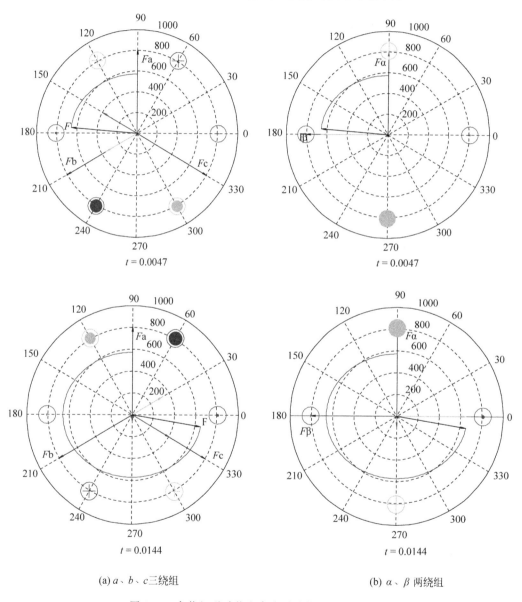

(a) a、b、c 三绕组　　　　　　　　　　　(b) α、β 两绕组

图 8-11　各绕组磁动势和合成磁动势的关系示意图

　　由图 8-11 可知,Clarke 变换得到的 α、β 各绕组磁动势在空间上是静止的,其值是正弦交变的,它们的合成磁动势与变换前的三绕组合成磁动势一样,保持空间方向和数值上的一致。

8.2　Park 变换（3S/2R）

8.2.1　Park 变换的由来

凸极机大部分电感系数随着转子的转动而变化,其原因大致有以下两点。

（1）转子在直轴和交轴方向的不对称磁路,使凸极机定子绕组的自感和互感系数不为常数,而隐极机自感和互感系数为常数。

（2）由于定子和转子之间的相对运动以致定子绕组和转子绕组之间的相对位置发生周期性变化,导致了定子绕组和转子绕组之间互感系数发生周期性变化。

变系数微分方程是磁链微分后代入原始电压方程得出来的,变系数微分方程的计算和分析都很困难,必须要用一种新的方法来解决,因此 Park 变换应运而生。

1929 年派克基于凸极同步电机的双反应理论,发表了 *Two-Reaction Theory of Synchronous Machines—Generalized Method of Analysis—Part* Ⅰ（AIEE, vol. 48, July 1929, pp, 716-727）的著名论文,将静止的相坐标系中的所有原始变量（电压、电流、磁链）都变换到与转子同步旋转的 d-q-0 正交坐标系,完全消除电感系数的时变因素和变磁阻因素,从而建立了著名的 Park 变换方程。

同步旋转的合成磁场是由三项定子绕组在气隙中产生的,而 Park 变换就是用一个假想的、随转子同步旋转的绕组来等效替代原来的三相定子绕组。根据等效的原则,不论使用什么样的绕组系统,只要可以在气隙中产生相同的合成旋转磁场,这个绕组系统就能和原来的三相定子绕组等效。

Park 变换将参考坐标从旋转电机的定子一侧转移到转子一侧的坐标变换。假定旋转电机的定子三相绕组在空间上互相差 120°呈正弦分布,转子 d、q 两轴绕组通直流电流,产生磁场沿气隙呈现正弦分布形式。定子绕组通均衡的三相交流电流产生的旋转磁场,与定子绕组通直流电流并且用同步角频率顺着相序旋转所产生的旋转磁场有相同的效应。

通过 Park 变换可以顺利解决发电机原始磁链方程中变系数的问题,发电机的电压方程由三相系统的变系数微分方程变成了 d、q、0 中的常系数微分方程,这就大大简化并方便了计算和分析。如果要将微分方程组的求解转化为代数方程的求解,则可以通过拉氏变换将关于时变量的微分方程转换为其象函数的代数方程。

当电动机的三相绕组通以对称的三相正弦电流时,就会产生合成磁动势,它是一个在空间以 ω 速度旋转的空间矢量。在实际的交流电机及其系统分析中,可以通过 Park 变换将参考坐标从旋转电机的定子一侧转移到转子一侧的坐标表示。下面将介绍两种变换形式及它们的推导过程,即经典 Park 变换与正交 Park 变换。

8.2.2　经典 Park 变换

1. 3S/2S 变换推导（*abc-αβ*）

电机定子三相绕组轴线 a、b、c 在空间是固定的,以 a 轴为参考坐标轴。$\alpha\beta$ 为两相静止坐标系,α 轴与 a 轴重合。当绕组中通以 i_a、i_b、i_c 三相电流,电流在空间合成电流矢量 I。空

间矢量 I 在 $\alpha\beta$ 轴上的投影为 i_α、i_β，如图 8-12 所示。

由上述讨论可知，在两相静止坐标系变换到两相旋转坐标系的过程中电流的空间合成矢量不发生变化

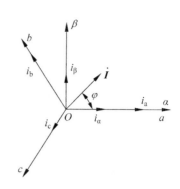

图 8-12　三相和两相坐标系与电流空间矢量图

$$\begin{cases} i_a = I\cos\varphi \\ i_b = I\cos(\varphi - 120°) \\ i_c = I\cos(\varphi + 120°) \end{cases} \tag{8.12}$$

$$\begin{cases} i_\alpha = I\cos\varphi \\ i_\beta = I\sin\varphi \end{cases} \tag{8.13}$$

i_a、i_b、i_c 与时间矢量 $\boldsymbol{i}$ 的关系满足关系式(8.12)，i_α、i_β 与时间矢量 $\boldsymbol{i}$ 的关系满足关系式(8.13)。

利用三角恒等式得到

$$\begin{cases} \cos(\varphi - \alpha) = \dfrac{2}{3}\left[\cos\alpha\cos\varphi + \cos(\varphi - 120°)\cos(\alpha - 120°) + \cos(\varphi + 120°)\cos(\alpha + 120°)\right] \\ \sin(\varphi - \alpha) = \dfrac{2}{3}\left[\sin\alpha\cos\varphi + \sin(\alpha - 120°)\cos(\varphi - 120°) + \sin(\alpha + 120°)\cos(\varphi + 120°)\right] \end{cases}$$

可从式(8.12)和式(8.13)得到

$$\begin{cases} i_\alpha = \dfrac{2}{3}\left(I\cos\varphi - \dfrac{1}{2}I\cos(\varphi - 120°) - \dfrac{1}{2}I\cos(\varphi + 120°)\right) \\ i_\beta = \dfrac{2}{3}\left(\dfrac{\sqrt{3}}{2}I\cos(\varphi - 120°) - \dfrac{\sqrt{3}}{2}I\cos(\varphi + 120°)\right) \end{cases} \tag{8.14}$$

写成矩阵形式为

$$\begin{bmatrix} i_\alpha \\ i_\beta \end{bmatrix} = \frac{2}{3}\begin{bmatrix} 1 & -\dfrac{1}{2} & -\dfrac{1}{2} \\ 0 & \dfrac{\sqrt{3}}{2} & -\dfrac{\sqrt{3}}{2} \end{bmatrix}\begin{bmatrix} i_a \\ i_b \\ i_c \end{bmatrix} \tag{8.15}$$

式中的变换矩阵为

$$\boldsymbol{C}_{3S/2S} = \frac{2}{3}\begin{bmatrix} 1 & -\dfrac{1}{2} & -\dfrac{1}{2} \\ 0 & \dfrac{\sqrt{3}}{2} & -\dfrac{\sqrt{3}}{2} \end{bmatrix} \tag{8.16}$$

式(8.16)是三相静止坐标系变换到两相静止坐标系的变换矩阵。

为了方便表示定子三相电流的不平衡系统，引用第三个新变量 i_0 为

$$i_0 = \frac{1}{3}(i_a + i_b + i_c) \tag{8.17}$$

则变换矩阵变为

$$\boldsymbol{C}_{3S/2S} = \frac{2}{3}\begin{bmatrix} 1 & -\dfrac{1}{2} & -\dfrac{1}{2} \\ 0 & \dfrac{\sqrt{3}}{2} & -\dfrac{\sqrt{3}}{2} \\ \dfrac{1}{2} & \dfrac{1}{2} & \dfrac{1}{2} \end{bmatrix} \tag{8.18}$$

由上述讨论可知,在三相静止坐标系变换到两相静止坐标系的变换过程中,变换前后电流的空间合成矢量相等。需要注意的是,在前面的 Clarke 变换中,图 8-1 中采用的是磁动势空间矢量等效。

2. 2S/2R 变换推导($\alpha\beta$-dq)

图 8-13 中有静止坐标系(α、β 坐标系)和以同步电机同步转速 ω 旋转的坐标系(d、q 坐标系),沿静止坐标系 $\alpha\beta$ 方向通以电流 i_{α}、i_{β},沿旋转坐标系 dq 方向通以电流 i_{d}、i_{q}。现要求两相静止坐标系中的两相电流 i_{α}、i_{β} 合成电流矢量和旋转坐标系中的电流 i_{d}、i_{q} 产生的合成电流矢量 I 相等。

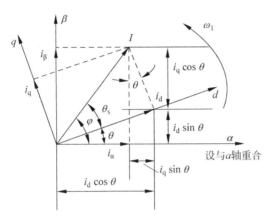

图 8-13　两相静止和旋转坐标的电流的空间矢量

α、β 坐标系是静止的,d、q 坐标系是旋转的,d 轴与 α 轴的夹角 θ 随时间变化而变化。由图 8-13 可知,i_{α}、i_{β} 和 i_{d}、i_{q} 存在着下列关系

$$\begin{cases} i_{\alpha} = i_{d}\cos\theta - i_{q}\sin\theta \\ i_{\beta} = i_{d}\sin\theta + i_{q}\cos\theta \end{cases} \tag{8.19}$$

写成矩阵形式为

$$\begin{bmatrix} i_{\alpha} \\ i_{\beta} \end{bmatrix} = \begin{bmatrix} \cos\theta & -\sin\theta \\ \sin\theta & \cos\theta \end{bmatrix} \begin{bmatrix} i_{d} \\ i_{q} \end{bmatrix} \tag{8.20}$$

式中的变换矩阵为

$$\boldsymbol{C}_{2R/2S} = \begin{bmatrix} \cos\theta & -\sin\theta \\ \sin\theta & \cos\theta \end{bmatrix} \tag{8.21}$$

式(8.22)是两相旋转坐标系变换到两相静止坐标系的变换矩阵。对式(8.20)两边都乘以变换矩阵的逆矩阵

$$\begin{bmatrix} i_{d} \\ i_{q} \end{bmatrix} = \begin{bmatrix} \cos\theta & -\sin\theta \\ \sin\theta & \cos\theta \end{bmatrix}^{-1} \begin{bmatrix} i_{\alpha} \\ i_{\beta} \end{bmatrix} = \begin{bmatrix} \cos\theta & \sin\theta \\ -\sin\theta & \cos\theta \end{bmatrix} \begin{bmatrix} i_{\alpha} \\ i_{\beta} \end{bmatrix} \tag{8.22}$$

则两相静止坐标系变换到两相旋转坐标系的变换矩阵为

$$\boldsymbol{C}_{2S/2R} = \boldsymbol{C}_{2R/2S}^{-1} = \begin{bmatrix} \cos\theta & \sin\theta \\ -\sin\theta & \cos\theta \end{bmatrix} \tag{8.23}$$

3. 3S/2R 变换推导(abc-$dq0$)

将式(8.15)代入式(8.22)可得

$$\begin{bmatrix} i_d \\ i_q \end{bmatrix} = \frac{2}{3} \begin{bmatrix} \cos\theta & \sin\theta \\ -\sin\theta & \cos\theta \end{bmatrix} \begin{bmatrix} 1 & -\dfrac{1}{2} & -\dfrac{1}{2} \\ 0 & \dfrac{\sqrt{3}}{2} & -\dfrac{\sqrt{3}}{2} \end{bmatrix} \begin{bmatrix} i_a \\ i_b \\ i_c \end{bmatrix}$$

$$= \frac{2}{3} \begin{bmatrix} \cos\theta & \cos(\theta-120°) & \cos(\theta+120°) \\ -\sin\theta & -\sin(\theta-120°) & -\sin(\theta+120°) \end{bmatrix} \begin{bmatrix} i_a \\ i_b \\ i_c \end{bmatrix} \tag{8.24}$$

为了方便表示定子三相电流的不平衡系统,引用第三个新变量 i_0 为

$$i_0 = \frac{1}{3}(i_a + i_b + i_c) \tag{8.25}$$

则从 a、b、c 静止坐标系到 d、q、0 旋转坐标系的 Park 变换式为

$$\begin{bmatrix} i_d \\ i_q \\ i_0 \end{bmatrix} = \frac{2}{3} \begin{bmatrix} \cos\theta & \cos(\theta-120°) & \cos(\theta+120°) \\ -\sin\theta & -\sin(\theta-120°) & -\sin(\theta+120°) \\ \dfrac{1}{2} & \dfrac{1}{2} & \dfrac{1}{2} \end{bmatrix} \begin{bmatrix} i_a \\ i_b \\ i_c \end{bmatrix} \tag{8.26}$$

从旋转坐标系 d、q、0 到静止坐标系 a、b、c 的 Park 变换式为

$$\begin{bmatrix} i_a \\ i_b \\ i_c \end{bmatrix} = \begin{bmatrix} \cos\theta & -\sin\theta & 1 \\ \cos(\theta-120°) & -\sin(\theta-120°) & 1 \\ \cos(\theta+120°) & -\sin(\theta-120°) & 1 \end{bmatrix} \begin{bmatrix} i_d \\ i_q \\ i_0 \end{bmatrix} \tag{8.27}$$

综上所述,在整个经典 Park 变换的过程中都保证了变换前后电流的空间合成矢量不发生变化。

8.2.3　经典 Park 变换仿真模块

基于 Simulink 平台的电力系统工具箱 SimPowerSystems 已经做好了现成的经典 Park 变换模型。Simulink 库浏览器中,选择 SimPowerSystems → Specialized Technology → Control and Measurements→Transformations 选项,在窗口右侧可以找到 abc to dq0 模块,即经典 Park 变换模型,下方还有经典 Park 逆变换模块 dq0 to abc,如图 8-14 所示。

将其复制到新建的 slx 文件中,参考 Clarke 变换模型的制作方法,按图 8-15 所示的方式构建仿真模型,保存为 Park_model. slx。图中示波器模块通过将其参数设置对话框的 General 选项卡中的 Number of axes 修改为"2",即可接收两个输入信号。

abc to dq0 模块设置界面如图 8-16 所示。需要设置的是旋转的 d 轴在初始时刻 wt＝0 时与 A 轴之间的关系,有与 A 轴重合(Aligned with phase A axis)和滞后 A 轴 90° (90 degrees behind phase A axis)两个选项。其区别我们在分析模型内部结构时进行进一步介绍。

图 8-14 SimPowerSystems 模块库

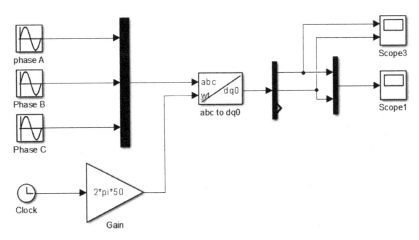

图 8-15 经典 Park 变换仿真模型

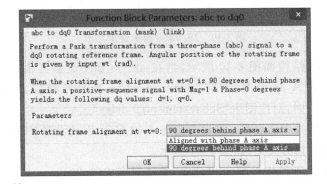

图 8-16 abc to dq0 模块设置界面

右击 abc to dq0 模块,在弹出的快捷菜单中选择 Look undermask 选项,可以观察模块封装的内部结构,如图 8-17 所示。

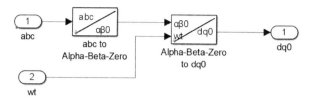

图 8-17 经典 Park 变换仿真模块内部结构

由图 8-17 可知,变换由 3S/2S 和 2S/2R 两部分组成。

1. 3S/2S 变换

3S/2S 变换的内部结构如图 8-18 所示,对应式(8.18)。

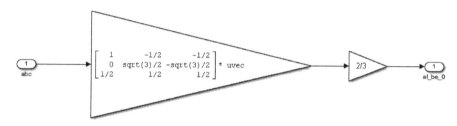

图 8-18 3S/2S 变换的内部结构

2. 2S/2R 变换

2S/2R 变换的实现比 3S/2S 略为复杂,其设置界面如图 8-19 所示。其值在本处不需要设置,它的值将由 abc to dq0 变换模块设置界面传入,通过程序进行设置。

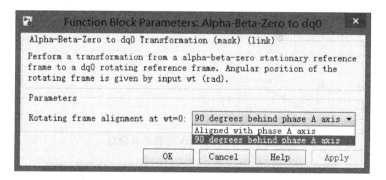

图 8-19 2S/2R 变换的设置界面

2S/2R 变换内部结构如图 8-20 所示,当在 abc to dq0 设置界面中选择与 A 轴重合(Aligned with phase A axis)时,对应“Subsystem1”;当选择滞后 A 轴 90°(90 degrees behind phase A axis)时,对应图中“Subsystem-pi/2 delay”。

由于在 3S/2S 变换中已经将 α 轴设置为与 A 轴重合,因此设置 d 轴与 A 轴的关系实际等价于设置 d 轴与 α 轴的关系,如图 8-21 所示。

Subsystem1 的内部结构如图 8-22 所示,算法对应式(8.22)。

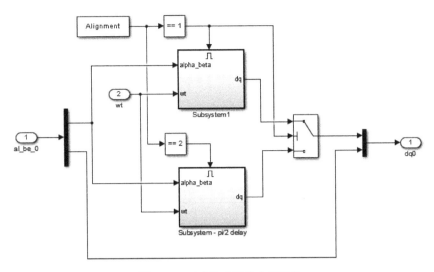

图 8-20 2S/2R 变换的内部结构

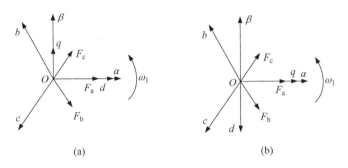

(a)   (b)

图 8-21 d 轴与 A 轴的两种关系

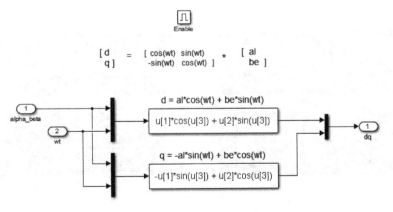

图 8-22 d 轴与 A 轴重合

Subsystem2 的内部结构如图 8-23 所示。

当 d 轴滞后 A 轴 90°，等价于参与运算的旋转角度是 $\theta-90°$，因此式（8.22）可以变换为

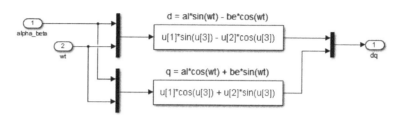

To add pi/2 delay on the dq rotating reference frame:

exp(-j*pi/2) * [cos(wt) sin(wt) = [sin(wt) -cos(wt)
                -sin(wt) cos(wt)]   cos(wt)   sin(wt)]

[d   = [sin(wt) -cos(wt)   [al
  q]   cos(wt)   sin(wt)]   be]

d = al*sin(wt) - be*cos(wt)
u[1]*sin(u[3]) - u[2]*cos(u[3])

q = al*cos(wt) + be*sin(wt)
u[1]*cos(u[3]) + u[2]*sin(u[3])

图 8-23 d 轴滞后 A 轴 90°

$$\begin{bmatrix} i_d \\ i_q \end{bmatrix} = \begin{bmatrix} \cos\left(\theta - \dfrac{\pi}{2}\right) & \sin\left(\theta - \dfrac{\pi}{2}\right) \\ -\sin\left(\theta - \dfrac{\pi}{2}\right) & \cos\left(\theta - \dfrac{\pi}{2}\right) \end{bmatrix} \begin{bmatrix} i_\alpha \\ i_\beta \end{bmatrix} = \begin{bmatrix} \sin\theta & -\cos\theta \\ \cos\theta & \sin\theta \end{bmatrix} \begin{bmatrix} i_\alpha \\ i_\beta \end{bmatrix} \tag{8.28}$$

式(8.28)被用于图 8-23 的计算过程中。

当 A、B、C 三相为余弦信号,幅值均设为 100,相位相差 120°,根据图 8-21,选择 d 轴与 A 轴重合时,应有 $i_d = 100, i_q = 0$；选择 d 轴滞后 A 轴 90°时,应有 $i_d = 0, i_q = 100$。仿真结果如图 8-24 所示。

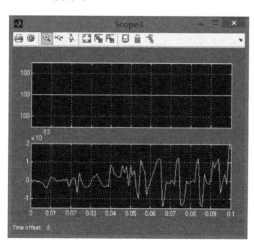

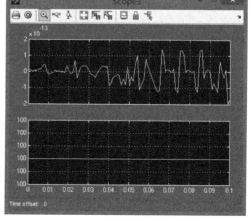

(a) d轴与A轴重合

(b) d轴滞后A轴90°

图 8-24 经典 Park 变换仿真结果

由图 8-24 可知,变换前的三相交流信号在变换后变为两个直流信号,$I_d \approx 100$,而 $I_q \approx 0$。图中的 I_d 和 I_q 都不是严格地等于 100 和 0,而是有非常小的误差,这是因为圆周率 π 是无理数,在 MATLAB 中存储时进行了截断处理,不可能完全等价。可以通过在 Command Window 中输入下列逻辑判断命令进行验证,即 sin(pi)在 MATLAB 中不等于 0。

```
>> sin(pi)
ans =
    1.2246e - 16
```

8.2.4　正交 Park 变换

1. 正交 3S/2R 变换推导(*abc-dq0*)

在 Clarke 变换过程中已经知道 Clarke 变换前后磁动势保持不变。图 7-6 绘出了 a、b、c 和 α、β 两个坐标系。三相绕组每相有效匝数为 N_3,两相绕组每相有效匝数为 N_2,各相磁动势为有效匝数与电流的乘积,其空间矢量均位于有关相的坐标轴上。

图 8-25 中有静止坐标系(α、β 坐标系)和以同步电机同步转速 ω 的旋转坐标系(d、q 坐标系)。静止坐标系(α、β 坐标系)的两相交流电流 i_α、i_β 和旋转坐标系(d、q 坐标系)的两个直流电流 i_d、i_q 产生同样的以同步转速 ω 旋转合成磁动势 F。由于 α β 和 dq 各相绕组匝数都相等(均为 N_2),因此在推导中,可以消去磁动势中的匝数,直接用电流表示。

α、β 坐系是静止的,d、q 坐标系是旋转的,d 轴与 α 轴的夹角 θ 随时间变化而变化。由图 8-25 可知 i_α、i_β 和 i_d、i_q 存在着下列关系

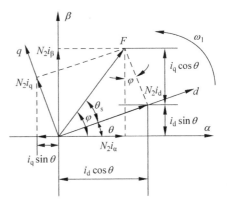

图 8-25　两相静止和旋转坐标的磁动势空间矢量

$$\begin{cases} i_\alpha = i_d\cos\theta - i_q\sin\theta \\ i_\beta = i_d\sin\theta + i_q\cos\theta \\ i_0 = i_0 \end{cases} \quad (8.29)$$

写成矩阵形式为

$$\begin{bmatrix} i_\alpha \\ i_\beta \\ i_0 \end{bmatrix} = \begin{bmatrix} \cos\theta & -\sin\theta & 0 \\ \sin\theta & \cos\theta & 0 \\ 0 & 0 & 1 \end{bmatrix} \begin{bmatrix} i_d \\ i_q \\ i_0 \end{bmatrix} \quad (8.30)$$

因此,2R/2S 变换矩阵为

$$C_{2R/2S} = \begin{bmatrix} \cos\theta & -\sin\theta & 0 \\ \sin\theta & \cos\theta & 0 \\ 0 & 0 & 1 \end{bmatrix} \quad (8.31)$$

式(8.31)是两相旋转坐标系变换到两相静止坐标系的变换矩阵。由上述推导可知,在两相静止坐标系变换到两相旋转坐标系的过程中磁动势的合成矢量不发生变化。

$C_{2R/2S}$ 的逆矩阵为

$$C_{2R/2S}^{-1} = \begin{bmatrix} \cos\theta & \sin\theta & 0 \\ -\sin\theta & \cos\theta & 0 \\ 0 & 0 & 1 \end{bmatrix} \quad (8.32)$$

对式(8.30)两边都乘以式(8.32),即得到两相静止坐标系变换到两相旋转坐标系的变换公式为

$$
\begin{bmatrix} i_d \\ i_q \\ i_0 \end{bmatrix} = \boldsymbol{C}_{2S/2R} \begin{bmatrix} i_\alpha \\ i_\beta \\ i_0 \end{bmatrix} = \begin{bmatrix} \cos\theta & \sin\theta & 0 \\ -\sin\theta & \cos\theta & 0 \\ 0 & 0 & 1 \end{bmatrix} \begin{bmatrix} i_\alpha \\ i_\beta \\ i_0 \end{bmatrix}
\tag{8.33}
$$

将式(8.10)代入式(8.33)得正交 Park 变换的变换式为

$$
\begin{bmatrix} i_d \\ i_q \\ i_0 \end{bmatrix} = \begin{bmatrix} \cos\theta & \sin\theta & 0 \\ -\sin\theta & \cos\theta & 0 \\ 0 & 0 & 1 \end{bmatrix} \sqrt{\frac{2}{3}} \begin{bmatrix} 1 & -\dfrac{1}{2} & -\dfrac{1}{2} \\ 0 & \dfrac{\sqrt{3}}{2} & -\dfrac{\sqrt{3}}{2} \\ \dfrac{1}{\sqrt{2}} & \dfrac{1}{\sqrt{2}} & \dfrac{1}{\sqrt{2}} \end{bmatrix} \begin{bmatrix} i_a \\ i_b \\ i_c \end{bmatrix}
$$

$$
= \sqrt{\frac{2}{3}} \begin{bmatrix} \cos\theta & \cos(\theta-120°) & \cos(\theta+120°) \\ -\sin\theta & -\sin(\theta-120°) & -\sin(\theta+120°) \\ \dfrac{1}{\sqrt{2}} & \dfrac{1}{\sqrt{2}} & \dfrac{1}{\sqrt{2}} \end{bmatrix} \begin{bmatrix} i_a \\ i_b \\ i_c \end{bmatrix}
\tag{8.34}
$$

其逆变换为

$$
\begin{bmatrix} i_a \\ i_b \\ i_c \end{bmatrix} = \sqrt{\frac{2}{3}} \begin{bmatrix} \cos\theta & -\sin\theta & \dfrac{1}{\sqrt{2}} \\ \cos(\theta-120°) & -\sin(\theta-120°) & \dfrac{1}{\sqrt{2}} \\ \cos(\theta+120°) & -\sin(\theta-120°) & \dfrac{1}{\sqrt{2}} \end{bmatrix} \begin{bmatrix} i_d \\ i_q \\ i_0 \end{bmatrix}
\tag{8.35}
$$

综上所述,正交 Park 变换前后的磁动势不发生变换。而在前面的经典 Park 变换中,采用的是电流空间合成矢量等效。

2. 正交 3S/2R 实现

在 MATLAB 模型窗口中选择 SimPowerSystems→Specialized Technology→Control and Measurements→Transformations 选项后虽然窗口中没有给出正交的 Clarke 和 Park 变换模块,但在许多的控制仿真实例中都有用到正交 Park 变换的应用实例。

图 8-26 给出了一个根据式实现的变换模型(ParkTransmodel_ZJ.slx),相关参数设置如表 8-1 所示。

表 8-1　正交 Park 变换仿真模型中信号源参数设置

Sine Wave 模块		参 数 设 置			
名称	实际信号	Amplitude	Frequency	Phase	Bias
Phase A	$\cos(\omega t)$	100	2 * pi * 50	0+pi/2	0
Phase B	$\cos(\omega t - 2\pi/3)$	100	2 * pi * 50	$-$pi * 2/3+pi/2	0
Phase C	$\cos(\omega t + 2\pi/3)$	100	2 * pi * 50	pi * 2/3+pi/2	0
sin	$\sin(\omega t)$	1	2 * pi * 50	0	0
cos	$\cos(\omega t)$	1	2 * pi * 50	pi/2	0

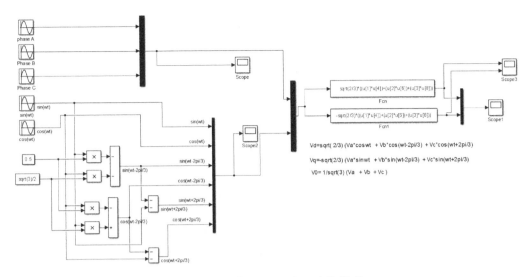

图 8-26 正交 Park(3S/2R)变换模型

表 8-1 中 PhaseA、PhaseB、PhaseC 的相位(Phase)均增加一个 pi/2,即将 Sine Wave 模块的输出由正弦波转化为余弦波。

此时在 $\theta_s=0$,$i_a=\cos\omega t$。$t=0$ 时刻,令 d 轴与 a 轴重合,从而 $\varphi=\theta=\omega t$。仿真结果如图 8-27 所示。

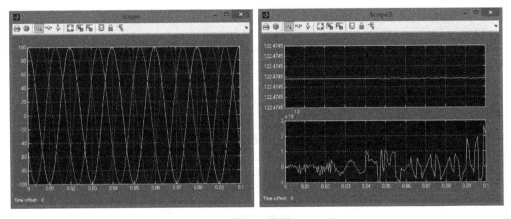

图 8-27 正交 Park 变换仿真结果

按表 8-1 所示参数对 PhaseA、PhaseB、PhaseC 进行初始化设置时,就等价于设置 $\theta_s=0$,把 θ_s 代入式(8.34)可知 $i_d\approx122.47$、$i_q=0$ 与示波器中的实验结果 $i_d\approx122.47$、$i_q\approx0$ 一致。

8.2.5 正交 Park 变换等效性认证

这里只对正交 Park 变换等效性进行验证,经典 Park 变换等效性验证程序留给读者自己进行编写。

前面已经说明,通过 Park 变换将三相静止绕组 a、b、c 变换到假想的两相旋转绕组 d、q,变换前后的两个坐标系上的合成磁势矢量应该相等。三相定子绕组与假想两相绕组磁动势示意图如图 8-28 所示。

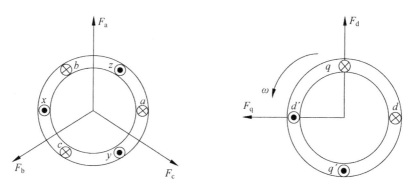

图 8-28   三相定子绕组与假想两相绕组磁动势示意图

可以通过程序代码来验证变换前后各时刻的合成磁动势方向。

注意：程序中的变量 Input 和 Park 是正交 Park 变换仿真模型运行后自动存入工作空间（WorkSpace）的，运行此段代码前，应确认这两个变量已经正确生成。

在编写验证程序中要用到 Clarke 等效验证程序中绘制向量箭头的函数 DrawArrowPolar 和绘制绕组及其电流大小的函数 PolarWindingCurrent。

【例 8-4】   撰写 M 文件验证 Park 变换前后磁动势等效（ParkTransPlors.m）。

```
clear all;
Irms = 220;                           % 有效值
f = 50;                               % 频率
alpha = 0;                            % 初始相角
% 时间从 0 到 0.1 秒,采样频率为 10000Hz
t = [0:0.02/200:0.1];
w = 2 * pi * f;                       % 角频率
% 电流波形数据
Ia = Irms * sqrt(2) * cos(w * t + alpha);
Ib = Irms * sqrt(2) * cos(w * t + alpha - 2 * pi/3);
Ic = Irms * sqrt(2) * cos(w * t + alpha + 2 * pi/3);
Iabc = [Ia; Ib; Ic];
N2 = sqrt(3);                         % 两相绕组每相有效匝数
N3 = sqrt(2);                         % 三相绕组每相有效匝数
k = sqrt(1/2);                        % 系数 k
figure(1);                            % 创建图形窗口
IBase = max(max(Iabc));
BaseValue = IBase * 1.5 * sqrt(3);    % 放大
Color = ['r','g','b'];                % 三相用不同颜色表示
% 参考轴
ReferenceAngle = pi/2;
% 箭头大小
AS = 50;
% 是否绘制轨迹
IsTrace = true;
Trace1 = [];
Trace2 = [];
for i = 1:length(t)
```

```matlab
% 变换前
subplot(1,2,1)                      % 绘制左边图形
hold off
% 合成磁动势空间矢量
RV = 0;
txt = {'Fa','Fb','Fc'};
for j = 1:3                         % 逐相绘制
    I = Iabc(j,i);                  % 电流
    Ang = (j - 1) * 2 * pi/3;

    % 时轴方向
    DrawArrowPolar(0,0,ReferenceAngle + Ang,BaseValue,AS,'k');
    hold on
    txt = {'Fa','Fb','Fc'};
    TextOut(BaseValue * cos(Ang),BaseValue * sin(Ang),...
        txt{j},ReferenceAngle);
    % 绕组、电流
    PolarWindingCurrent(Ang,IBase,I,Color(j),BaseValue)
    txt = {'A 相绕组','B 相绕组','C 相绕组'};
    TextOut(1.2 * BaseValue * cos(Ang),1.2 * BaseValue * sin(Ang),...
        txt{j},0);
    % 磁动势
    F = N3 * I;
    Ang = (j - 1) * 2 * pi/3 + pi/2;
    % 磁动势方向
    DrawArrowPolar(0,0,Ang,F,AS,Color(j),2);
    % 合成磁动势
    RV = RV + F * (cos(Ang) + 1j * sin(Ang));
end
Ang = angle(RV);
L = abs(RV);
DrawArrowPolar(0,0,Ang,L,AS,'k',2);
TextOut(L * cos(Ang),L * sin(Ang),'F',0);
[x,y] = pol2cart(Ang,L);
Trace1 = [Trace1;x,y];
if IsTrace == true                  % 绘制轨迹
    plot(Trace1(:,1),Trace1(:,2));
end
xlabel(['t = ' num2str(t(i))])      % 标注当前时间


% Park 变换后
subplot(1,2,2)                      % 绘制右边图形
% d 绕组与 a 绕组的夹角设为 60 度
theta = w * t(i) + pi/3;
hold off
% theta 为电流角度,则 dq 磁势方向 + pi/2,
% d 绕组磁动势方向
DrawArrowPolar(0,0,pi/2 + theta,BaseValue,AS,'k');
```

```
    TextOut(1.2 * BaseValue * cos(theta),...
        1.2 * BaseValue * sin(theta),'d 绕组',0);
    hold on
    DrawArrowPolar(0,0,pi + theta,BaseValue,AS,'k');
        TextOut(1.2 * BaseValue * cos(pi/2 + theta),...
        1.2 * BaseValue * sin(pi/2 + theta),'q 绕组',0);
    P = sqrt(2/3) * [cos(theta) cos(theta − pi * 2/3) cos(theta + pi * 2/3);
        − sin(theta)  − sin(theta − pi * 2/3)  − sin(theta + pi * 2/3);
        sqrt(1/2) sqrt(1/2) sqrt(1/2)];
    % 合成矢量 Resultant Vector;
    RV = 0;
    Idq0 = P * Iabc(:,i);                    % 电流
    txt = {'d 绕组' 'q 绕组'}
    for j = 1:2                              % 逐相绘制,alpha 和 belta
        I = Idq0(j);
        Ang = (j − 1) * pi/2 + theta;        % 在 dq 绕组位置绘制
        % 绘制绕组、电流
        PolarWindingCurrent(Ang,IBase,I,Color(j),BaseValue)


        F = N2 * I;                          % 磁动势
        Ang = Ang + pi/2;                    % 磁动势位置在绕组位置上逆时针 90°
        DrawArrowPolar(0,0,Ang,F,AS,Color(j),2);
        % 合成磁动势
        RV = RV + F * (cos(Ang) + 1j * sin(Ang));
    end
    Ang = angle(RV);
    L = abs(RV);
    DrawArrowPolar(0,0,Ang,L,AS,'k',2);
    TextOut(L * cos(Ang),L * sin(Ang),'F',0);
    Trace2 = [Trace1;x,y];
    if IsTrace == true                       % 绘制轨迹
        plot(Trace2(:,1),Trace2(:,2));
    end
    xlabel(['t = ' num2str(t(i))]) % 标注当前时间
    % 暂停一会
    pause(0.05);
end
```

程序运行后,以类似动画的方式演示各个时刻各绕组磁动势和合成磁动势的位置关系。图 8-29 显示了各绕组磁动势和合成磁动势的关系示意图。程序有意将 d 绕组的位置超前 A 相绕组 60°,在图中,从 $t=0$ 时刻对比 d 绕组与 A 相绕组的位置可以看出来。

由图 8-29 可知,Park 变换得到的 d、q 坐标轴以 ω 角速度绕空间旋转,其各绕组磁动势在空间上是旋转的,其值是直流量,它们的合成磁动势与变换前的二绕组合成磁动势一样,保持空间方向和数值上的一致。

此外需要注意图 8-11 中的磁动势与图 8-29 中同一时刻的磁动势相差 90°,这是因为 Clarke 变换仿真输入的信号是正弦量而 Park 变换的仿真输入的是余弦量。

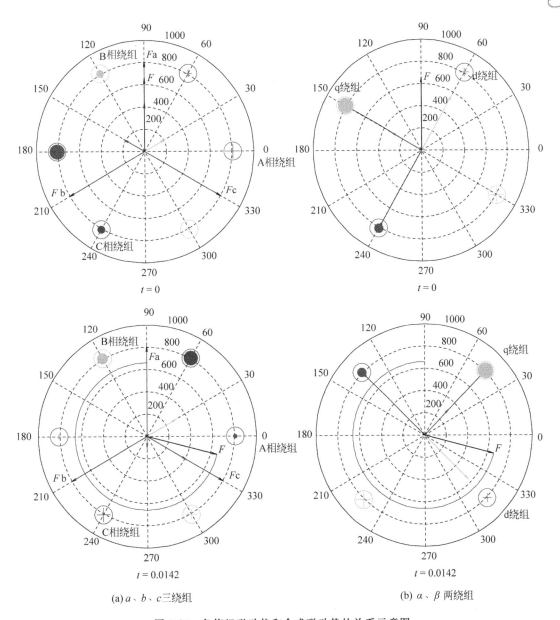

(a) a、b、c三绕组　　　　　(b) α、β 两绕组

图 8-29　各绕组磁动势和合成磁动势的关系示意图

Park 变换的意义如下。

（1）从数学意义上讲，Park 变换只是一个坐标变换而已，从 abc 坐标变换到 $dq0$ 坐标，u_a、u_b、u_c、i_a、i_b、i_c，磁链 a、磁链 b、磁链 c 这些量都变换到 $dq0$ 坐标中，如果有需要可以逆变换回来。

（2）从物理意义上讲，Park 变换就是将 i_a、i_b、i_c 电流投影，等效到 d、q 轴上，将定子上的电流都等效到直轴和交轴上去。对于稳态来说，这么等效之后，i_q、i_d 正好就是一个常数。

（3）从观察者的角度来讲，观察已经从定子转移到转子上，不再关心定子 3 个绕组所产生的旋转磁场，而是关心这个等效之后的直轴和交轴所产生的旋转磁场。

8.3 工程上的 Park 变换

8.3.1 初始相位对变换结果的影响

当定子三相加工频正序电流

$$\begin{cases} i_a = I_m \cos(\omega t + \theta_s) \\ i_b = I_m \cos(\omega t + \theta_s - 120°) \\ i_c = I_m \cos(\omega t + \theta_s + 120°) \end{cases} \tag{8.36}$$

其角频率 ω 与转子电角速度相等时,设 $t=0$ 时,d 轴与 a 轴重合,如图 8-13 所示,则任意时刻 θ 和 ω 为

$$\begin{cases} \theta = \omega t \\ \varphi = \omega t + \theta_s \end{cases} \tag{8.37}$$

图 8-13 中的 θ_s 实际是电流的初始相位角。将式(8.36)和式(8.37)代入式(8.26)得

$$\begin{bmatrix} i_d \\ i_q \\ i_0 \end{bmatrix} = \frac{2}{3} \begin{bmatrix} \cos\omega t & \cos(\omega t - 120°) & \cos(\omega t + 120°) \\ -\sin\omega t & -\sin(\omega t - 120°) & -\sin(\omega t + 120°) \\ \frac{1}{2} & \frac{1}{2} & \frac{1}{2} \end{bmatrix} \begin{bmatrix} I_m \cos(\omega t + \theta_s) \\ I_m \cos(\omega t + \theta_s - 120°) \\ I_m \cos(\omega t + \theta_s + 120°) \end{bmatrix}$$

$$= \begin{bmatrix} I_m \cos(\theta_s) \\ I_m \sin(\theta_s) \\ 0 \end{bmatrix} \tag{8.38}$$

由式(8.38)可知,经过 Park 变换后,d 轴和 q 轴上的投影值是受初始时刻信号的相位角所决定的。

【例 8-5】 撰写 M 文件验证式(8.38)的变换结果(PTrans_ThetaS.m)。

```
Syms wt theta_s Im;
theta = wt;
phi = wt + theta_s;
Iabc = Im * [cos(wt + theta_s); cos(wt + theta_s - 2 * pi/3); cos(wt + theta_s + 2 * pi/3)];
P = 2/3 * [cos(wt), cos(wt - 2 * pi/3), cos(wt + 2 * pi/3);
    - sin(wt), - sin(wt - 2 * pi/3), - sin(wt + 2 * pi/3);
    1/2, 1/2, 1/2;];
Idq0 = P * Iabc;
simplify(Idq0)
ans =

Im * cos(theta_s)
Im * sin(theta_s)
```

8.3.2 频率波动对变换结果的影响

在实际的电力系统中,系统频率总是存在微小的波动。此时 Park 变换的结果也会出现一些有特征的变化。可以设

$$\begin{cases} i_a = I_m\cos((\omega+\Delta\omega)t+\theta_s) \\ i_b = I_m\cos((\omega+\Delta\omega)t+\theta_s-120°) \\ i_c = I_m\cos((\omega+\Delta\omega)t+\theta_s+120°) \end{cases} \tag{8.39}$$

经过整理可得

$$\begin{cases} i_a = I_m\cos(\omega t+\Delta\omega t+\theta_s) \\ i_b = I_m\cos(\omega t+\Delta\omega t+\theta_s-120°) \\ i_c = I_m\cos(\omega t+\Delta\omega t+\theta_s+120°) \end{cases} \tag{8.40}$$

令 $\Delta\omega t+\theta_s=\theta_s'$，将 θ_s' 代入式(8.36)、式(8.38)中，可得

$$\begin{bmatrix} i_d \\ i_q \\ i_0 \end{bmatrix} = \begin{bmatrix} I_m\cos(\theta_s') \\ I_m\sin(\theta_s') \\ 0 \end{bmatrix} \tag{8.41}$$

由于电网的合格频率为 $49.5\sim50.5\mathrm{Hz}$，$\Delta\omega$ 较小，此时的等效 d 轴电流和 q 轴电流会出现交变，而不再是直流形式。

【例 8-6】　撰写 M 文件说明频率波动对 Park 变换结果(PfPark.m)。

```
clear all;
% 频率
w1 = 2 * pi * 49.5;
w = 2 * pi * 50;
% 幅值
V = 100;
% 预备数组变量
Vdqo = [ ];
% 5s
for t = 0:0.02/100:5;
    Vabc = [V * cos(w1 * t);
        V * cos(w1 * t - 2 * pi/3);
        V * cos(w1 * t + 2 * pi/3)];
    % 派克变换矩阵
    theta = w * t;
    P = [cos(theta), cos(theta - 2 * pi/3), cos(theta + 2 * pi/3);
        - sin(theta), - sin(theta - 2 * pi/3), - sin(theta + 2 * pi/3);
        1/2,1/2,1/2] * 2/3;
    % dq0
    Vdqo = [Vdqo, P * Vabc];
end
% 绘图
plot([0:0.02/100:5],Vdqo)
```

程序运行结果如图 8-30 所示，$0.5\mathrm{Hz}$ 的频差将导致 dq 值产生周期为 2s 的正弦变化。

也可将 8.2.3 节中的仿真模型(Park_model.slx)的三相信号源修改为 $49.5\mathrm{Hz}$，同时将仿真时间延长到 5s，可观察到如图 8-31 所示的变化。

模型 Park_model.slx 使用了一个固定的时钟+放大器来模拟 d 轴的旋转，工程上实际是运用 PLL 锁频锁相装置来跟踪输入信号的频率，以产生稳定的 d 轴和 q 轴分类，为有功

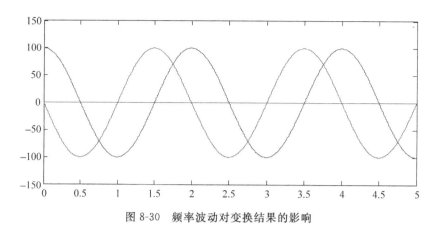

图 8-30   频率波动对变换结果的影响

或无功的控制提供依据。图 8-31 实际反映的也是一种锁相失败后的外在现象,波形的周期 $T=2\text{s}$,对应 0.5Hz 的频差。工程上,若 dq 出现低频率的变化,说明锁频锁相装置的精确度有待提高。

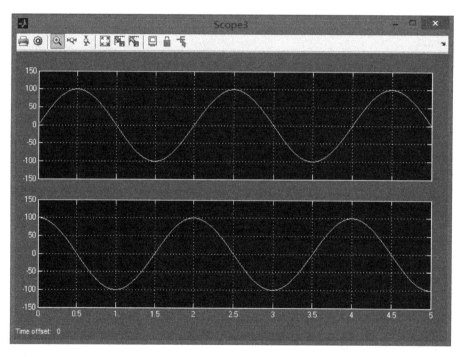

图 8-31   频率波动对变换结果的影响

8.3.3   三相不对称对变换结果的影响

三相不对称实际可以分解为正序、负序和零序 3 个分量来分别进行变换。

【例 8-7】   撰写 M 文件说明正序、负序和零序分量的 Park 变换结果(PNOPark.m)。

```
clear all;
% 频率
```

```
w = 2 * pi * 50;
% 幅值
VP = 100;
VN = 10;
V0 = 10;
% 预备数组变量
VPdqo = [];
VPNdqo = [];
VP0dqo = [];
% 5 周波
for t = 0:0.02/100:0.1;
    VPabc = [VP * cos(w * t);
        VP * cos(w * t - 2 * pi/3);
        VP * cos(w * t + 2 * pi/3)];
    VNabc = [VN * cos(w * t);
        VN * cos(w * t + 2 * pi/3);
        VN * cos(w * t - 2 * pi/3)];
    V0abc = [V0 * cos(w * t);
        V0 * cos(w * t);
        V0 * cos(w * t)];
    % 派克变换矩阵
    theta = w * t;
    P = [cos(theta), cos(theta - 2 * pi/3), cos(theta + 2 * pi/3);
        - sin(theta),  - sin(theta - 2 * pi/3),  - sin(theta + 2 * pi/3);
        1/2,1/2,1/2] * 2/3;
    % dq0
    VPdqo = [VPdqo,P * VPabc];
    VPNdqo = [VPNdqo,P * (VPabc + VNabc)];
    VP0dqo = [VP0dqo,P * (VPabc + V0abc)];
end
% 绘图
subplot(3,1,1)
plot([0:0.02/100:0.1],VPdqo)
subplot(3,1,2)
plot([0:0.02/100:0.1],VPNdqo)
subplot(3,1,3)
plot([0:0.02/100:0.1],VP0dqo)
```

　　程序运行结果如图 8-32 所示。由于负序分量旋转方向相反,在 dq 分量上产生二倍频分量,而零序分量则在 0 分量上产生倍频分量。

　　了解以上不同情况下的 Park 变换结果,有助于在实际工程应用中了解和分析控制过程中产生的各种情况。

8.3.4　线电压/线电流作为输入

　　前面提到当 d 轴与 A 轴重合时,根据式(8.15)和式(8.22),有式(8.25)成立,为方便叙述,重写为

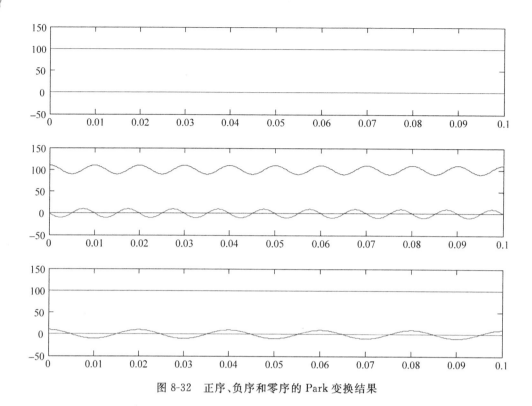

图 8-32 正序、负序和零序的 Park 变换结果

$$\begin{bmatrix} i_{\mathrm{d}} \\ i_{\mathrm{q}} \end{bmatrix} = \frac{2}{3} \begin{bmatrix} \cos\theta & \sin\theta \\ -\sin\theta & \cos\theta \end{bmatrix} \begin{bmatrix} 1 & -\dfrac{1}{2} & -\dfrac{1}{2} \\ 0 & \dfrac{\sqrt{3}}{2} & -\dfrac{\sqrt{3}}{2} \end{bmatrix} \begin{bmatrix} i_{\mathrm{a}} \\ i_{\mathrm{b}} \\ i_{\mathrm{c}} \end{bmatrix} \tag{8.42}$$

在 a、b、c 三相对称的情况下,有时也采用线电压或线电流作为输入,经过简单推导,可以得到

$$\begin{bmatrix} i_{\mathrm{d}} \\ i_{\mathrm{q}} \end{bmatrix} = \frac{2}{3} \begin{bmatrix} \cos\theta & \dfrac{1}{2}\cos\theta + \dfrac{\sqrt{3}}{2}\sin\theta \\ -\sin\theta & -\dfrac{1}{2}\sin\theta + \dfrac{\sqrt{3}}{2}\cos\theta \end{bmatrix} \begin{bmatrix} i_{\mathrm{a}} - i_{\mathrm{b}} \\ i_{\mathrm{b}} - i_{\mathrm{c}} \end{bmatrix} \tag{8.43}$$

以上结论也可以通过下面命令得到:

```
>> syms theta real;
>> [cos(theta) sin(theta); - sin(theta) cos(theta)] * [1 -1/2 -1/2;0 sqrt(3)/2 - sqrt(3)/2]
ans =
  [ cos(theta), (3 ^ (1/2) * sin(theta))/2 - cos(theta)/2, - cos(theta)/2 - (3 ^ (1/2) * sin
(theta))/2]
[ - sin(theta), sin(theta)/2 + (3 ^ (1/2) * cos(theta))/2, sin(theta)/2 - (3 ^ (1/2) * cos
(theta))/2]
```

合并 i_{a}、i_{b}、i_{c} 为 $i_{\mathrm{a}} - i_{\mathrm{b}}$、$i_{\mathrm{b}} - i_{\mathrm{c}}$,容易看出 ans 的第一列及对第三列取反即为式(8.43)中的方阵。

同理,当 d 轴滞后 A 轴 $90°$,等价于参与运算的旋转角度为 $\theta - 90°$,因此式(8.28)可以

变为

$$
\begin{bmatrix} i_\mathrm{d} \\ i_\mathrm{q} \end{bmatrix} = \begin{bmatrix} \sin\theta & -\cos\theta \\ \cos\theta & \sin\theta \end{bmatrix} \frac{2}{3} \begin{bmatrix} 1 & -\dfrac{1}{2} & -\dfrac{1}{2} \\ 0 & \dfrac{\sqrt{3}}{2} & -\dfrac{\sqrt{3}}{2} \end{bmatrix} \begin{bmatrix} i_\mathrm{a} \\ i_\mathrm{b} \\ i_\mathrm{c} \end{bmatrix} \tag{8.44}
$$

补充零轴后，有

$$
\begin{bmatrix} i_\mathrm{d} \\ i_\mathrm{q} \\ i_0 \end{bmatrix} = \frac{2}{3} \begin{bmatrix} \sin\theta & \sin(\theta-120°) & \sin(\theta+120°) \\ \cos\theta & \cos(\theta-120°) & \cos(\theta+120°) \\ \dfrac{1}{2} & \dfrac{1}{2} & \dfrac{1}{2} \end{bmatrix} \begin{bmatrix} i_\mathrm{a} \\ i_\mathrm{b} \\ i_\mathrm{c} \end{bmatrix} \tag{8.45}
$$

在 a、b、c 三相对称的情况下，根据式(8.44)，也可以推导得到

$$
\begin{bmatrix} i_\mathrm{d} \\ i_\mathrm{q} \end{bmatrix} = \frac{2}{3} \begin{bmatrix} \sin\theta & \dfrac{1}{2}\sin\theta - \dfrac{\sqrt{3}}{2}\cos\theta \\ \cos\theta & \dfrac{1}{2}\cos\theta + \dfrac{\sqrt{3}}{2}\sin\theta \end{bmatrix} \begin{bmatrix} i_\mathrm{a}-i_\mathrm{b} \\ i_\mathrm{b}-i_\mathrm{c} \end{bmatrix} \tag{8.46}
$$

式(8.43)和式(8.46)在异步电机的仿真中将被用到。但需要注意，这种变换在任意一个瞬时，都有 $I_\mathrm{a}+I_\mathrm{b}+I_\mathrm{c}=0$ 的情况下适用，此时变换后的零分量为0。

不满足 $I_\mathrm{a}+I_\mathrm{b}+I_\mathrm{c}=0$ 时，正变换不会出错，但由于忽略了0分量，反变换将得不到原始信号的值，参考下列程序。

【例 8-8】 撰写 M 文件说明不平衡时，以线电压或线电流作为参数的 Park 反变换结果 (ParkUnbalance.m)。

以电压量为例，编写程序如下：

```
Rec_Uabc = [];
Rec_Udq0 = [];
Rec_Uqd = [];
Rec_UabcInv = [];
tt = 0:0.02/50:0.1;
for t = tt                    % 显示5个周波
    alpha = 2 * 50 * pi * t;
    % 不平衡信号
    Uabc = [20 * cos(alpha);
        10 * cos(alpha - 2 * pi/3);
        10 * cos(alpha + 2 * pi/3)]
    Rec_Uabc = [Rec_Uabc, Uabc];
    % Park 变换矩阵
    theta = alpha;           % 可以自行加初始角度
    P = [cos(theta), cos(theta - 2 * pi/3), cos(theta + 2 * pi/3);
        - sin(theta), - sin(theta - 2 * pi/3), - sin(theta + 2 * pi/3);
        1/2,1/2,1/2] * 2/3;
    % dq0,含0轴
    Udq0 = P * Uabc;
    % Park 变换矩阵
    theta_c = theta;
    P_theta_c = 1/3 * [2 * cos(theta_c) cos(theta_c) + sqrt(3) * sin(theta_c);
```

```
                      - 2 * sin(theta_c)  - sin(theta_c) + sqrt(3) * cos(theta_c)];
        % 线电压、电流形式
        Uab = Uabc(1) - Uabc(2);
        Ibc = Uabc(2) - Uabc(3);
        Uqd = P_theta_c * [Uab;Ibc];
        % 不平衡下,反 Park 变换回来的情况
        Uab = P_theta_c ^ - 1 * Uqd;
        Ua = (2 * Uab(1) + Uab(2))/3;
        Uc = - (Uab(1) + 2 * Uab(2))/3;
        Ub = - Ua - Uc;
        UabcInv = [Ua;Ub;Uc];
        % 记录
        Rec_Udq0 = [Rec_Udq0,Udq0];
        Rec_Uqd = [Rec_Uqd,Uqd];
        Rec_UabcInv = [Rec_UabcInv,UabcInv];
end
% 绘制图形
subplot(2,2,1)
plot(tt,Rec_Udq0)
title('(a) 相电压变化')
subplot(2,2,2)
plot(tt,Rec_Uqd)
title('(b) 线电压变化')
subplot(2,2,3)
plot(tt,Rec_Uabc)
title('(c) 原始波形')
subplot(2,2,4)
plot(tt,Rec_UabcInv)
title('(d) 反变换波形')
```

程序运行结果如图 8-33 所示。

由图 8-33 可知,使用三相线电压作为输入进行 Park 变换,qd 值与使用三相相电压变换没有区别,但由于丢弃了 0 分量值,因此反变换回来的结果与原始信号是不一致的。

事实上,这种变换方式也无意将信号进行反变换,而是在 Y 型电路中性点不接地的条件下,利用线电压在不需要知道中性点电压的情况下计算各相电流的有效方法,具体应用可以参考异步电机仿真模型。

8.3.5　参考轴与有功无功解耦

用经典 Park 变换,可导出 $dq0$ 坐标下三相交流电的瞬时功率值为

$$
\begin{aligned}
P_e &= u_{abc}^T i_{abc} = (P(\theta_r)^{-1} u_{dq0})^T (P(\theta_r)^{-1} i_{dq0}) \\
&= u_{dq0}^T [(P(\theta_r)^{-1})^T (P(\theta_r)^{-1})] i_{dq0} \\
&= u_{dq0}^t
\begin{bmatrix}
\dfrac{3}{2} & 0 & 0 \\
0 & \dfrac{3}{2} & 0 \\
0 & 0 & 3
\end{bmatrix}
i_{dq0} - \frac{3}{2}(u_d i_d + u_q i_q) + 3u_0 i_0
\end{aligned}
\tag{8.47}
$$

使用正交 Park 变换则有

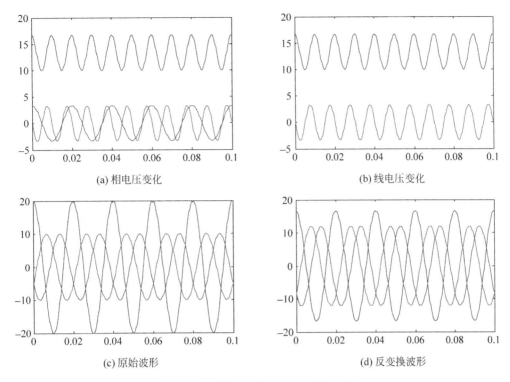

(a) 相电压变化　　　　　　　　　　　(b) 线电压变化

(c) 原始波形　　　　　　　　　　　(d) 反变换波形

图 8-33　三相线电压的 Park 变换对比

$$P_{\mathrm{e}} = (u_{\mathrm{d}}i_{\mathrm{d}} + u_{\mathrm{q}}i_{\mathrm{q}}) + u_0 i_0 \tag{8.48}$$

以上结果可用下面程序进行验证：

```
%经典 Park 变换矩阵
P = [cos(theta), cos(theta - 2 * pi/3), cos(theta + 2 * pi/3);
    - sin(theta), - sin(theta - 2 * pi/3), - sin(theta + 2 * pi/3);
    1/2,1/2,1/2] * 2/3;
simplify((P ^ - 1)' * (P ^ - 1))

%正交 park 变换矩阵
P = [cos(theta), cos(theta - 2 * pi/3), cos(theta + 2 * pi/3);
    - sin(theta), - sin(theta - 2 * pi/3), - sin(theta + 2 * pi/3);
    sqrt(1/2),sqrt(1/2),sqrt(1/2)] * sqrt(2/3);
simplify((P ^ - 1)' * (P ^ - 1))
ans =
[ 3/2, 0, 0]
[  0, 3/2, 0]
[  0, 0, 3]

ans =
[ 1, 0, 0]
[ 0, 1, 0]
[ 0, 0, 1]
```

Park 变换下的有功无功计算示意图如图 8-34 所示。

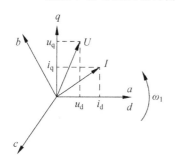

图 8-34　Park 变换下的有功无功
计算示意图

若不考虑零序分量，根据图 8-34 视在功率的计算公式 $S = U \overset{*}{I} = (u_d + j u_q)(i_d - j i_q)$ 可知

$$P + jQ = (u_d i_d + u_q i_q) + j(u_q i_d - u_d i_q) \qquad (8.49)$$

因此对三相瞬时无功功率有

$$Q = (u_q i_d - u_d i_q) \qquad (8.50)$$

在 8.2.3 节中提到 d 轴与 A 轴的关系，经过 Park 变换后，d 轴和 q 轴上的投影值也受 d 轴的初始方向所决定。由式(8.49)可知，若以三相电压为参考，则有以下两个结论。

(1) d 轴与 A 轴重合，则有 $u_q = 0$，从而 $P = u_d i_d$，$Q = -u_d i_q$。

(2) d 轴滞后 A 轴 90°，则有 $u_d = 0$，从而 $P = u_q i_q$，$Q = u_q i_d$。

在多数控制案例中，如整流逆变过程中，有功无功为控制目标，以系统电压为参考，运用 Park 变换可以将交变的三相电流变换成 d 轴和 q 轴的两个直流量，同时实现有功无功的解耦。有参考书提到"d 轴上电流相当于定子三相基波有功电流的作用，q 轴上电流则相当于定子三相基波无功电流的作用"，此说法是以 d 轴与 A 轴重合为前提条件的。在实际运用中，要根据控制目标，选择合适的参考轴，简化控制方法和控制器设计。

8.4　小结

Clarke 变换和 Park 变换都是一个坐标系的坐标变换为另一种坐标系的坐标的法则。本章通过一些简单的 MATLAB 编程和建模案例，学习和了解 Clarke 变换和 Park 变换的由来及相互关系，并简单讨论了它们在工程应用时可能会出现的一些现象。通过这些实例的学习，有利于在今后的实践工作中从原理上查找可能引发各类故障的原因或控制失败的方法。

第9章

直流电机仿真模型

本章将通过观察 SimPowerSystems 中的直流电机模型,了解直流电机的数学模型和仿真模型之间的关系,并进一步熟悉 Simulink 中相关模块的使用。

9.1 直流电机模块

新建一个空白的 mdl 文件,从 SimPowerSystems 工具箱的 Machine 模块库中,可以拖曳一个直流电动机模块到对应窗口,如图 9-1(a)所示。

图 9-1(a)中,①A+和 A-分别是电枢电路的正负极;②F+和 F-分别是励磁电路的正负极,加入励磁电压 U_f;③TL 是电机负载的机械转矩;④m 是系统内部状态输出(观测用)。

右击该直流电动机模块,选择 Mask→Look under mask 选项,直流电动机仿真模型的内部结构如图 9-1(b)所示。

在直流电动机调速系统中通常是以他励式直流电动机为控制对象,其结构如图 9-2所示。

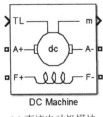

(a) 直流电动机模块

图 9-1　直流电动机仿真模型

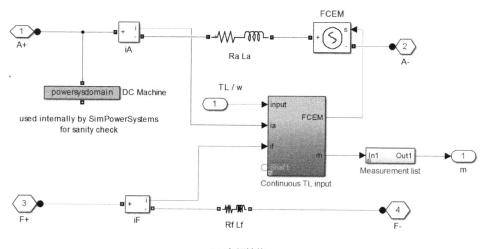

(b) 内部结构

图 9-1 （续）

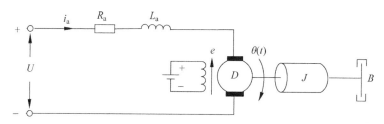

图 9-2 他励式直流电动机结构

从下节起从直流电动机的数学模型开始分析,逐渐过渡到 MATLAB 的仿真模型,借此方式学习如何利用 MATLAB 的 Simulink 仿真平台来根据对象的数学模型建立仿真模型,并进行相关仿真分析。

9.2 励磁回路

励磁回路的电压方程为

$$U_f = i_f R_f + L_f \frac{\mathrm{d}i_f}{\mathrm{d}t} \tag{9.1}$$

式中,U_f 为励磁电压;i_f 为励磁电流;R_f 为励磁回路电阻;L_f 为励磁回路自感。

故励磁回路的建模如图 9-1(b) 的下半部分所示,为方便说明,重画如图 9-3 所示。

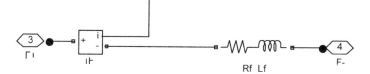

图 9-3 励磁回路仿真

F＋和F－之间串联着励磁绕组的电阻模块 Rf 和电感模块 Lf,电流测量模块 iF 测量励磁电流 i_f。得到励磁电流 i_f 后,送往 Mechanics 模块进行磁通量等下一步计算。

9.3 电枢回路

直流电动机电枢回路如图 9-4 所示。

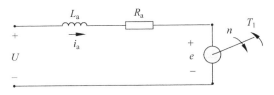

图 9-4 直流电动机电枢回路

电动机的电势方程可表示为

$$U = E_a + i_a R_a + L_a \frac{\mathrm{d}i_a}{\mathrm{d}t} \tag{9.2}$$

式中,U 为电枢电压;i_a 为电枢电流;R_a 为电枢回路电阻;L_a 为电枢回路自感;E_a 为反电动势。

在图 9-1(b)上半部分,完成对电枢回路的建模,如图 9-5 所示。

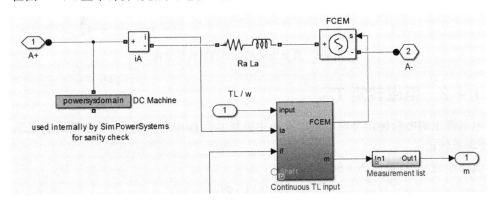

图 9-5 电枢回路仿真

A＋和 A－之间串联着电枢绕组的电阻模块 Ra 和电感模块 La,电流测量模块 iA 测量电枢电流 i_a。

模块 FCEM(Counter-ElectroMotive Force)用一个可控电压源模块模拟了电枢回路的反电动势 E_a,该反电动势的大小完全受模块 FCEM 的输入端 s 控制。例如,如果 s 端送入一个幅值为 100 的正弦信号,则模块 FCEM 的"＋""－"两端端子之间为 100V 的正弦交流电。

注意:电流测量模块和可控电压源模块为 SimPowerSystems 工具箱中的模块和 Simulink 中的通用模块搭建一道桥梁,它们相当于实际系统中强电部分和弱电部分之间的连接。我们应该注意到这两类模块端子的形式不一样:SimPowerSystems 中模块端子采用小方形标记,没有方向性;而 Simulink 中的模块的端子采用小箭头标记,箭头的方向明确地指示了该模块的端子是输入还是输出。

9.4 机械部分

9.4.1 仿真模型

双击图 9-1(b)中的 Continuous TL input 模块,内部结构如图 9-6 所示。

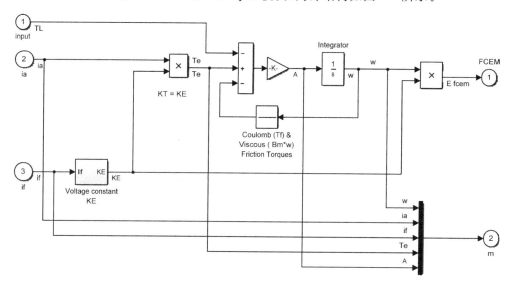

图 9-6 直流电动机机械部分内部结构

9.4.2 电磁转矩 T_e

电枢绕组的电磁转矩是由电枢电流和主磁场共同作用产生的(左手定则),它是驱动转矩,使电枢转动。

其大小表示为(单位 N·m)

$$T_e = C_T \Phi I_a \tag{9.3}$$

式中,C_T 为由电机结构确定的一个常数,称为转矩常数;Φ 为每极磁通(Wb);I_a 为电枢电流(A)。

电磁转矩的方向由磁通方向和电枢电流方向决定,改变其中任意一个的方向,电磁转矩的方向都会随之改变。

当不计饱和时:$\Phi \propto I_f$,即 $\Phi = K_f I_f$

$$T_e = C_T K_f I_f I_a = C_{af} I_f I_a \tag{9.4}$$

式中,$C_{af} = C_T K_f$ 为运动电动势常数。

MATLAB 提供的直流电动机模型中,使用磁场与电枢绕组之间互感 Laf(Field-armature mutual inductance)取代运动电动势常数 C_{af},并有

$$T_e = K_T I_a = L_{af} I_f I_a \tag{9.5}$$

式中,K_T 为电动机额定励磁下的转矩电流比,单位为 N·m/A。

在模型中加入一时间常数为 0.000020 的一阶惯性环节,用于打破 if 和 FECM 之间的

代数环。

注意：代数环(Algebraic Loop)发生在两个或多个模块在输入端口具有信号直接传递而形成反馈的情况时，直接传递的模块在不知输入端口的值的情况下无法计算出输出端的值，也就是现在时刻的输出是依赖现在时刻的输入值来计算的。当这种情况出现时Simulink会在每一次迭代计算完成时，去决定它是否会有解。代数回路会减缓方真执行的速度并可能会没有解。

在较早的 MATLAB 版本中，采用如图 9-7(a)所示方式完成对式(9.5)的仿真。在较新的版本中，采用图 9-7(b)的方式实现，其内部结构如图 9-7(c)所示，图中用 KE 为电动势转速比，可参考 9.4.4 节说明。两者实际是等价的，读者可以根据自动控制原理中开闭环传递函数相关知识自行进行推导。

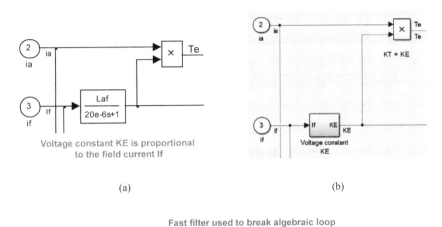

(a)   (b)

(c)

图 9-7 电磁转矩仿真

注意：双击图 9-7(c)中积分模块，可以看到积分模块的初始值被设置为 Ifinit，为励磁回路的初始电流。在 9.6 节中将继续说明。

9.4.3 转矩平衡方程

直流电动机的转矩平衡方程为

$$J\,\frac{\mathrm{d}\omega}{\mathrm{d}t} = T_e - T_L - (\mathrm{Sign}(\omega)T_f + B_m\omega) \tag{9.6}$$

式中，ω 为转速(rad/s)；J 为机组旋转部分的总转动惯量(kg·m^2)；T_e 为电机的电磁转矩(N·m)；T_L 为电机的负荷制动转矩(N·m)；T_f 为电机的静摩擦转矩(N·m)；B_m 为黏滞摩擦系数。

将转矩平衡方程进行拉普拉斯变换，写出传递函数，按图 9-8 所示的结构进行模拟即可。

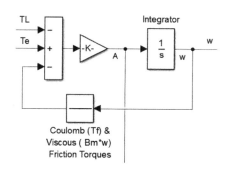

图 9-8 转矩平衡方程的仿真实现

从图 9-8 连接线上的文字说明(TL 和 Te)等可以清晰地看出它们的关系。

"Coulomb (Tf) & Viscous (Bm * w) Friction Torques"为经过封装的模块,右击该模块,在弹出的快捷菜单中选择 Mask→look under mask 选项,内部结构如图 9-9 所示。

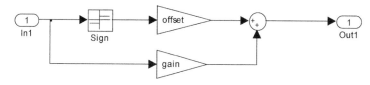

图 9-9 静摩擦转矩和黏滞摩擦的实现

图中的模型表达了式(9.6)中(Sign($\omega T_f + B_m\omega$))的对应部分,双击该模块可看到它传入了两个参数 T_f(静摩擦转矩)和 B_m(黏滞摩擦系数),分别置于两个增益环节 offset 和 gain 中。

注意:双击图 9-8 中积分模块,可以看到积分模块的初始值被设置为 SM.w0,为转子的初速度。在 9.6 节中将继续说明。

9.4.4　电枢电势 E_a

直流电动机的工作原理与其他任何电机一样,都是建立在电磁力和电磁感应的基础上。电动机电枢线圈通电后在磁场中受力而旋转。当电枢在磁场中转动时,线圈中也要产生感应电动势,称为电枢电势。由右手定则,电枢电势的方向与电流或外加电压的方向总是相反,故又称反电动势。其大小表示为

$$E_a = C_E \Phi n \tag{9.7}$$

式中,C_E 是由电机结构确定的一个常数,称为电势常数;Φ 为每极磁通(Wb);n 为电枢转速(r/min)。

电枢电势的方向由磁通方向和电枢的旋转方向决定,改变其中任何一个的方向,其方向都会随之改变。

由于 $C_E/C_T = 2\pi/60$;$n = \omega \times 60/2\pi$,因此

$$E_a = C_E \Phi n = \frac{2\pi}{60} C_T \Phi \omega \frac{60}{2\pi} = C_T K_f I_f \omega = C_{af} I_f \omega = K_E \omega \tag{9.8}$$

式中,$K_E = K_T = C_{af} I_f$,称为电动势转速比。

故图 9-6 右边将转速 ω 与 K_E 相乘,获取反电动势(E fcem)的大小。然后送入

图 9-1(b)中的 FCEM 模块(可控电压源)模拟反电动势的产生。

提醒：K_E 为电动势转速比，$K_E = \dfrac{E_a}{\omega}$；$K_T$ 为电动机额定励磁下的转矩电流比，$K_T = \dfrac{T_e}{I_a}$。电动势常数 $C_{af} = K_E/I_f = K_T/I_f$，仿真中用励磁绕组与电枢绕组之间互感 Laf 表示。一台电机的 Laf 应如何通过铭牌参数计算出来，是进行相关仿真首先要解决的问题。

9.5 电机铭牌参数

每台直流电机的外壳上都有一个铭牌，上面标有该电机的技术数据，主要包括其型号和额定值。

1. 型号

直流电动机的型号如 Z2-41，其中 Z 表示直流电动机；2 表示第二次统一设计；41 中的 4 表示机座号，1 表示电枢铁心的长度序号。

直流电动机还有其他的型号表示方法，如 ZF2-151-1B、ZD2-121-1B 等，具体可查阅电工手册。

2. 额定值

(1) 额定电压 U_n：对于电动机，额定电压是指电动机额定工作状态下电动机的输入电压；对于发电机，额定电压是指电动机额定工作状态下电动机的输出电压。

(2) 额定电流 I_n：对于电动机，额定电流是指电动机长期连续运行时从电源输入的电流；对于发电机，额定电流是指长期连续运行时供给负载的电流。

(3) 额定转速 n：电动机在额定运行时，转轴的转速称为额定转速。

(4) 额定功率 P_n：电动机额定运行状态下，电动机轴上输出的机械功率称为额定功率；发电机的额定功率是指供给负载的电功率。

(5) 额定励磁电流 I_f：电动机在额定运行的情况下，通过励磁绕组的电流称为额定励磁电流。

(6) 励磁方式：直流电动机铭牌上的励磁是指直流电机的励磁方式，有并励和他励两种。

直流电动机铭牌上还有额定转矩、额定励磁电压、额定温升、工作方式等数据。以上参数与仿真模型参数显然不是一一对应的关系，在针对实际工程项目进行仿真时，必然要掌握从铭牌参数到仿真参数的换算过程。

9.6 仿真模型参数计算与设置

双击图 9-1(a)中的直流电动机模块，打开 Block Patameters：DC Machine 对话框，如图 9-10 所示。

主要参数定义如下。

(1) Armature resistance and inductance［Ra（ohms）La（H）］：电枢电阻（Ω）和电感（H）。

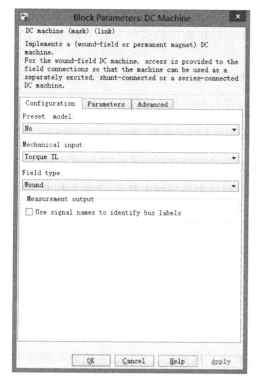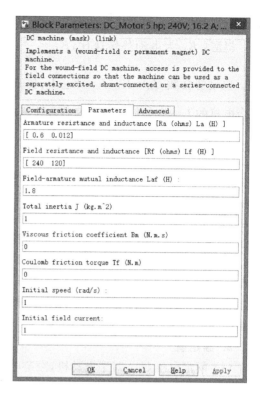

图 9-10　直流电动机参数设置对话框

（2）Field resistance and inductance[Rf(ohms)Lf(H)]：励磁回路电阻(Ω)和电感(H)。

（3）Field-armature mutual inductance Laf(H)：电枢和励磁回路互感(H)。

（4）Total inertia J(kg. m^{-2})：总转动惯量(kg·m^{-2})。

（5）Visous friction coefficient Bm(N. m. s)：黏滞摩擦系数。

（6）Coulomb friction torque Tf(N. m)：静摩擦转矩(N·m)。

（7）Initial speed(rad/s)：初始速度。

（8）Initial field current：初始励磁电流。

这些参数在上述各节中均使用到，按照实际需要进行设置即可。下拉对话框 Preset model 提供了一些预先设置好的直流电机参数，可根据需要进行选择，如图 9-11 所示。

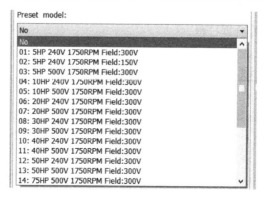

图 9-11　预设直流电机参数

以上直流电动机固有参数在铭牌参数中一般都没有给出,通常以实验方式进行测定或者通过铭牌标示的电动机数据计算而获得的,这些参数是建立电动机模型的基础。

(1) 首先对直流电机加励磁电压,由于参数 R_f、L_f 决定励磁电流的过渡过程及稳态值,因此通过过渡曲线可以测定参数 R_f、L_f。对电枢参数 R_a、L_a 亦然。

(2) 由直流电动机的转矩平衡方程可知,也可以通过时间常数方法确定总转动惯量 J。

在假定以上参数均已测定的情况下,下面讨论如何通过直流电机的铭牌参数换算得到仿真所需要的互感系数 Laf。为方便叙述,重写直流电动机的转矩平衡方程如下

$$J \frac{d\omega}{dt} = T_e - T_L - (\text{Sign}(\omega) T_f + B_m \omega) \tag{9.9}$$

可知,在进入额定运行状态后

$$T_e = T_L + (\text{Sign}(\omega) T_f + B_m \omega) \tag{9.10}$$

直流电动机铭牌上额定功率 P_n 是指电动机额定运行状态下,电动机轴上输出的机械功率,即 $P_n = T_L \omega_n$。假定 ω 为正,由式(9.10)可知

$$T_e \omega = T_L \omega + (T_f + B_m \omega) \omega \tag{9.11}$$

由公式 $P = T\omega$ 可知

$$P_e = P_n + (T_f + B_m \omega_n) \omega_n \tag{9.12}$$

由电势平衡方程可知,在进入额定运行状态后,有

$$U_n = E_a + I_n R_a \tag{9.13}$$

故式(9.12)可改写为

$$P_e = E_a I_n = (U_n - I_n R_a) I_n = P_n + (T_f + B_m \omega_n) \omega_n \tag{9.14}$$

式(9.14)在已知 P_e[根据式(9.12)]和 U_n 时,可视为以 I_n 为求解变量的一元二次方程,可以求出 I_n。

由式(9.5)又可知 $P_e = T_e \omega = (K_T I_n) \omega = L_{af} I_f I_n \omega$,因此

$$L_{af} = \frac{P_e}{I_f I_n \omega} \tag{9.15}$$

下面以 MATLAB 提供的 23 台直流电机参数为例,通过计算说明上述参数之间关系的正确性。

(1) 在 MATLAB 的 Command Window 中输入如下命令(路径需要根据 MATALB 在本机的安装路径进行修改):

```
>> clear all;
>> load ('C:\Program Files\MATLAB\R2014a\toolbox\physmod\powersys\powersys\
MachineParameters\DCparameters.mat')
```

(2) 在 Workspace 窗口中可以看到 Machines 变量被装载,如图 9-12 所示。

图 9-12 Machines 变量

（3）Machines 是一个长度为 23 的结构体变量，每个结构体存放了一台电机的参数。在 Command Window 中输入 Machines，然后回车可以观察到结构体的内部变量。

```
>> Machines
Machines =
1x23 struct array with fields:
    Comments
    Ra
    La
    Rf
    Lf
    Laf
    J
    Bm
    Tf
```

分别对应图 9-11 中的直流电动机参数。

（4）如果在 Workspace 窗口中直接双击变量名 Machines，则可以看到 Machines 变量内部结构，共有 23 个结构体，如图 9-13 所示。

字段	Comments	Ra	La	Rf	Lf	Laf	J	Bm	Tf
1	'5HP 240V 17...	2.5806	0.0280	281.2500	155.9747	0.9483	0.0222	0.0030	0.5161
2	'5HP 240V 17...	0.7800	0.0160	150	112.5000	1.2340	0.0500	0.0100	0
3	'5HP 500V 17...	11.2006	0.1215	281.2500	155.9747	1.9757	0.0222	0.0030	0.5161
4	'10HP 240V 1...	1.0856	0.0122	180	71.4655	0.6458	0.0425	0.0034	1.0456
5	'10HP 500V 1...	4.7120	0.0528	180	71.4655	1.3455	0.0425	0.0034	1.0456
6	'20HP 240V 1...	0.4114	0.0049	105.8824	27.6478	0.4038	0.0832	0.0043	2.1047
7	'20HP 500V 1...	1.7855	0.0212	105.8824	27.6478	0.8413	0.0832	0.0043	2.1047
8	'30HP 240V 1...	0.2275	0.0029	102.2727	20.8175	0.4010	0.1239	0.0052	3.1637
9	'30HP 500V 1...	0.9875	0.0124	102.2727	20.8175	0.8355	0.1239	0.0052	3.1637
10	'40HP 240V 1...	0.1514	0.0020	92.7835	16.2271	0.3690	0.1646	0.0061	4.2227
11	'40HP 500V 1...	0.6569	0.0087	92.7835	16.2271	0.7688	0.1646	0.0061	4.2227
12	'50HP 240V 1...	0.1113	0.0016	84.9057	13.3930	0.3406	0.2053	0.0070	5.2817
13	'50HP 500V 1...	0.4832	0.0068	84.9057	13.3930	0.7096	0.2053	0.0070	5.2817
14	'75HP 500V 1...	0.2828	0.0045	69.7674	9.4132	0.5899	0.3071	0.0093	7.9293
15	'100HP 500V ...	0.1968	0.0034	58.8235	7.2668	0.5003	0.4089	0.0116	10.5768
16	'125HP 500V ...	0.1499	0.0029	51.1364	5.9682	0.4365	0.5106	0.0138	13.2244
17	'150HP 500V ...	0.1207	0.0025	45.2261	5.0728	0.3870	0.6124	0.0161	15.8719
18	'175HP 500V ...	0.1009	0.0023	40.3587	4.3958	0.3459	0.7142	0.0184	18.5195
19	'200HP 440V ...	0.0760	0.0016	310	232.5000	3.3200	2.2000	0.3200	0
20	'200HP 500V ...	0.0597	9.0000e-04	150	112.5000	2.6210	2.5000	0.2720	0
21	'200HP 500V ...	0.0865	0.0021	36.5854	3.8958	0.3140	0.8159	0.0206	21.1671
22	'225HP 500V ...	0.0757	0.0020	33.4572	3.4994	0.2874	0.9177	0.0229	23.8146
23	'250HP 500V ...	0.0673	0.0019	30.7167	3.1663	0.2641	1.0195	0.0252	26.4622
24									

图 9-13　预设直流电动机参数

注意：MATLAB 电力系统工具箱的开发者在 SimPowerSystems 中使用了英制马力（Hp），1Hp＝745.7W，1 公制马力（ps）＝735W。

（5）Comments 变量中的内容是直流电机铭牌参数中的常见量，但未给出额定电流。这些变量的相互关系可以用以下 MATLAB 程序得以反映（DCMotorParameter. m）。

```matlab
clear all;
% 装入电机数
load('C:\Program Files\MATLAB\R2014a\toolbox\physmod\powersys\powersys\MachineParameters\
DCparameters.mat')
% 获得电机数量
Num = length(Machines);
LafRef = zeros(1,Num);
for i = 1:Num
    % 额定名牌参数
    [Pn(i), Un(i), n(i), Ufn(i)] = ...,
        GetNominalParameters(Machines(i).Comments);
    % 预设内部参数
    Ra(i) = Machines(i).Ra;
    % 一般给出额定励磁电流,Rf 由 Ufn/Ifn 计算得到
    Rf(i) = Machines(i).Rf;
    Bm(i) = Machines(i).Bm;
    Tf(i) = Machines(i).Tf;
    LafRef(i) = Machines(i).Laf;
    % 计算内部参数
    Ifn(i) = Ufn(i)./Rf(i);
    w(i) = 2 * pi * n(i)/60;
    Pe(i) = Pn(i) + Tf(i) * w(i) + Bm(i) * w(i) * w(i);
    % 解一元二次方程求额定电流
    In(i) = (Un(i) - sqrt(Un(i) * Un(i) - 4 * Ra(i) * Pe(i)))/2/Ra(i);
    Kt(i) = Pe(i)/In(i)/w(i);
    Laf(i) = Kt(i)/Ifn(i)
end
```

其中，GetNominalParameters 函数如下所示，根据 MATLAB 版本不同，字符串 Machines(i). Comments 的格式可能会存在差异，请根据实际情况进行修改。

```matlab
function [Pn, Un, n, Uf] = GetNominalParameters(str);
    s = 1;
    e = findstr(str,'HP');
    Pn = str2num(str(s:(e-1))) * 745.699872;        % 额定功率

    s = e + length('HP');
    e = findstr(str,'V');
    Un = str2num(str(s:(e-1)));                      % 额定电压

    s = e + length('V');
    e = findstr(str,'RPM');
    n = str2num(str(s:(e-1)));                       % 额定转速

    s = findstr(str,':') + 1;
```

```
e = length(str) − 1;
Uf = str2num(str(s:e));                          % 额定励磁电压
```

对比 LafRef 和 Laf 的值如下：

```
>> LafRef
LafRef =
    0.9483   1.2340   1.9757   0.6458   1.3455   0.4038   0.8413   0.4010   0.8355   0.3690
   0.7688   0.3406   0.7096   0.5899   0.5003   0.4365   0.3870   0.3459   3.3200   2.6210
   0.3140   0.2874   0.2641

>> Laf
Laf =
    0.9485   1.2331   1.9760   0.6459   1.3456   0.4039   0.8414   0.4011   0.8355   0.3691
   0.7689   0.3406   0.7097   0.5900   0.5004   0.4365   0.3870   0.3459   3.3193   2.6210
   0.3140   0.2874   0.2641
```

计算得出 Laf 数据值与 Machines 结构体提供的 Laf 数据值基本一致，部分数据存在细微偏差，这是因为模块本身是直接给出内部参数，推出 Comments 中的电机功率，其马力值是大致数值。而上述程序是做了一个类似验算的反推计算，存在一定误差是容易理解的。掌握这一过程的意义在于：充分了解参数的由来后，若在工程上给定一台电机，就能够反推仿真时应该设置怎样的参数。

注意：在 MATLAB 7.01.24704 版本中，图 9-10 的直流电动机参数设置对话框中的 Preset model 共有 25 个，但实际有些无法载入数据，同时有些电机的 Comments 变量中数据与 Machines 变量提供的不一致。由以上计算可知，Machines 中的数据正确。

至此，我们对直流电机模型的内部结构和建模过程有了较为全面的了解。读者可能会问到：教科书中常见的电磁时间常数 $T_a = \dfrac{L_a}{R_a}$ 等时间常量在直流电机模型中为何没有看到？在以传递函数方式表示主电路的动态过程的时候，电磁时间常数 T_a 一般出现在传递函数的分母部分。但在 SimPowerSystems 中，这个过程在图 9-1(b) 的最上方使用电阻和电感，以元器件的形式完成了模型的表示。

9.7　启动电流限制仿真

电动机接到额定电源后，转速从 0 上升到稳态转速的过程称为启动过程。启动时，要求电动机产生足够大的电磁转矩来克服机组的静止摩擦转矩、惯性转矩及负载转矩（如带负载启动的话），才能使机组在尽可能短的时间里从静止状态进入到稳定的状态。

从电路方面看，启动瞬间 $n=0$，$E_a=0$，而 R_a 很小，因此

$$I_a = \frac{U-E}{R_a} = \frac{U}{R_a} = I_{st} \tag{9.16}$$

表明启动电流 I_{st} 将达到很大的数值，通常是额定电流的 $10\sim20$ 倍。这样大的启动电流会引起电机换向困难，并使供电线路产生很大的压降。因此必须采取适当的措施限制启动

电流。

下面通过仿真观察这一现象。系统演示模型 power_dcmotor 有一直流电动机,给出的额定参数如下。

额定功率:5Hp;额定电压:240V;额定电流:16.2A;额定转速:1220rpm;电枢回路:$R_a = 0.6, L_a = 0.012$;采用他励方式:励磁电压 $U_f = 240V$;励磁回路 $R_f = 240\Omega$, $L_f = 120H$。

黏滞摩擦系数和静摩擦转矩忽略不计。

由以上数据可知:

感应电势:$E_a = 240 - 16.2 \times 0.6 = 230.3V$

电磁功率:$P_e = 230.3 \times 16.2 = 3731W \approx 5.0HP$

励磁电流:$I_f = 240/240 = 1A$

又因为 $E_a = \omega \times Laf \times I_f \rightarrow \omega = E_a/(Laf \times I_f)$,则转速

$$\omega = 230.3/1.8 = 127.944rad/s \approx 1220r/min$$

又假定其负载转矩与转速成正比(初始转速为1rad/s),即

$$T_L = B_L\omega = 0.2287\omega \tag{9.17}$$

按图9-14搭建仿真模型(或在 Command Window 中直接输入"power_dcmotor",然后修改),Timer 定时器在0.5s从0跳变到1,发出关闭信号,控制理想开关(Ideal Switch)闭合,启动直流电动机。

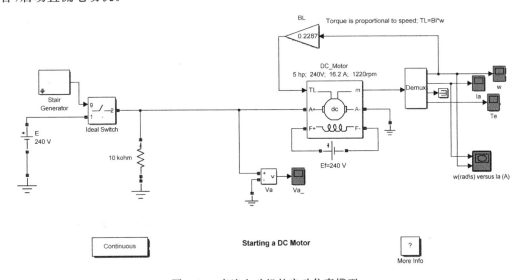

图9-14　直流电动机的启动仿真模型

仿真时间设置为10s,结束后双击 Ia Scope 模块,可观察到电枢电流的变化过程,如图9-15所示。

可见启动电流最大达到了331A,这么大的启动电流非常容易把电机烧坏。因此必须采取措施限制启动电流。最简单的方式就是在电枢回路串联电阻启动,最初启动电流 $I_{st} = U/(R_a + R_{st})$,最初启动转矩 $T_{st} = C_T \Phi I_{st}$。有了一定的转速 n 后,电势 E_a 不再为0,电流 I_{st} 会逐步减小,转矩 T_{st} 也会逐步减小。

MATLAB 的 SimPowerSystems 提供了以在电枢回路串联电阻方式启动直流电机的仿

真模型,在 Command Window 中输入"\>\> power_dcmotor",可打开对应模型,如图 9-16 所示。

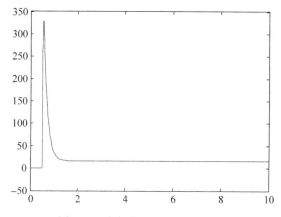

图 9-15　电枢电流 I_a 的变化曲线

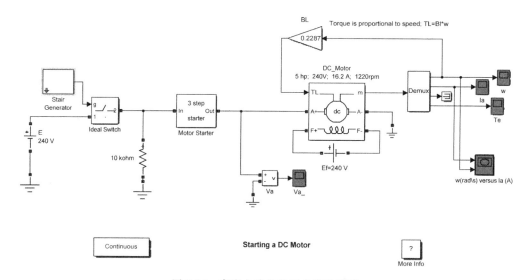

图 9-16　直流电动机的三步启动模型

与图 9-14 相比,该模型多出了一个 Motor Starter 的自定义模块,完成串联电阻的逐步切除过程,其内部结构如图 9-17 所示。

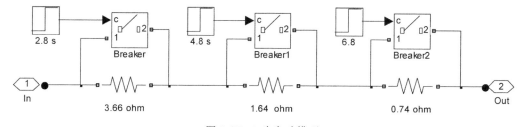

图 9-17　3 步启动模型

为了在启动过程中始终保持足够大的启动转矩,一般将启动器设计为多级,随着转速 n 的增大,串联在电枢回路的启动电阻 R_{st} 逐级切除,进入稳态后全部切除。启动后如果不去除电阻,电机转得很慢或停止工作,负载能力差。

图 9-16 中 3 个断路器分别在 2.8s、4.8s、6.8s 接收到对应的 Step(阶跃信号)模块发出的合闸指令(0→1),合上断路器即短接对应电阻,等价于逐步切除串联在电枢回路上的电阻。

限流情况下的启动电流 I_a 如图 9-18 所示,与图 9-15 对比,最大电枢电流明显减小,达到了限制启动电流的目的。

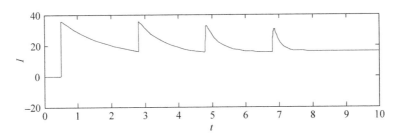

图 9-18 限流情况下的启动电流 I_a

9.8 小结

直流电机的状态方程数量相对较少,仿真模型表达也非常清晰。从直流电机的数学模型入手,学习如何将数学模型转换为仿真模型,掌握基本的逻辑结构,有助于将来根据自己的研究内容来实现对应的仿真模型开发,从而使 MATLAB 成为自己的最佳学习和研究工具。

第10章

直流电机工作特性与控制

10.1 工作特性

直流电动机是作为原动机拖动生产机械。因此,电机运行时的转速、转矩和效率与负载大小之间有什么关系,是我们最关心的问题。

所谓工作特性,通常是指在电压 $U=U_N=$ 常数时,电枢回路不串入外加电阻、并励励磁电流保护不变的条件下,电动机的转速 n、电磁转矩 T_{em} 和效率 η 等与输出功率 P_2 之间的关系曲线,即 $n=f(P_2)$、$T_{em}=f(P_2)$、$\eta=f(P_2)$。

在实际运行中,测量电流 I_a 比测量功率容易,且 I_a 随着 P_2 的增加而增加。因此工作特性也可把 n、T_{em}、η 表示为电枢电流 I_a 的函数。工作特性可用计算法或用实验法求得。下面介绍用计算法获得直流电机的工作特性曲线。

10.1.1 转速特性

根据直流电机稳定运行状态电枢回路方程

$$U = E + I_a R_a \tag{10.1}$$

将 $E=C_e \Phi n$ 带入式(10.1)可得

$$n = \frac{U - I_a R_a}{C_e \Phi} \tag{10.2}$$

式(10.2)即为转速特性的表达式。如果忽略电枢反应的去磁效应,则转速与负载电流按线性关系变化,当负载电流增加时,转速有所下降。如果考虑去磁效应,则 I_a 增加的同时也使电枢反应的去磁作用会有所增强,这样,Φ 也有下降趋势。因此,转速究竟是上升还是下降,最终还要看各自变化的速率。不过,对于一台设计良好的直流电机来说,以稳定运行为前提,转速特性总是略微下降的。

定义转速调整率为

$$\Delta n = \frac{n_0 - n_N}{n_N} \times 100\% \tag{10.3}$$

式中，n_0，n_N 分别为空载转速和额定转速。

并励直流电动机的转速调整率为 3％～4％，转速基本恒定。

10.1.2 转矩特性

当 $U = U_N$、$I_f = I_{fN}$ 时，$T_{em} = f(I_a)$ 的关系称为转矩特性。根据直流电机电磁转矩公式可得电机转矩特性表达式如下

$$T_{em} = C_T \Phi_N I_a \tag{10.4}$$

由此可知，在忽略电枢反应的情况下电磁转矩与电枢电流成正比，若考虑电枢反应使转矩略有下降，电枢转矩上升的速度比电流的上升速度要慢一些，曲线的斜率略有下降。

10.1.3 效率特性

当 $U = U_N$、$I_f = I_{fN}$ 时，$\eta = f(I_a)$ 的关系称为效率特性

$$\eta = \frac{P_1 - \sum P}{P_1} = 1 - \frac{P_0 + R_a I_a^2}{U_N I_a} \tag{10.5}$$

由于空载损耗 P_0 是不随负载电流变化的，当负载电流较小时效率较低，输入的功率大部分消耗在空载损耗上；当负载电流增大时效率也增大，输入的功率大部分消耗在机械负载上；但当负载电流大到一定程度时铜损快速增大，此时效率又开始变小。

10.1.4 工作特性曲线绘制

【例 10-1】 在 MATLAB 中建立 M 文件，编程绘制直流电机的工作特性曲线，对理论分析进行验证(DCFeature.m)。

```
% 本实例用于绘制直流电机的工作特性曲线
clear all;
% 装入电机数
load('C:\Program Files\MATLAB\R2014a\toolbox\physmod\powersys\powersys\MachineParameters\
DCparameters.mat')
% 获得电机数量
Num = length(Machines);
LafRef = zeros(1,Num);
for i = 1:Num
    % 额定铭牌参数
    [Pn(i), Un(i), Nn(i), Ufn(i)] = GetNominalParameters(Machines(i).Comments);
    Ra(i) = Machines(i).Ra;
    Rf(i) = Machines(i).Rf;
    Bm(i) = Machines(i).Bm;
    Tf(i) = Machines(i).Tf;
    LafRef(i) = Machines(i).Laf ;
    w(i) = 2 * pi * Nn(i)/60;                              % 求出额定角速度 w
    Pe(i) = Pn(i) + Tf(i) * w(i) + Bm(i) * w(i) * w(i);   % 计算电磁功率
    In(i) = (Un(i) - sqrt(Un(i) * Un(i) - 4 * Ra(i) * Pe(i)))/2/Ra(i);% 求出额定电枢电流
```

```
end
i = 2;                              % 选择第二台电机
% --------------------------------------------------
%?根据额定运行状态求出 Cefa
Cefa = (Un(i) - In(i) * Ra(i))/Nn(i);
% Ia 变化,找出与 n 关系
Ia = 0:0.1:In(i) * 1.5;
n = (Un(i) - Ra(i) * Ia)/Cefa;
% 理想空载下 Ia = 0,实际不可能,Ia 要用于克服摩擦
n0 = Un(i)/Cefa;
% --------------------------------------------------
% 绘制转速特性曲线
subplot(3,1,1)
plot(Ia,n)
hold on
% 补充理想空载曲线
plot(Ia,n0,'--r')
axis([0,In(i) * 1.5,0,Nn(i) * 1.2])
xlabel('Ia');
ylabel('n');
title('n = f(Ia) -- 转速特性曲线')
text(In(i) * 1.5/2,Nn(i) * 1.5,'n0')


% --------------------------------------------------
% Ce = 2 * pi * Ct/60
Ctfa = 60 * Cefa/(2 * pi);          % 求出 Ctfa
% 求出不同 Ia 下的 Tem
Tem = Ctfa * Ia;
% --------------------------------------------------
% 绘制转矩特性曲线
subplot(3,1,2)
plot(Ia,Tem)
axis([0,In(i) * 1.5,0,50])
xlabel('Ia');
ylabel('Tem');
title('Tem = f(Ia) -- 转矩特性曲线')

% 求出在每个转速下的损耗
w = 2 * pi * n/60;
P0 = Tf(i) * w + Bm(i) * w. * w;
% 求出不同 Ia 下的 η(Eta)
% Ia 要用于提供空载损耗,因此不能从 0 开始(存在实际空载电流)
% Ia = [0.5:0.1:30];
Eta = 1 - (P0 + Ia. * Ia. * Ra(i))./(Un(i). * Ia);
% 绘制效率特性曲线
subplot(3,1,3)
plot(Ia,Eta)
axis([0,In(i) * 1.5,0,1])
xlabel('Ia');
ylabel('η');
title('η = f(Ia) -- 效率特性曲线 ')
```

运行程序得到直流电机的工作特性曲线如图 10-1 所示。

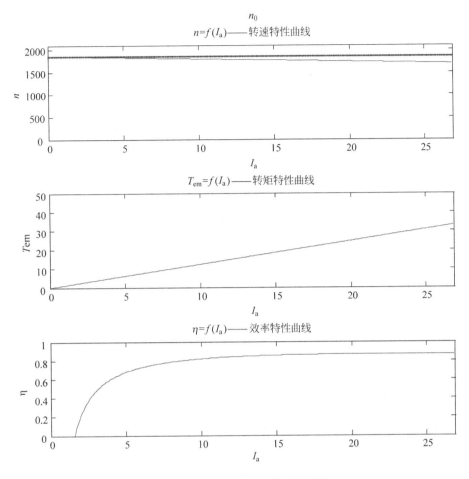

图 10-1 直流电动机的工作特性曲线

10.2 直流电机启动控制

电动机的启动是指电动机接通电源后,由静止状态加速到稳定运行状态的过程。电动机在启动瞬间($n=0$)的电磁转矩称为启动转矩 T_{st},启动瞬间的电枢电流称为启动电流 I_{st}。启动转矩为

$$T_{st} = C_T \Phi I_{st} \tag{10.6}$$

如果他励直流电动机在额定电压下直接启动,由于启动瞬间 $n=0$,$E_a=0$,因此启动电流为

$$I_{st} = \frac{U_N}{R_a} \tag{10.7}$$

因为电枢电阻 R_a 很小,所以直接启动电流将达到很大的数值,通常可达到$(10\sim20)I_N$。过大的启动电流会使电动机的换向严重恶化,甚至会烧坏电动机。同时过大的冲击转矩会损坏电枢绕组和传动机构。因此,除了个别容量很小的电动机外,一般直流电动机是不允许直接启动的。对直流电动机的启动,一般有以下要求。

（1）要有足够大的启动转矩。

（2）启动电流要限制在一定的范围内。

（3）启动设备要简单、可靠。

为了限制启动电流，他励直流电动机通常采用电枢回路串电阻启动或降低电枢电压启动。无论采用哪种启动方法，启动时都应保证电动机的磁通达到最大值。这是因为在同样的电流下，Φ 大则 T_{st} 大；而在同样的转矩下，Φ 大则 I_{st} 可以小一些。

10.2.1 电枢回路串电阻启动

1. 基本原理

电动机启动前，应使励磁回路调节电阻 $R_{st}=0$，这样励磁电流 I_f 最大，使磁通 Φ 最大。电枢回路串接启动电阻 R_{st}，在额定电压下的启动电流为

$$I_{st} = \frac{U_N}{R_a + R_{st}} \tag{10.8}$$

式中，R_{st} 值应使 I_{st} 不大于允许值。对于普通直流电动机，一般要求 $I_{st} \leqslant (1.5 \sim 2)I_N$。

在启动电流产生的启动转矩作用下，电动机开始转动并逐渐加速，随着转速的升高，电枢电动势（反电动势）E_a 逐渐增大，使电枢电流逐渐减小，这样转速的上升就逐渐缓慢下来。为了缩短启动时间，保持电动机在启动过程中的加速不变，就要求在启动过程中电枢电流维持不变，因此随着电动机转速的升高，应将启动电阻平滑地切除，最后使电动机转速达到运行值。

实际上，平滑地切除电阻是不可能的，一般是在电阻回路中串入多级（通常是 2～5 级）电阻，在启动过程中逐级加以切除。启动电阻的级数越多，启动过程就越快且越平稳，但所需要的控制设备就越多，投资也越大。图 10-2 所示是采用三级电阻启动时电动机的电路原理图及其机械特性。

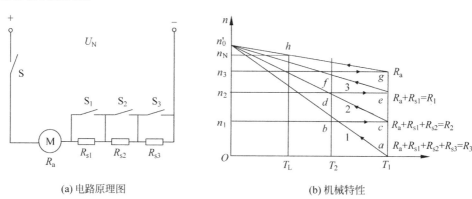

(a) 电路原理图　　　　　　　　　　　(b) 机械特性

图 10 2　他励直流电动机三级电阻启动

启动开始时，接触器开关 S 闭合，而 S_1、S_2、S_3 断开，如图 10-2(a)所示，额定电压加在电枢回路总电阻 $R = R_a + R_{s1} + R_{s2} + R_{s3}$ 上，启动电流为 $I_{st} = U_N/R_3$，此时启动电流 I_{st} 和启动转矩 T_1 均达到最大值（通常取额定值的两倍左右）。

接入全部启动电阻时的人为特性如图 10-2(b)中的曲线 1 所示。启动瞬间对应的 a 点，因为启动转矩 T_1 大于负载转矩 T_L，所以电动机开始加速，电动势 E_a 逐渐增大，电枢电

流和电磁转矩逐渐减小,工作点沿曲线 1 箭头方向移动。

当转速升高到 n_1、电流降至 I_2、转矩减至 T_2(图中 b 点)时,触点 S_3 闭合,切除电阻 R_{s3}。I_2 称为切换电流,一般取 $I_2 = (1.1 \sim 1.2) I_N$,$T_2 = (1.1 \sim 1.2) T_N$。切除 R_{s3} 后,电枢回路电阻减小为 $R_2 = R_a + R_{s1} + R_{s2}$,与之对应的人为特性如图 10-2(b)中的曲线 2。在切除电阻瞬间,由于机械惯性,转速不能突变,因此电动机的工作点由 b 点沿水平方向跃变到曲线 2 上的 c 点。

选择适当的各级启动电阻,可使 c 点的电流仍为 I_1,这样电动机又处在最大转矩 T_1 下进行加速,工作点沿曲线 2 箭头方向移动。当到达 d 点时,转速升至 n_2,电流又降至 I_2,转矩也降至 T_2,此时触电 S_2 闭合,将 R_{s2} 切除,电枢回路电阻变为 $R_1 = R_a + R_{s1}$,工作点由 d 点平移到人为特性曲线 3 上的 e 点。e 点的电流和转矩仍为最大值,电动机又处在最大转矩 T_1 下加速,工作点在曲线 3 上移动。当转速升至 n_3 时,即在 f 点切除最后一级电阻 R_{s1} 后,电动机将过渡到固有特性上,并加速到 h 点处于稳定运行,启动过程结束。

2. 启动电阻的计算与选择

(1) 选择启动电流 I_1 和切换电流 I_2。为保证与启动转矩 T_1 对应的启动电流 I_1 不会超过所允许的最大电枢电流 I_{max},选择 $I_1 = (1.5 \sim 2.0) I_N$,对应的启动转矩 $T_1 = (1.5 \sim 2.0) T_N$。为保证有一定的加速转矩,减少启动时间,一般选择切换转矩为 $T_2 = (1.1 \sim 1.2) T_L$,对应的切换电流为 $I_2 = (1.1 \sim 1.2) T_N$。

(2) 求出起切电流比 β,即

$$\beta = \frac{I_1}{I_2} \tag{10.9}$$

(3) 求出电动机的电枢电路电阻 R_a。R_a 可以根据实测或者铭牌上提供的额定值进行估算,由于在忽略 T_0 的情况下,$P_2 = P_e = EI_a$,因此,在额定状态下进行时

$$E = \frac{P_N}{I_{aN}}, \quad R_a = \frac{U_{aN} - \dfrac{P_N}{I_{aN}}}{I_{aN}} \tag{10.10}$$

(4) 求出启动电枢启动总电阻 R_m。m 级启动时电枢启动总电阻为

$$R_m = \frac{U_{aN}}{I_1} \tag{10.11}$$

(5) 求出启动系数 m。m 的计算公式为

$$m = \frac{\lg \dfrac{R_m}{R_a}}{I_1} \tag{10.12}$$

(6) 重新计算 β,校验 I_2 是否在规定范围之内。

若 m 是取相近整数,则需要重新计算 β。根据公式 $\beta = \sqrt{\dfrac{R_m}{R_a}}$ 重新计算,并根据 $\beta = \dfrac{I_1}{I_2}$ 重新计算 I_2,并校验 I_2 是否在所规定的范围之内。若不在规定范围之内,需加大启动级数 m,重新计算 β 和 I_2,直到满足要求为止。

(7) 求出各级总电阻,即

$$R_0 = R_a$$
$$R_1 = \beta R_0 = \beta R_a$$

$$R_2 = \beta R_1 = \beta^2 R_a$$

$$\cdots$$

$$R_m = \beta^m R_a$$

(8) 求出各级启动电阻,即

$$R_{st1} = R_1 - R_a$$

$$R_{st2} = R_2 - R_1$$

$$\cdots$$

$$R_{stm} = R_m - R_{m-1}$$

(9) 若启动级数已定,计算步骤如下。

选择电流 I_1,计算出 R_m、R_a、I_2,根据求出的 I_2 校验其是否在规定范围内,否则加大启动级数 m 重新计算,最后求出各级总电阻和启动电阻。

10.2.2　降压启动

启动时,以较低的电源电压启动电动机,启动电流便随电压的降低而正比减小。随着电动机转速的上升,反电动势逐渐增大,再逐渐提高电源电压,使启动电流和启动转矩保持在一定的数值上,从而保证电动机按需要的加速度升速。

降压启动虽然需要专用电源,设备投资较大,但它启动平稳,启动过程中能量损耗小,因而得到了广泛的应用。

10.3　启动过程仿真

与第 9 章使用 SimPowerSystems 不同,本章根据直流电机的状态方程使用 M 文件编写一个等价的仿真模型。

10.3.1　状态方程编写

(1) 根据直流电机励磁回路和电枢回路方程

$$\begin{cases} \dfrac{\mathrm{d}i_f}{\mathrm{d}t} = (U_f - i_f R_f)/L_f \\[2mm] \dfrac{\mathrm{d}i_a}{\mathrm{d}t} = (U - E_a + i_a R_a)/L_a \end{cases} \tag{10.13}$$

式(10.13)中,电枢电压 U 和励磁电压 U_f 为控制量,电枢电流 i_a 和励磁电流 i_f 为状态量。定义函数 DC_IfIa(t,x)用于求解励磁电流和电枢电流(DC_IfIa.m)。

```
function dx = DC_IfIa(t,x)
global SM;
global Uf;
global U;
global Ea;
global R;                          % 为串电阻启动预留参数,直接启动 R = 0
dx(1,1) = (Uf - x(1) * SM.Rf)/SM.Lf;    % 励磁回路电压方程变形式
dx(2,1) = (U - Ea - x(2) * (SM.Ra))/SM.La;  % 电枢回路电压方程变形式
```

该函数中定义了 4 个全局变量,SM 存放了电机的参数(具体见后),Uf 和 U 由主函数控制,可以在运行过程中进行修改,反电势 Ea 根据当前状态计算,通过全局变量反馈回函数中。

(2) 根据直流电机的机械平衡方程

$$J \frac{\mathrm{d}\omega}{\mathrm{d}t} = T_e - T_L - (\mathrm{Sing}(\omega)T_f + B_m\omega) \tag{10.14}$$

定义函数 DC_TeTL(t,x)用于求直流电机转速(DC_TeTL.m)。

```
function dx = DC_TeTL(t,x)
global Te;
global TL;
global SM;
dx = (Te - TL - (sign(x) * SM.Tf + SM.Bm * x))/SM.J;        % 转矩平衡方程
```

该函数中定义了 3 个全局变量,SM 存放了电机的参数(具体见后),Te 和 TL 由主函数控制,可以在运行过程中进行修改。

10.3.2 直接启动

【例 10-2】 用 M 文件编写程序,模拟直流电机直接启动程序(DCStart.m)。

为节约篇幅,下面程序将 10.3.3 节串电阻启动的功能合并写在一起。变量 Step 设置为 0 时,无电阻切换过程; Step 设置为 1 时,为串电阻启动过程仿真。

```
clear all
global SM;
global Uf;
global U;
global Ea;
global Te;              % 直流电机的电磁转矩
global TL;              % 直流电机的负荷制动转矩
global Pn;              % 直流电机的额定功率
global N;               % 直流电机的额定转速
global R;
% 载入电机参数

load('c:\Program Files\MATLAB\R2014a\toolbox\physmod\powersys\powersys\MachineParameters\
DCparameters.mat')
i = 2;                  % 选择电机型号,这里选择第二台电机
[Pn, Un, N, Ufn] = GetNominalParameters(Machines(i).Comments);
Ea = 0;
SM.Ra = Machines(i).Ra;
SM.La = Machines(i).La;
SM.Rf = Machines(i).Rf;
SM.Lf = Machines(i).Lf;
SM.Laf = Machines(i).Laf;
SM.J = Machines(i).J;
SM.Bm = Machines(i).Bm;
```

```
SM.Tf = Machines(i).Tf;

Rst = [5.923125,3.94875,2.6325,1.775,1.17,SM.Ra] − SM.Ra;
Step = 0;
Step0 = 0;
if Step == 0                    % 设置为 0,说明是直接启动
    R = 0;
else                            % 设置为 1,则为串电阻启动
    R = Rst(1);
end
  % 直接计算相关值
Ist = Un/SM.Ra                  % 计算启动电流
  % 铭牌上的 Pn 不是准确值
  % 已知参数时,实际的额定功率计算方法如下
w1 = 2 * pi * N/60;
Ifn = Ufn. /SM.Rf;              % 计算额定励磁电流
  % Pe = Ea * Ia = w * Laf * If * Ia = Un * Ia − Ia * Ia * Ra,故有
In = (Un − w1 * SM.Laf * Ifn)/SM.Ra;
Pe = w1 * SM.Laf * Ifn * In;
  % 输出的机械功率,不完全等于铭牌参数给出的额定功率
Pn = Pe − SM.Tf * w1 − SM.Bm * w1 * w1;
  % 达到额定转速时的机械转矩
Tmn = Pn/w1;
  % 设置转速和电流初始值
w0 = 0;
IfIa0 = [0;0];
  % 设置仿真时间长度 5s,200μs 步长
Tend = 5;
deltaT = 0.02/100;
  % 状态记录
w_record = [];
i_record = [];
T_record = [];
  % 迭代运行
for t = 0:deltaT:Tend
    % 调用 ode45 函数解微分方程
    % 电磁平衡方程
    % 按额定励磁电压和电枢电压启动电机
    % 如有必要,可以修改
    U = Un;
    Uf = Ufn;
    [T,Y] = ode45(@DC_IfIa,[0 deltaT],IfIa0);
    [m,n] = size(Y);
    IfIa = Y(m,:)';
    % 机械平衡方程
    % 电磁转矩
    Te = SM.Laf * IfIa(1) * IfIa(2);            % 电磁转矩 Te = Laf * If * Ia
    % 必要时可以修改机械转矩
    TL = Tmn;
    [T,Y] = ode45(@DC_TeTL,[0 deltaT],w0);      % 求转速
```

```
    [m,n] = size(Y);
    w = Y(m, :)';
    Ea = SM. Laf * w * IfIa(1);
    % 为下次计算做准备
    IfIa0 = IfIa;
    w0 = w;
    % 记录
    w_record = [w_record,[w;w * 60/pi/2]];% w * 60/pi/2 求转速
    i_record = [i_record,IfIa];
    T_record = [T_record,[Te;TL]];
    % --------------------
    % 判断串电阻情况
    if Step > 0
        if IfIa(2)<1.1 * In & Step0 == Step
            % 电流小到一定程度,切除一个
            Step = Step + 1;
            if Step > 6 % 没有更多的电阻可以切除了
                Step = 6;
            end
            R = Rst(Step);
        elseif IfIa(2)>1.1 * In
            Step0 = Step;
        end
    end
end
figure(1)
subplot(2,1,1)
plot([0:deltaT:Tend],w_record(2,:))
grid
xlabel('时间,t');
ylabel('转速 rpm');
title('转速与时间的关系');
subplot(2,1,2)
plot([0:deltaT:Tend],i_record(2,:))
grid
xlabel('时间,t');i
ylabel('电枢电流,A');
title('电枢电流与时间关系');
% ----------------------------------------
I = (U - SM. Laf * Ifn * w)/SM. Ra          % 稳态电枢电流
Im = max(i_record(2,:))                     % 获得电枢冲击电流
large = Im/I                                % 冲击电流与稳态电流的倍数
figure(2);
plot(i_record(2,:),w_record(2,:))
xlabel('电枢电流,A');
ylabel('转速 rpm');
```

运行程序得到启动转速与电枢电流图形如图 10-3 所示。

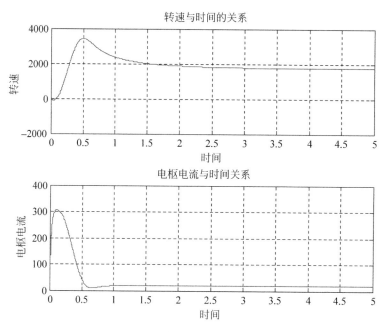

图 10-3 直流电动机直接启动

运行结果：

```
Ist =
  307.6923
I =
   17.7658
Im =
  305.8242
large =
   17.2142
```

由运行结果可知,该电机的稳态电枢电流为17.7658A,电枢电流最大电流达305.8242A是稳态电枢电流的17.2142倍。这么大的启动电流非常容易把电机绕组烧坏,因此必须采取措施限制启动电流。

10.3.3 串电阻启动

选择 SimPowerSystems 工具箱中自带的直流电机模型(第二台电机),电机参数如表 10-1 所示,编写程序确定电阻并编写启动程序启动。

表 10-1 电机参数

P_N	5HP≈3.7kW	U_N	240V
I_N	18A	n_N	1750r/min
U_f	150V	励磁方式	他励
R_a	0.78Ω	T_f	0
B_m	0.01Ω		

(1) 选择启动电流 I_1 和切换电流 I_2
$$I_1 = (1.5 \sim 2.0)I_{aN} = (1.5 \sim 2.0) \times 18 = (27 \sim 36)A$$
$$I_2 = (1.1 \sim 1.2)I_{aN} = (1.1 \sim 1.2) \times 18 = (19.8 \sim 21.6)A$$

选择 $I_1 = 30A, I_2 = 20A$。

(2) 求出启切电流比 β
$$\beta = \frac{I_1}{I_2} = 1.5$$

(3) 求启动总电阻
$$R_{am} = \frac{U_{aN}}{I_1} = \frac{240}{30} = 8$$

(4) 求出启动级数 m
$$m = \frac{\lg \dfrac{R_{am}}{R_a}}{\lg \beta} = 5.74$$

取 $m = 6$。

(5) 重新计算 β 校验 I_2
$$\beta = \sqrt[m]{\frac{R_{am}}{R_a}} = 1.474$$
$$I_2 = \frac{I_1}{\beta} = 20.35$$

I_2 在规定范围之内。

(6) 求出各级总电阻
$$R_0 = R_a = 0.78\Omega$$
$$R_1 = \beta R_a = 1.17\Omega$$
$$R_2 = \beta^2 R_a = 1.755\Omega$$
$$R_3 = \beta^3 R_a = 2.6325\Omega$$
$$R_4 = \beta^4 R_a = 3.94875\Omega$$
$$R_5 = \beta^5 R_a = 5.923125\Omega$$

(7) 求出各级启动电阻
$$R_{st1} = R_1 - R_0 = 0.39\Omega$$
$$R_{st2} = R_2 - R_1 = 0.585\Omega$$
$$R_{st3} = R_3 - R_2 = 0.8775\Omega$$
$$R_{st4} = R_4 - R_3 = 1.31625\Omega$$
$$R_{st5} = R_5 - R_4 = 1.974375\Omega$$

得到启动电路如图 10-4 所示。

将 DCStart.m 程序中的 Step 修改为 1,实现直流电机串电阻启动。启动曲线如图 10-5 所示。

提示：图 10-5 中,在仿真中电机启动的初始阶段,机械转矩已经达到给定值,而此时励磁电流和电枢电流还在建立过程中,此时电磁转矩相对较小,电机出现一段时间的反转。在直接启动中,也有这个现象,只是程度较轻。

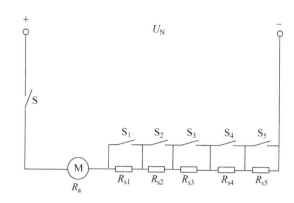

图 10-4　直流电动机串电阻启动电路

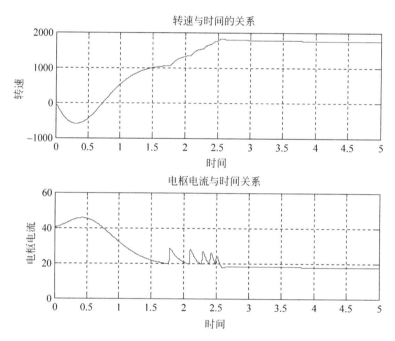

图 10-5　直流电动机串电阻启动曲线

电枢电流与转速的关系如图 10-6 所示,其变化过程与前述理论相符。

运行结果:

```
Ist =
    307.6923
I =
     17.4048
Im =
     45.6755
large =
      2.5710
```

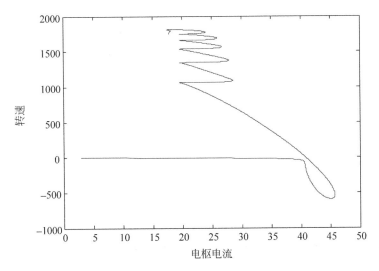

图 10-6　串电阻启动时电枢电流与转速的关系图

从运行结果可以看出,启动励磁电流最大值变为了 45.6755A,是稳态励磁电流的 2.5710 倍,说明串电阻启动可以有效地达到了限制启动电流的目的。

10.3.4　降压启动

采用三级启动,每一级所加启动电压如下。

第一级: $U = 20\% U_N$。

第二级: $U = 50\% U_N$。

第三级: $U = 80\% U_N$。

【例 10-3】　编写程序实现直流电机降压启动(DCStart_U.m)。

在不影响说明问题的情况下,简化升压过程为启动后每隔一秒增加一级,程序如下:

```
clear all
global SM;
global Uf;
global U;
global Ea;
global Te;                      %直流电机的电磁转矩
global TL;                      %直流电机的负荷制动转矩
global Pn;                      %直流电机的额定功率
global N;                       %直流电机的额定转速
global R;
%载入电机参数
load('c:\Program Files\MATLAB\R2014a\toolbox\physmod\powersys\powersys\MachineParameters\
DCparameters.mat')
i = 2;                          %选择电机型号,这里选择第二台电机
[Pn, Un, N, Ufn] = GetNominalParameters(Machines(i).Comments);
Ea = 0;
SM.Ra = Machines(i).Ra;
```

```matlab
SM.La = Machines(i).La;
SM.Rf = Machines(i).Rf;
SM.Lf = Machines(i).Lf;
SM.Laf = Machines(i).Laf;
SM.J = Machines(i).J;
SM.Bm = Machines(i).Bm;
SM.Tf = Machines(i).Tf;
R = 0;
% 直接计算相关值
Ist = Un/SM.Ra                        % 计算启动电流
% 铭牌上的 Pn 不是准确值,
% 已知参数时,实际的额定功率计算方法如下
w1 = 2 * pi * N/60;
Ifn = Ufn./SM.Rf;                     % 计算额定励磁电流
% Pe = Ea * Ia = w * Laf * If * Ia = Un * Ia - Ia * Ia * Ra,故有
In = (Un - w1 * SM.Laf * Ifn)/SM.Ra;
Pe = w1 * SM.Laf * Ifn * In;
Pn = Pe - SM.Tf * w1 - SM.Bm * w1 * w1;
Tmn = Pn/w1;
% 设置转速和电流初始值
w0 = 0;
IfIa0 = [0;0];
% 设置仿真时间长度 5s,200μs 步长
Tend = 5;
deltaT = 0.02/100;
% 状态记录
w_record = [];
i_record = [];
T_record = [];
% 迭代运行
for t = 0:deltaT:Tend
    % 调用 ode45 函数解微分方程
    % 电磁平衡方程
    % 按额定励磁电压和电枢电压启动电机
    % 如有必要,可以修改
    if t >= 0 & t < 1
        U = 0.2 * Un;
    elseif t >= 1 & t < 2
        U = 0.5 * Un;
    elseif t >= 2 & t < 3
        U = 0.8 * Un;
    else
        U = Un;
    end
    Uf = Ufn;
    [T,Y] = ode45(@DC_IfIa,[0 deltaT],IfIa0);
    [m,n] = size(Y);
    IfIa = Y(m,:)';
    % 机械平衡方程
```

```
        Te = SM.Laf * IfIa(1) * IfIa(2);              % 电磁转矩 Te = Laf * If * Ia
        TL = Tmn;
        [T,Y] = ode45(@DC_TeTL,[0 deltaT],w0);        % 求转速
        [m,n] = size(Y);
        w = Y(m,:)';
        Ea = SM.Laf * w * IfIa(1);
        % 为下次计算做准备
        IfIa0 = IfIa;
        w0 = w;
        % 记录
        w_record = [w_record,[w;w * 60/pi/2]];        % w * 60/pi/2 求转速
        i_record = [i_record,IfIa];
        T_record = [T_record,[Te;TL]];
end
figure(1)
subplot(2,1,1)
plot([0:deltaT:Tend],w_record(2,:))
grid
xlabel('时间,t');
ylabel('转速 rpm');
title('转速与时间的关系');
subplot(2,1,2)
plot([0:deltaT:Tend],i_record(2,:))
grid
xlabel('时间,t');i
ylabel('电枢电流,A');
title('电枢电流与时间关系');
%————————————————————————————————————————
% 直接计算相关值
Ist = U/SM.Ra                                         % 计算启动电流
w1 = 2 * pi * N/60
Pe = Pn + SM.Tf * w1 + SM.Bm * w1 * w1;               % 计算电磁功率
In = (U - sqrt(U * U - 4 * SM.Ra * Pe))/2/SM.Ra       % 计算额定电流
Ifn = Uf. /SM.Rf;                                     % 计算励磁电流,忽略励磁回路电感
I = (U - SM.Laf * Ifn * w)/SM.Ra                      % 稳态电枢电流
Im = max(i_record(2,:))                               % 获得电枢冲击电流
large = Im/I                                          % 冲击电流与稳态电流的倍数
```

运行程序,结果如下:

```
I =
    17.4088
Im =
    82.7884
large =
    4.7555
```

程序绘制了转速、电枢电流与时间的关系,如图 10-7 所示。从运行结果可以看出,启动过程中电枢电流最大值为 82.7884A,是稳态电枢电流的 4.7555 倍,说明降压启动可以达到

限制启动电流的目的。

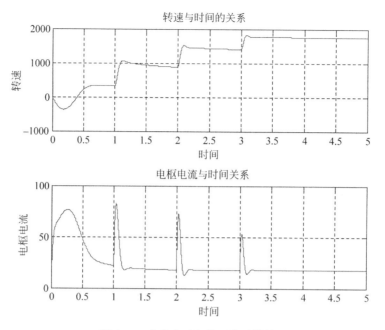

图 10-7　直流电动机降压启动效果

10.4　直流电机调速仿真

调速是电力拖动机组在运行过程中的最基本要求,直流电动机具有在宽广范围内平滑经济调速的优良性能。直流电动机的转速 n 和其他参量的关系可表示为

$$n_0 = \frac{U_a - I_a R_a}{C_E \Phi} = \frac{U_a}{C_E \Phi} - \frac{R_a}{C_E \Phi C_T \Phi} T_{em} \qquad (10.15)$$

从式(10.15)可以看出,式中 U_a、R_a、Φ 3 个参数都可以成为变量,只要改变其中一个参量,就可以改变电动机的转速,所以直流电动机有 3 种基本调速方法:①改变电枢回路电阻 R_a;②改变电枢供电电压 U_a;③改变励磁磁通 Φ。

10.4.1　改变电枢回路电阻调速

当在电枢回路接入电阻 R_j 后,直流电动机的转速方程变为

$$n_j = \frac{U_a - I_a(R_a + R_j)}{C_E \Phi} = \frac{U_a}{C_E \Phi} - \frac{(R_a + R_j)}{C_E C_T \Phi^2} T_{em} \qquad (10.16)$$

式(10.16)减去式(10.15)可得速度调节量为

$$\Delta n = n_j - n_0 = \frac{-R_j}{C_E \Phi} I_a = \frac{-R_j}{C_E C_T \Phi^2} T_{em} \qquad (10.17)$$

式(10.17)中的负号表明 R_j 的串入使速度下降。如图 10-8 所示,图 10-8(a)改变电枢电阻调速电路,图 10-8(b)为改变电枢电阻调速时的机械特性。当负载一定时,随着串入的外接电阻 R_j 的增大,电动机转速就降低。但串入电阻后损耗增加,输出功率 $P_2 = T_2 \Omega \propto \Omega$ 减少,效率降低,很不经济,因此这种调速方法只在不得已时才采用。

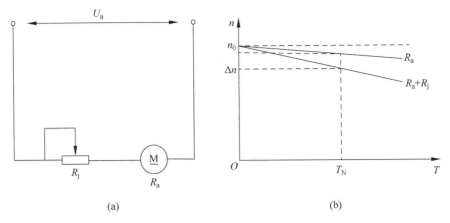

图 10-8　直流电机调速时的电路和机械特性

假设电机运行在额定运行状态,现需要将转速从额定转速调到 1000r/min,采用串电阻调速,则外加电阻 R_j 的确定方式如下。

根据电机参数计算额定负载转矩(以第二台电机为例说明计算过程,根据参数计算得到实际功率为 3.68kW,程序按实际值进行计算)为

$$T_N = \frac{30 P_N}{\pi n_N} = \frac{30 \times 3680}{3.14 \times 1750} \approx 20.09(\text{N} \cdot \text{m}) \tag{10.18}$$

计算电机转速为 1000r/min 下的空载转矩为

$$T_0 = T_f + B_m \omega = \frac{0.01 \times \pi \times 1000}{30} \approx 1.05(\text{N} \cdot \text{m}) \tag{10.19}$$

则转速为 1000r/min 下的电磁转矩为

$$T_{em} = T_L + T_0 = 20.09 + 1.05 = 21.145(\text{N} \cdot \text{m}) \tag{10.20}$$

由额定运行状态求 $C_E \phi$、$C_T \phi$

$$C_E \Phi = \frac{U_N - I_N R_a}{n_N} = \frac{240 - 18 \times 0.78}{1750} \approx 0.13 \tag{10.21}$$

$$C_T \Phi = \frac{30 C_E \Phi}{\pi} \approx 1.23 \tag{10.22}$$

将上述结果带入式(10.16)得

$$R_a + R_j = \left(\frac{240}{0.13} - 1000 \right) \times \frac{0.13 \times 1.23}{21.14} = 6.38\Omega \tag{10.23}$$

因此可知

$$R_j = 6.38 - 0.78 = 5.6 \tag{10.24}$$

【例 10-4】　编写 MATLAB 程序实现电机(参数如表 101 所示)由额定转速降到 1000r/min 的调速过程(DCSpeedAdjust_R.m)。

```
clear all
global SM;
global Uf;
global U;
```

```
global Ea;
global Te;                                  % 直流电机的电磁转矩
global TL;                                  % 直流电机的负荷制动转矩
global Pn;                                  % 直流电机的额定功率
global N;                                   % 直流电机的额定转速
global R;
% 载入电机参数
load('c:\Program Files\MATLAB\R2014a\toolbox\physmod\powersys\powersys\MachineParameters\
DCparameters.mat')
i = 2;                                      % 选择电机型号,这里选择第二台电机
[Pn, Un, N, Ufn] = GetNominalParameters(Machines(i).Comments);
Ea = 0;
SM.Ra = Machines(i).Ra;
SM.La = Machines(i).La;
SM.Rf = Machines(i).Rf;
SM.Lf = Machines(i).Lf;
SM.Laf = Machines(i).Laf;
SM.J = Machines(i).J;
SM.Bm = Machines(i).Bm;
SM.Tf = Machines(i).Tf;
% 铭牌上的 Pn 不是准确值
% 已知参数时,实际的额定功率计算方法如下
w1 = 2 * pi * N/60;
Ifn = Ufn. /SM.Rf;                          % 计算额定励磁电流
% Pe = Ea * Ia = w * Laf * If * Ia = Un * Ia - Ia * Ia * Ra,故有
In = (Un - w1 * SM.Laf * Ifn)/SM.Ra;
Pe = w1 * SM.Laf * Ifn * In;
Pn = Pe - SM.Tf * w1 - SM.Bm * w1 * w1;
% 直接计算稳态时相关值
TL = (30 * Pn)/(pi * N);
Cefa = (Un - In * SM.Ra)/N;
Ctfa = 60 * Cefa/(2 * pi);
Ea = Un - In * SM.Ra;                       % 计算 Un - Ea - In * SM.Ra 会不等于 0
% 将转速降为 1000r/Min
n2 = 1000;
w2 = 2 * pi * n2/60;

T0 = SM.Tf + SM.Bm * w2;                    % 求稳定速度为 1000r/min 的空载转矩
Tem = T0 + TL;                              % 求 1000r/min 下的电磁转矩
% 根据串电阻调速公式计算电枢回路总电阻
Raj = ((Un/Cefa) - n2) * Cefa * Ctfa/Tem;  % 串入 Rj 后电枢回路的总电阻
% R 初始值
R = 0;
% 设置转速和电流初始值,从稳态开始运行
w0 = 2 * pi * N/60;;
IfIa0 = [Ifn;In]
% 设置仿真时间长度 10s,200µs 步长
Tend = 10;
deltaT = 0.02/100;
```

```
%状态记录
w_record = [];
i_record = [];
T_record = [];
% 迭代运行
for t = 0:deltaT:Tend
    % 调用 ode45 函数解微分方程
    % 电磁平衡方程
    % 按额定励磁电压和电枢电压启动电机
    % 如有必要,可以修改
    U = Un;
    Uf = Ufn;
    [T,Y] = ode45(@DC_IfIa,[0 deltaT],IfIa0);
    [m,n] = size(Y);
    IfIa = Y(m,:)';
    % 机械平衡方程
    Te = SM.Laf * IfIa(1) * IfIa(2);          % 电磁转矩 Te = Laf * If * Ia
    [T,Y] = ode45(@DC_TeTL,[0 deltaT],w0);    % 求转速
    [m,n] = size(Y);
    w = Y(m,:)';
    Ea = SM.Laf * w * IfIa(1);
    % 为下次计算做准备
    IfIa0 = IfIa;
    w0 = w;
    % 记录
    w_record = [w_record,[w;w * 60/pi/2]];    % w * 60/pi/2 求转速
    i_record = [i_record,IfIa];
    T_record = [T_record,[Te;TL]];
    % ------------------------------
    % 改变电阻
    if t > 1
        R = Raj - SM.Ra;
    end
end
figure(1)
subplot(2,1,1)
plot([0:deltaT:Tend],w_record(2,:))
axis([0,10,900,1800]);
grid
xlabel('时间,t');
ylabel('转速 rpm');
title('转速与时间的关系');
subplot(2,1,2)
plot([0:deltaT:Tend],i_record(2,:))
grid
xlabel('时间,t');i
ylabel('电枢电流,A');
title('电枢电流与时间关系');
% ------------------------------
```

```
I = (U − SM.Laf * Ifn * w)/SM.Ra;        % 稳态电枢电流
Im = max(i_record(2,:))                  % 获得电枢冲击电流
large = Im/I                             % 冲击电流与稳态电流的倍数
figure(2);
plot(i_record(2,:),w_record(2,:))
xlabel('电枢电流,A');
ylabel('转速 rpm');
```

运行程序得到电机的调速曲线如图 10-9 所示,从调速曲线可以看出,通过外接电阻能够实现对于电机速度的调节,有效证明了上述讨论的正确性。

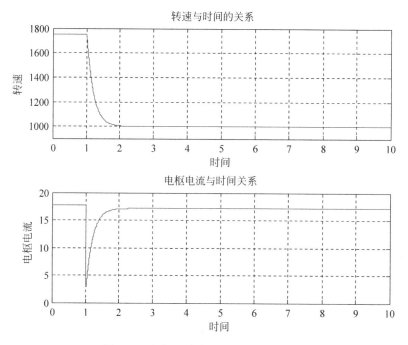

图 10-9　电枢回路串电阻调速曲线仿真

10.4.2　改变励磁电流调速

当电枢电压恒定时,改变电动机的励磁电流也能实现调速。从式(10.15)可看出,电动机的转速与磁通 Φ(也就是励磁电流)成反比,即当磁通减少时,转速 n 升高;反之,则 n 降低,不同励磁电流下的转速特性曲线如图 10-10 所示。

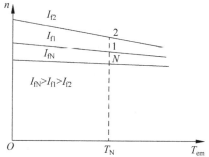

但必须指出的是,这种调速方法,只能使转速升高到大于额定转速 n_N 时工作,不能低于 n_N 下工作。这是因为电动机在额定运行状态时,磁通已经接近饱和,如果冉增加励磁电流 I_f,磁通几乎不变,所以不宜作为转速在 n_N 以下的调速方法。此外,由于受电动机结构强度和换向的限制,电动机的转速也不能太高,一般应配制在额定转速 n_N 的 1.2 倍范围

图 10-10　相励磁电流下的转速特性曲线

内。但是工程上有一种专门提供调速用的直流电动机,它的最低和最高转速之比可达到
1:2,甚至可达到1:3。

当不计饱和时:$\Phi \propto I_f$,即 $\Phi = k_f I_f$。从式(10.15)可以看出,端电压不变的情况下,励磁电流增大,磁通增大,转速随着减小

$$n_0 = \frac{U_a - I_a R_a}{C_E \Phi} = \frac{U_a}{C_E \Phi} - \frac{R_a}{C_E \Phi C_T \Phi} T_{em} \tag{10.25}$$

式(10.25)为一般教科书表达励磁调速的基本出发点。存在的不足是 Φ 变动时,I_a 实际也在变动,因此难以直观反映励磁电流与转速之间的关系。从另外一个角度出发,即

$$\begin{cases} E_a = L_{af} I_f \omega = U_n - I_a R_a \\ T_e = L_{af} I_f I_a = T_L + T_f + B_m \omega \end{cases} \tag{10.26}$$

由式(10.26)第二行可得到 I_a 与 ω 和 I_f 的关系,然后代入第一行,可以得到

$$L_{af} I_f \omega = U_n - \frac{(T_L + T_f + B_m \omega)}{L_{af} I_f} R_a \tag{10.27}$$

化简后,有

$$\omega = \frac{U_n L_{af} I_f - (T_L + T_f) R_a}{(L_{af} I_f)^2 + B_m R_a} \tag{10.28}$$

式(10.28)表示了一台直流电机在给定电枢电压、给定负载转矩条件下,ω 与 I_f 的关系。

【例 10-5】 编写程序并给出给定电机(参数如表 10-1 所示)的 n 与 I_f 的关系图。

编写程序如下(DCSpeed_If_w.m):

```
clear all
% 载入电机参数
load('c:\Program Files\MATLAB\R2014a\toolbox\physmod\powersys\powersys\MachineParameters\
DCparameters.mat')
i = 2;                  % 选择电机型号,这里选择第二台电机
[Pn, Un, N, Ufn] = GetNominalParameters(Machines(i).Comments);
SM.Ra = Machines(i).Ra;
SM.La = Machines(i).La;
SM.Rf = Machines(i).Rf;
SM.Lf = Machines(i).Lf;
SM.Laf = Machines(i).Laf;
SM.J = Machines(i).J;
SM.Bm = Machines(i).Bm;
SM.Tf = Machines(i).Tf;
% 铭牌上的 Pn 不是准确值,
% 已知参数时,实际的额定功率计算方法如下
w1 = 2 * pi * N/60;
Ifn = Ufn./SM.Rf;      % 计算额定励磁电流
% Pe = Ea * Ia = w * Laf * If * Ia = Un * Ia - Ia * Ia * Ra,故有
In = (Un - w1 * SM.Laf * Ifn)/SM.Ra;
Pe = w1 * SM.Laf * Ifn * In;
Pn = Pe - SM.Tf * w1 - SM.Bm * w1 * w1;
% 直接计算稳态时相关值
TL = (30 * Pn)/(pi * N);
```

```
% 设定励磁电流的变动范围
If = 0.05:Ifn/100:2 * Ifn;
w = (Un * SM.Laf * If - (TL + SM.Tf) * SM.Ra)./(SM.Laf ^ 2 * If. * If + SM.Bm * SM.Ra)
plot(If,w/2/pi * 60)
xlabel('励磁电流');
ylabel('转速 rpm');
```

上述程序在 $i=2$ 和 $i=3$，分别选择 MATLAB 的 SimPowerSystems 工具箱自带的第二台和第三台电机(适当调整 I_f 的取值范围)，绘制结果如图 10-11 所示。

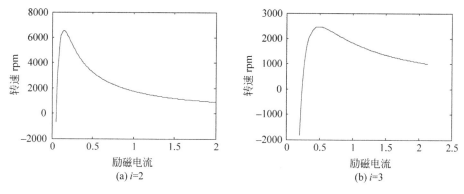

(a) $i=2$　　　　　　　　　　　(b) $i=3$

图 10-11　给定电机励磁电流与转速的关系

总体来说，I_f 减小，ω 会上升，但这种上升不是无限的，在达到一个极限值后会迅速下降。前面提过，通过改变励磁电流调速，只能使转速升高到大于额定转速 n_N，不能低于 n_N。从图中可以看出，要降低电机转速，只能增大励磁电流，而电动机在额定运行状态时，磁通已经接近饱和，如果再增加励磁电流 I_f，磁通几乎不变，所以不宜用于降低转速。

一般来说，初始状态以额定转速 1750rpm 稳定运行，1s 后调速至 2000rpm。程序通过修改励磁电压来修改磁通，使用了一个简单的 PI 控制器，当设定转速高于实际转速时，误差为正，需要调大控制量 U_f，故将当前速度以正反馈形式介入控制器。

编写程序如下(DCSpeedAdjust_Uf.m)：

```
clear all
global SM;
global Uf;
global U;
global Ea;
global Te;          % 直流电机的电磁转矩
global TL;          % 直流电机的负荷制动转矩
global Pn;          % 直流电机的额定功率
global N;           % 直流电机的额定转速
global R;
% 载入电机参数
load('c:\Program Files\MATLAB\R2014a\toolbox\physmod\powersys\powersys\MachineParameters\
DCparameters.mat')
i = 2;              % 选择电机型号,这里选择第二台电机
[Pn, Un, N, Ufn] = GetNominalParameters(Machines(i).Comments);
```

```
Ea = 0;
SM.Ra = Machines(i).Ra;
SM.La = Machines(i).La;
SM.Rf = Machines(i).Rf;
SM.Lf = Machines(i).Lf;
SM.Laf = Machines(i).Laf;
SM.J = Machines(i).J;
SM.Bm = Machines(i).Bm;
SM.Tf = Machines(i).Tf;
% 铭牌上的 Pn 不是准确值
% 已知参数时,实际的额定功率计算方法如下
w1 = 2 * pi * N/60;
Ifn = Ufn./SM.Rf;                    % 计算额定励磁电流
% Pe = Ea Ia = w * Laf * If * Ia = Un * Ia - Ia * Ia * Ra,故有
In = (Un - w1 * SM.Laf * Ifn)/SM.Ra;
Pe = w1 * SM.Laf * Ifn * In;
Pn = Pe - SM.Tf * w1 - SM.Bm * w1 * w1;
% 直接计算稳态时相关值
TL = (30 * Pn)/(pi * N);
Cefa = (Un - In * SM.Ra)/N;
Ctfa = 60 * Cefa/(2 * pi);
Ea = Un - In * SM.Ra;                % 计算 Un - Ea - In * SM.Ra 会不等于 0
% 将转速调整为 2000r/min
n2 = 2000;
w2 = 2 * pi * n2/60;

% R 初始值
R = 0;
% 设置转速和电流初始值,从稳态开始运行
w0 = 2 * pi * N/60;;
IfIa0 = [Ifn;In]
% 设置仿真时间长度 10s,200μs 步长
Tend = 10;
deltaT = 0.02/100;
% 状态记录
w_record = [];
i_record = [];
T_record = [];
% 励磁 PID 参数
Kpf = 10;
Kif = 8;
% 迭代运行
for t = 0:deltaT:Tend
    % 调用 ode45 函数解微分方程
    % 电磁平衡方程
    % 按额定励磁电压和电枢电压启动电机
    % 如有必要,可以修改
    U = Un;
    if t < 1
```

```
        Uf = Ufn;
        SumCi = Uf;
    else
        % Tm 的调节应该使用 PI 控制器
        E_wr = - (w2 - w);
        SumCi = SumCi + Kif * (E_wr) * deltaT;
        Uf = Kpf * E_wr + SumCi;                  % 计算控制量,最终与摩擦阻力和电磁转矩平衡
    end
    [T,Y] = ode45(@DC_IfIa,[0 deltaT],IfIa0);
    [m,n] = size(Y);
    IfIa = Y(m,:)';
    % 机械平衡方程
    Te = SM.Laf * IfIa(1) * IfIa(2);              % 电磁转矩 Te = Laf * If * Ia
    [T,Y] = ode45(@DC_TeTL,[0 deltaT],w0);        % 求转速
    [m,n] = size(Y);
    w = Y(m,:)';
    Ea = SM.Laf * w * IfIa(1);
    % 为下次计算做准备
    IfIa0 = IfIa;
    w0 = w;
    % 记录
    w_record = [w_record,[w;w * 60/pi/2]];        % w * 60/pi/2 求转速
    i_record = [i_record,IfIa];
    T_record = [T_record,[Te;TL]];
end
figure(1)
subplot(3,1,1)
plot([0:deltaT:Tend],w_record(2,:))
grid
xlabel('时间,t');
ylabel('转速 rpm');
title('转速与时间的关系');
subplot(3,1,2)
plot([0:deltaT:Tend],i_record(2,:))
grid
xlabel('时间,t');i
ylabel('电枢电流,A');
title('电枢电流与时间关系');
subplot(3,1,3)
plot([0:deltaT:Tend],i_record(1,:))
grid
xlabel('时间,t');i
ylabel('励磁电流,A');
title('励磁电流与时间关系');
% ————————————————————————————
I = (U - SM.Laf * IfI1 * w)/SM.Ra;                % 稳态电枢电流
Im = max(i_record(2,:))                           % 获得电枢冲击电流
large = Im/I                                      % 冲击电流与稳态电流的倍数
figure(2);
```

```
plot(i_record(2,:),w_record(2,:))
xlabel('电枢电流,A');
ylabel('转速 rpm');
```

运行得到如图 10-12 所示的调速结果。从图中可以看出,PI 控制器较好地将转速调节到了 2000rpm,电枢电流出现了一个较大的波动,励磁电流下降到 0.87A。

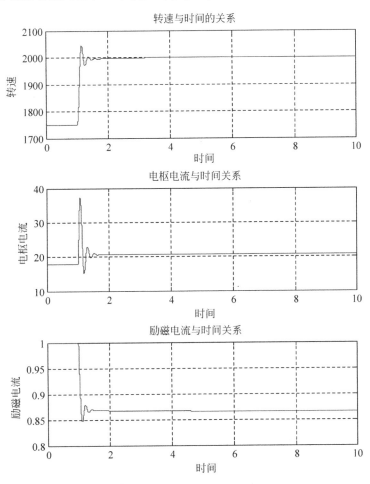

图 10-12 改变励磁电压调速结果(2000rpm)

使用同一程序尝试将转速调整到 1000rpm,运行结果如图 10-13 所示。PI 控制器也能将速度较好地调节到 1000rpm。但励磁电流增大到 1.8A,由于仿真中没有考虑磁通的饱和,因此相对容易达到控制目标。而实际电机在这样的条件下,磁通已经很难增加。

10.4.3 改变端电压调速

当电枢电流和励磁电流恒定时,改变电动机的电枢电压也能实现调速。从式(10.15)可看出,电动机的转速与电枢电压成正比,即当电枢电压减低时,转速 n 降低;反之,则 n 升高。但电动机的工作电压不允许超过额定电压,因此电枢电压只能在额定电压以下进行调节,不同电枢电压下的转速特性曲线如图 10-14 所示。

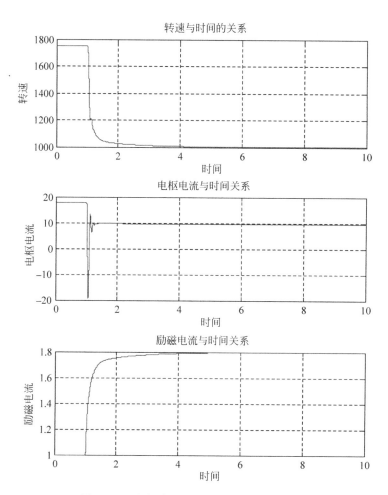

图 10-13 改变励磁电压调速结果(1000rpm)

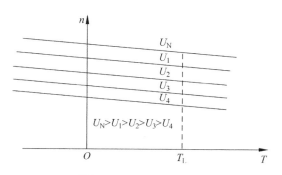

图 10-14 转速特性曲线

由图 10-14 可知,改变电枢电压是一种比较灵活的调速方式。转速既可升高也可降低,配合励磁调节,调速范围还可以更加宽广。因而,它已发展成为一种普遍应用的调速方式。

【例 10-6】 在励磁电流不变的条件下,通过调节电枢电压,将给定电机(参数如表 10-1 所示)转速由额定的 1750rpm 调整到 2000rpm(DCSpeedAdjust_U.m)。

编写程序如下：

```
clear all
global SM;
global Uf;
global U;
global Ea;
global Te;                          % 直流电机的电磁转矩
global TL;                          % 直流电机的负荷制动转矩
global Pn;                          % 直流电机的额定功率
global N;                           % 直流电机的额定转速
global R;
% 载人电机参数
load('c:\Program Files\MATLAB\R2014a\toolbox\physmod\powersys\powersys\MachineParameters\
DCparameters.mat')
i = 2;                              % 选择电机型号,这里选择第二台电机
[Pn, Un, N, Ufn] = GetNominalParameters(Machines(i).Comments);
Ea = 0;
SM.Ra = Machines(i).Ra;
SM.La = Machines(i).La;
SM.Rf = Machines(i).Rf;
SM.Lf = Machines(i).Lf;
SM.Laf = Machines(i).Laf;
SM.J = Machines(i).J;
SM.Bm = Machines(i).Bm;
SM.Tf = Machines(i).Tf;
% 铭牌上的 Pn 不是准确值
% 已知参数时,实际的额定功率计算方法如下
w1 = 2 * pi * N/60;
Ifn = Ufn. /SM.Rf;                  % 计算额定励磁电流
% Pe = Ea Ia = w * Laf * If * Ia = Un * Ia - Ia * Ia * Ra,故有
In = (Un - w1 * SM.Laf * Ifn)/SM.Ra;
Pe = w1 * SM.Laf * Ifn * In;
Pn = Pe - SM.Tf * w1 - SM.Bm * w1 * w1;
% 直接计算稳态时相关值
TL = (30 * Pn)/(pi * N);
Cefa = (Un - In * SM.Ra)/N;
Ctfa = 60 * Cefa/(2 * pi);
Ea = Un - In * SM.Ra;              % 计算 Un - Ea - In * SM.Ra 会不等于 0
% 将转速调整为 2000r/min
n2 = 2000;
w2 = 2 * pi * n2/60;

% R 初始值
R = 0;
% 设置转速和电流初始值,从稳态开始运行
w0 = 2 * pi * N/60;;
IfIa0 = [Ifn;In]
% 设置仿真时间长度 10s,200μs 步长
```

```matlab
Tend = 10;
deltaT = 0.02/100;
% 状态记录
w_record = [];
i_record = [];
T_record = [];
U_record = [];
% 电压调节 PID 参数
KpU = 2;
KiU = 20;
% 迭代运行
for t = 0:deltaT:Tend
    % 调用 ode45 函数解微分方程
    % 电磁平衡方程
    % 按额定励磁电压和电枢电压启动电机
    % 如有必要,可以修改
    if t < 1
        U = Un;
        SumCi = U;
    else
        % Tm 的调节应该使用 PI 控制
        E_wr = (w2 - w);
        SumCi = SumCi + KiU * (E_wr) * deltaT;
        U = KpU * E_wr + SumCi;              % 计算控制量,最终与摩擦阻力和电磁转矩平衡
    end
    Uf = Ufn;

    [T, Y] = ode45(@DC_IfIa, [0 deltaT], IfIa0);
    [m, n] = size(Y);
    IfIa = Y(m, :)';
    % 机械平衡方程
    Te = SM.Laf * IfIa(1) * IfIa(2);        % 电磁转矩 Te = Laf * If * Ia
    [T, Y] = ode45(@DC_TeTL, [0 deltaT], w0);  % 求转速
    [m, n] = size(Y);
    w = Y(m, :)';
    Ea = SM.Laf * w * IfIa(1);
    % 为下次计算做准备
    IfIa0 = IfIa;
    w0 = w;
    % 记录
    w_record = [w_record, [w; w * 60/pi/2]];    % w * 60/pi/2 求转速
    i_record = [i_record, IfIa];
    T_record = [T_record, [Te; TL]];
    U_record = [U_record, [U; Uf]];
end
figure(1)
subplot(3, 1, 1)
plot([0:deltaT:Tend], w_record(2, :))
grid
```

```
xlabel('时间,t');
ylabel('转速 rpm');
title('转速与时间的关系');
subplot(3,1,2)
plot([0:deltaT:Tend],i_record(2,:))
grid
xlabel('时间,t');i
ylabel('电枢电流,A');
title('电枢电流与时间关系');
subplot(3,1,3)
plot([0:deltaT:Tend],U_record(1,:))
grid
xlabel('时间,t');i
ylabel('电枢电压,V');
title('电枢电压与时间关系');

% ———————————————————————————————————
I = (U - SM.Laf * Ifn * w)/SM.Ra;        %稳态电枢电流
Im = max(i_record(2,:))                   %获得电枢冲击电流
large = Im/I                              %冲击电流与稳态电流的倍数
figure(2);
plot(i_record(2,:),w_record(2,:))
xlabel('电枢电流,A');
ylabel('转速 rpm');
```

运行得到如图 10-15 所示的调速结果。从图中可以看出,PI 控制器较好地将转速调节到了 2000rpm,电枢电流出现了一个较大的波动,电枢电压最终调整到 272.4715V。

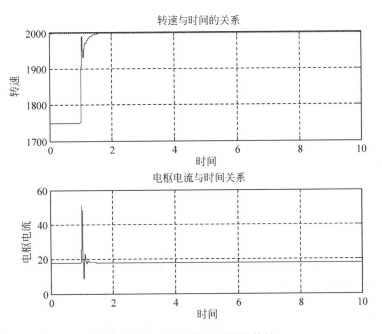

图 10-15 改变电枢电压调速结果

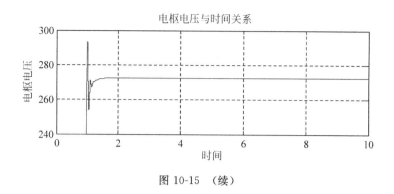

图 10-15 （续）

10.5 制动方式仿真

电机运行时,由高速进入低速或停转都需要对电动机进行制动。制动的本质都是在转轴上施加一个与旋转方向相反的转矩。按产生方式可分为机械制动和电磁制动。电磁制动又分为能耗制动和反接制动。

10.5.1 能耗制动

1. 原理描述

能耗制动的特点是电压 $U_a = 0$,而此时电机内磁场不变,转轴靠惯性切割磁场,产生反向电动势。此时变成一台他励发电机向外接制动电阻 R 供电,电枢电流 I_a 方向与电动状态运行时方向相反,电机动能全部消耗在制动电阻及机组上。

以并励电动机为例,稳定运转时电枢回路方程为

$$L_a \frac{di_a}{dt} = U_a - R_a i_a - E_a \tag{10.29}$$

制动后 $U_a = 0$,电枢回路方程为

$$L_a \frac{di_a}{dt} = -R_a i_a - E_a \tag{10.30}$$

初值 i_{a0} 为

$$i_{a0} = \frac{U_a - C_E \Phi n_N}{R_a} \tag{10.31}$$

初始角速度为

$$\omega_0 = \frac{2\pi n_N}{60} \tag{10.32}$$

其机械特性方程为

$$n = -\frac{R_a + R}{C_E C_T \Phi^2} T_e \tag{10.33}$$

由式(10.33)可知,n 为止时,T_e 为负;$n = 0$ 时,$T_e = 0$,所以机械特性位于第二象限,是一条过坐标原点的直线,直线斜率 $k = (R_a + R)/C_E C_T \Phi^2$,如图 10-16 所示。图 10-16(b)中 A 点是制动前运行点,B 点是开始制动时的运行点,转速不能突变,故两点转速都是 n_1。在制动转矩作用下,工作点沿特性曲线下降,直到 $n = 0$。

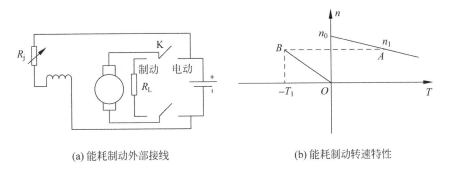

(a) 能耗制动外部接线   (b) 能耗制动转速特性

图 10-16 能耗制动原理

2. 能耗制动仿真

【例 10-7】 编写程序并对直流电机的制动过程进行相关仿真(DCStop_R.m)。

在 1s 时,将电源电压置为 0,同时考虑到在失去电磁转矩后,机械转矩会导致电机反转,在制动过程中,参考 SimPowerSystems 的仿真实例,将机械转矩修改为 TL＝0.2287 * w0,转矩随转速发生变化。

```
clear all
global SM;
global Uf;
global U;
global Ea;
global Te;                     % 直流电机的电磁转矩
global TL;                     % 直流电机的负荷制动转矩
global Pn;                     % 直流电机的额定功率
global N;                      % 直流电机的额定转速
global R;
% 载入电机参数
load('c:\Program Files\MATLAB\R2014a\toolbox\physmod\powersys\powersys\MachineParameters\
DCparameters.mat')
i = 2;                         % 选择电机型号,这里选择第二台电机
[Pn, Un, N, Ufn] = GetNominalParameters(Machines(i).Comments);
Ea = 0;
SM.Ra = Machines(i).Ra;
SM.La = Machines(i).La;
SM.Rf = Machines(i).Rf;
SM.Lf = Machines(i).Lf;
SM.Laf = Machines(i).Laf;
SM.J = Machines(i).J;
SM.Bm = Machines(i).Bm;
SM.Tf = Machines(i).Tf;
% 铭牌上的 Pn 不是准确值
% 已知参数时,实际的额定功率计算方法如下
w1 = 2 * pi * N/60;
Ifn = Ufn./SM.Rf;              % 计算额定励磁电流
% Pe = Ea Ia = w * Laf * If * Ia = Un * Ia - Ia * Ia * Ra,故有
In = (Un - w1 * SM.Laf * Ifn)/SM.Ra;
```

```matlab
Pe = w1 * SM.Laf * Ifn * In;
Pn = Pe - SM.Tf * w1 - SM.Bm * w1 * w1;
% 直接计算稳态时相关值
TL = (30 * Pn)/(pi * N);
Cefa = (Un - In * SM.Ra)/N;
Ctfa = 60 * Cefa/(2 * pi);
Ea = Un - In * SM.Ra;                    % 计算 Un - Ea - In * SM.Ra 会不等于 0
% 将转速调整为 2000r/min
n2 = 2000;
w2 = 2 * pi * n2/60;


% R初始值
R = 0;
% 设置转速和电流初始值,从稳态开始运行
w0 = 2 * pi * N/60;;
IfIa0 = [Ifn;In]
% 设置仿真时间长度 10s,200μs 步长
Tend = 10;
deltaT = 0.02/100;
% 状态记录
w_record = [];
i_record = [];
T_record = [];
U_record = [];
% 迭代运行
for t = 0:deltaT:Tend
    % 调用 ode45 函数解微分方程
    % 电磁平衡方程
    % 按额定励磁电压和电枢电压启动电机
    % 如有必要,可以修改
    if t < 1
        U = Un;
    else
        U = 0;
        R = 10;
        % 机械转矩
        TL = 0.2287 * w0;
    end
    Uf = Ufn;

    [T,Y] = ode45(@DC_IfIa,[0 deltaT],IfIa0);
    [m,n] = size(Y);
    IfIa = Y(m,:)';
    % 机械平衡方程
    Te = SM.Laf * IfIa(1) * IfIa(2);            % 电磁转矩 Te = Laf * If * Ia

    [T,Y] = ode45(@DC_TeTL,[0 deltaT],w0);      % 求转速
    [m,n] = size(Y);
    w = Y(m,:)';
```

```
    Ea = SM.Laf * w * IfIa(1);
    % 为下次计算做准备
    IfIa0 = IfIa;
    w0 = w;
    % 记录
    w_record = [w_record,[w;w * 60/pi/2]];            % w * 60/pi/2 求转速
    i_record = [i_record,IfIa];
    T_record = [T_record,[Te;TL]];
    U_record = [U_record,[U;Uf]];
end
figure(1)
subplot(2,1,1)
plot([0:deltaT:Tend],w_record(2,:))
grid
xlabel('时间,t');
ylabel('转速 rpm');
title('转速与时间的关系');
subplot(2,1,2)
plot([0:deltaT:Tend],i_record(2,:))
grid
xlabel('时间,t');i
ylabel('电枢电流,A');
title('电枢电流与时间关系');
```

将 R 分别设置为 0Ω、10Ω、1000Ω，仿真制动结果如图 10-17 所示。

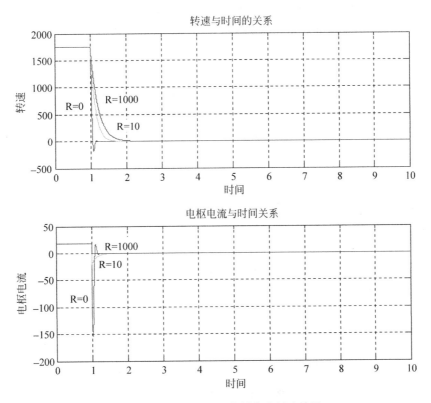

图 10-17　外接电阻 R 能耗仿真制动结果

将电阻 R 设置为无穷大,则等价于直接关闭电源,任电机自行停止,但由于电枢回路中电感电流不能突变,导致计算困难,因此程序不适合按该方式进行相关模拟。在第9章中SimPowerSystems 的模型 power_dcmotor.slx 中并联一个 $10k\Omega$ 的电阻,也是避免计算上带来的困难,当 $R=10k\Omega$ 时,基本等价于直接断电源开关。

从图中可以看出,随着外接电阻 R 的减小,电机停止的速度加快。但带来的问题是电枢上的反向冲击电流加大,因此采用这种方法制动时,外接电阻值不宜太小。

10.5.2 反接制动

1. 原理描述

反接制动是指利用反向开关把电枢两端反接到电网上的方法。此时电网电压 U 与电动状态运行时反电动势 E_a 同方向,产生比较大的电枢电流和电磁转矩,从而使机组很快地停转。

以并励电动机为例,稳定运转时电枢回路方程为

$$L_a \frac{di_a}{dt} = U_a - R_a i_a - E_a \tag{10.34}$$

制动后 $U = -U_a$,电枢回路方程为

$$L_a \frac{di_a}{dt} = -U_a - R_a i_a - E_a \tag{10.35}$$

其他方程不变。反接制动如图 10-18 所示。开始时电机运行于电动状态,开关 K 打向右边,电机运行于机械特性 A 点。开始制动时,将开关 K 打向左边,这时加在电枢两端的电压为 $-U$,与电动状态时反电动势同向,电枢电流反向,电磁转矩变为制动转矩,电机便处于制动状态。其机械特性方程为

$$n = -n_0 - \frac{R_a + R_L}{C_E C_T \Phi^2} T \tag{10.36}$$

按式(10.36)绘出图 10-18(b)中的直线 $BFKD$。B 点为起始制动点,该点转矩 T_B 为负值,转速为正值,故在第二象限。在 F 点 $n_F = 0$,电机停转。当 $n = 0$ 时应及时断开电源,否则电机将反转。

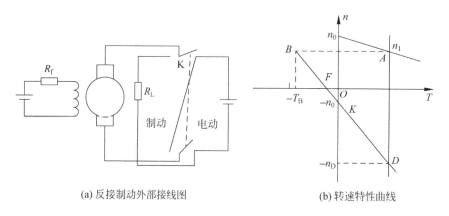

(a) 反接制动外部接线图   (b) 转速特性曲线

图 10-18　反接制动原理图

反接制动与能耗制动不同的是,将电网电压 U 加在反电动势上,因此需加控制条件使 U 及时断开,流过电枢最大反向电流不应超过额定值的两倍,外加电阻应满足

$$R \geqslant \frac{E_{\mathrm{a}}}{2I_{\mathrm{N}}} \tag{10.37}$$

2. 反接制动仿真

【例 10-8】 编写程序实现反接制动(DCStop_U.m)。

选用第二台电机,额定电流为 17.7663A, R 应大于 6.3644Ω,以外接电阻 $R=20$Ω 为例。

```
clear all
global SM;
global Uf;
global U;
global Ea;
global Te;          % 直流电机的电磁转矩
global TL;          % 直流电机的负荷制动转矩
global Pn;          % 直流电机的额定功率
global N;           % 直流电机的额定转速
global R;
% 载入电机参数
load('c:\Program Files\MATLAB\R2014a\toolbox\physmod\powersys\powersys\MachineParameters\
DCparameters.mat')
i = 2;                  % 选择电机型号,这里选择第二台电机
[Pn, Un, N, Ufn] = GetNominalParameters(Machines(i).Comments);
Ea = 0;
SM.Ra = Machines(i).Ra;
SM.La = Machines(i).La;
SM.Rf = Machines(i).Rf;
SM.Lf = Machines(i).Lf;
SM.Laf = Machines(i).Laf;
SM.J = Machines(i).J;
SM.Bm = Machines(i).Bm;
SM.Tf = Machines(i).Tf;
% 铭牌上的 Pn 不是准确值
% 已知参数时,实际的额定功率计算方法如下
w1 = 2 * pi * N/60;
Ifn = Ufn./SM.Rf;      % 计算额定励磁电流
% Pe = Ea Ia = w * Laf * If * Ia = Un * Ia - Ia * Ia * Ra,故有
In = (Un - w1 * SM.Laf * Ifn)/SM.Ra;
Pe = w1 * SM.Laf * Ifn * In;
Pn = Pe - SM.Tf * w1 - SM.Bm * w1 * w1;
% 直接计算稳态时相关值
TL = (30 * Pn)/(pi * N);
Cefa = (Un - In * SM.Ra)/N;
Ctfa = 60 * Cefa/(2 * pi);
Ea = Un - In * SM.Ra;    % 计算 Un - Ea - In * SM.Ra 会不等于 0
% 将转速调整为 2000r/min
n2 = 2000;
```

```matlab
w2 = 2 * pi * n2/60;
Rj = 10;  % 1.2 * Ea/2/In;
%R 初始值
R = 0;
% 设置转速和电流初始值,从稳态开始运行
w0 = 2 * pi * N/60;;
IfIa0 = [Ifn;In]
% 设置仿真时间长度 10s,200μs 步长
Tend = 10;
deltaT = 0.02/100;
% 状态记录
w_record = [];
i_record = [];
T_record = [];
U_record = [];
% 迭代运行
for t = 0:deltaT:Tend
    % 调用 ode45 函数解微分方程
    % 电磁平衡方程
    % 按额定励磁电压和电枢电压启动电机
    % 如有必要,可以修改
    if t < 1
        U = Un;
    else
        if w > 0
            U = - Un;
        else
            U = 0;
        end
        R = Rj;
         % 机械转矩
        TL = 0.2287 * w0;
    end
    Uf = Ufn;


    [T,Y] = ode45(@DC_IfIa,[0 deltaT],IfIa0);
    [m,n] = size(Y);
    IfIa = Y(m,:)';
    % 机械平衡方程
    Te = SM.Laf * IfIa(1) * IfIa(2);               % 电磁转矩 Te = Laf * If * Ia

    [T,Y] = ode45(@DC_TeTL,[0 deltaT],w0);   % 求转速
    [m,n] = size(Y);
    w = Y(m,:)';
    Ea = SM.Laf * w * IfIa(1);
    % 为下次计算做准备
    IfIa0 = IfIa;
    w0 = w;
    % 记录
    w_record = [w_record,[w;w * 60/pi/2]];      % w * 60/pi/2 求转速
    i_record = [i_record,IfIa];
```

```
        T_record = [T_record,[Te;TL]];
        U_record = [U_record,[U;Uf]];
end
figure(1)
subplot(2,1,1)
plot([0:deltaT:Tend],w_record(2,:))
grid
xlabel('时间,t');
ylabel('转速 rpm');
title('转速与时间的关系');
subplot(2,1,2)
plot([0:deltaT:Tend],i_record(2,:))
grid
xlabel('时间,t');i
ylabel('电枢电流,A');
title('电枢电流与时间关系');
```

运行结果如图 10-19 所示。图中电流曲线的折点即为电源的断开点。由图可知,最大电枢反向电流限制在−22A 左右,电机稳定停转,证明了理论的正确性。

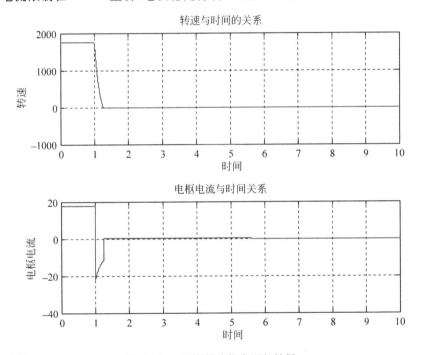

图 10-19 反接制动仿真运行结果

10.6 小结

本章根据直流电机的电磁平衡方程和机械平衡方程通过编写 M 文件的方式,绘制了电机的工作特性曲线,并对电机的启动、调速和制动过程进行了暂态仿真。通过这些例子读者可以更加深入地理解相关理论,并对电机的拖动控制有初步认识。

第11章

异步电机仿真模型

11.1 异步电机的 $dq0$ 分析

在电力系统仿真中,通常使用 Park 变换将三相交流量从静止坐标系变换到旋转坐标系,得到恒定的 $dq0$ 直流分量,从而使各种算法得以方便实现。对异步电机也是如此。

11.1.1 旋转磁场

设 $dq0$ 坐标系恒以旋转磁场的电角速度 ω 旋转(与气隙磁场同步),转子以电角速度 ω_r 旋转。旋转参考轴 d 与静止参考轴 A 之间的夹角定义为 θ_c,旋转参考轴 d 与转子 a 轴之间的夹角定义为 β,则构成异步电机及均匀气隙电机分析中常用的 $dq0$ 坐标系,如图 11-1 所示。

在前面 Clark 和 Park 变换之上更进一步,图 11-1 中存在两个三相坐标系,其中转子的坐标系是旋转的。为便于阐述,可以用

$$F_{ABC} = \begin{bmatrix} f_A & f_B & f_C \end{bmatrix}^T$$
$$F_{abc} = \begin{bmatrix} f_a & f_b & f_c \end{bmatrix}^T$$
$$F = u, i, \psi; \ f = u, i, \psi$$

来简记相关符号。其中大写的 ABC 表示定子,小写的 abc 表示转子,F 可以是电压、电流或磁链,黑体表示三相组成的向量,斜体不加粗表示单相。

11.1.2 定子静止坐标系变换

对定子而言,$dq0$ 与定子静止坐标系 ABC 中通用变量间的正逆变换关系如下。

正变换

$$F_{d_s q_s 0} = P(\theta_c) F_{ABC} \tag{11.1}$$

即

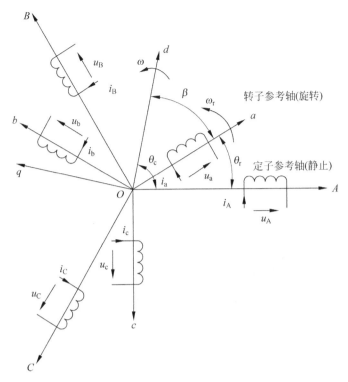

图 11-1 ABC 定子坐标系和 abc 转子坐标系与 $dq0$ 坐标系

$$\begin{bmatrix} f_{ds} \\ f_{qs} \\ f_{0s} \end{bmatrix} = \frac{2}{3} \begin{bmatrix} \cos\theta_c & \cos\left(\theta_c - \dfrac{2\pi}{3}\right) & \cos\left(\theta_c + \dfrac{2\pi}{3}\right) \\ -\sin\theta_c & -\sin\left(\theta_c - \dfrac{2\pi}{3}\right) & -\sin\left(\theta_c + \dfrac{2\pi}{3}\right) \\ \dfrac{1}{2} & \dfrac{1}{2} & \dfrac{1}{2} \end{bmatrix} \begin{bmatrix} f_A \\ f_B \\ f_C \end{bmatrix} \qquad (11.2)$$

逆变换

$$F_{ABC} = P^{-1}(\theta_c) F_{d_s q_s 0} \qquad (11.3)$$

即

$$\begin{bmatrix} f_A \\ f_B \\ f_C \end{bmatrix} = \begin{bmatrix} \cos\theta_c & -\sin\theta_c & 1 \\ \cos\left(\theta_c - \dfrac{2\pi}{3}\right) & -\sin\left(\theta_c - \dfrac{2\pi}{3}\right) & 1 \\ \cos\left(\theta_c + \dfrac{2\pi}{3}\right) & -\sin\left(\theta_c + \dfrac{2\pi}{3}\right) & 1 \end{bmatrix} \begin{bmatrix} f_{ds} \\ f_{qs} \\ f_{0s} \end{bmatrix} \qquad (11.4)$$

11.1.3 转子旋转坐标系变换

对转子而言，$dq0$ 与转子旋转坐标系 abc 中通用变量间的正逆变换关系如下。

正变换

$$F_{d_r q_r 0} = P(\beta) F_{abc} \qquad (11.5)$$

即

$$\begin{bmatrix} f_{dr} \\ f_{qr} \\ f_{0r} \end{bmatrix} = \frac{2}{3} \begin{bmatrix} \cos\beta & \cos\left(\beta - \dfrac{2\pi}{3}\right) & \cos\left(\beta + \dfrac{2\pi}{3}\right) \\ -\sin\beta & -\sin\left(\beta - \dfrac{2\pi}{3}\right) & -\sin\left(\beta + \dfrac{2\pi}{3}\right) \\ \dfrac{1}{2} & \dfrac{1}{2} & \dfrac{1}{2} \end{bmatrix} \begin{bmatrix} f_a \\ f_b \\ f_c \end{bmatrix} \tag{11.6}$$

逆变换

$$F_{abc} = P^{-1}(\beta) F_{d_r q_r 0} \tag{11.7}$$

即

$$\begin{bmatrix} f_a \\ f_b \\ f_c \end{bmatrix} = \begin{bmatrix} \cos\beta & -\sin\beta & 1 \\ \cos\left(\beta - \dfrac{2\pi}{3}\right) & -\sin\left(\beta - \dfrac{2\pi}{3}\right) & 1 \\ \cos\left(\beta + \dfrac{2\pi}{3}\right) & -\sin\left(\beta + \dfrac{2\pi}{3}\right) & 1 \end{bmatrix} \begin{bmatrix} f_{dr} \\ f_{qr} \\ f_{0r} \end{bmatrix} \tag{11.8}$$

11.2 异步电机的电磁方程

11.2.1 *ABC* 静止相坐标系下数学模型

1. 电压方程

由电机学相关知识可知异步电机在 ABC 静止相坐标系中的电压方程为

$$\begin{bmatrix} u_A \\ u_B \\ u_C \\ u_a \\ u_b \\ u_c \end{bmatrix} = \begin{bmatrix} R_s & 0 & 0 & 0 & 0 & 0 \\ 0 & R_s & 0 & 0 & 0 & 0 \\ 0 & 0 & R_s & 0 & 0 & 0 \\ 0 & 0 & 0 & R_r & 0 & 0 \\ 0 & 0 & 0 & 0 & R_r & 0 \\ 0 & 0 & 0 & 0 & 0 & R_r \end{bmatrix} \begin{bmatrix} i_A \\ i_B \\ i_C \\ i_a \\ i_b \\ i_c \end{bmatrix} + p \begin{bmatrix} \psi_A \\ \psi_B \\ \psi_C \\ \psi_a \\ \psi_b \\ \psi_c \end{bmatrix} \tag{11.9}$$

也可记为

$$\begin{bmatrix} u_{ABC} \\ u_{abc} \end{bmatrix} = \begin{bmatrix} R_s & 0 \\ 0 & R_r \end{bmatrix} \begin{bmatrix} i_{ABC} \\ i_{abc} \end{bmatrix} + p \begin{bmatrix} \psi_{ABC} \\ \psi_{abc} \end{bmatrix} \tag{11.10}$$

式中，p 代表对时间 t 求导。

定子绕组相电阻为

$$R_s = \mathrm{diag}[R_s \quad R_s \quad R_s] \tag{11.11}$$

转子绕组相电阻为

$$R_r = \mathrm{diag}[R_r \quad R_r \quad R_r] \tag{11.12}$$

2. 磁链方程

磁链方程为

$$\begin{bmatrix} \psi_{ABC} \\ \psi_{abc} \end{bmatrix} = \begin{bmatrix} L_s & L_{sr} \\ L_{sr}^T & L_r \end{bmatrix} \begin{bmatrix} i_{ABC} \\ i_{abc} \end{bmatrix} \tag{11.13}$$

定子相绕组的自感和互感

$$L_s = \begin{bmatrix} L_{1\sigma} + L_{ms} & -L_{ms}/2 & -L_{ms}/2 \\ -L_{ms}/2 & L_{1\sigma} + L_{ms} & -L_{ms}/2 \\ -L_{ms}/2 & -L_{ms}/2 & L_{1\sigma} + L_{ms} \end{bmatrix} \tag{11.14}$$

式中，$L_{1\sigma}$、$L_{ms} = \dfrac{\Lambda_g N_s^2}{4p}$ 分别为定子相绕组漏电感和主电感；N_s 为定子相绕组等效正弦分布

绕组的串联匝数。

转子相绕组的自感和互感

$$L_r = \begin{bmatrix} L_{2\sigma}+L_{mr} & -L_{mr}/2 & -L_{mr}/2 \\ -L_{mr}/2 & L_{2\sigma}+L_{mr} & -L_{mr}/2 \\ -L_{mr}/2 & -L_{mr}/2 & L_{2\sigma}+L_{mr} \end{bmatrix} \tag{11.15}$$

式中，$L_{2\sigma}$、$L_{mr}=\dfrac{\Lambda_g N_r^2}{4p}$ 分别为转子相绕组漏电感和主电感；N_r 为转子绕组的等效正弦分布绕组的串联匝数。

定、转子绕组间的互感为

$$L_{sr} = L_{sr}\begin{bmatrix} \cos\theta_r & \cos(\theta_r+2\pi/3) & \cos(\theta_r-2\pi/3) \\ \cos(\theta_r-2\pi/3) & \cos\theta_r & \cos(\theta_r+2\pi/3) \\ \cos(\theta_r+2\pi/3) & \cos(\theta_r-2\pi/3) & \cos\theta_r \end{bmatrix} \tag{11.16}$$

式中，$L_{sr}=\dfrac{\Lambda_g N_s N_r}{4p}$。

将电感部分重写如下

$$\begin{cases} L_{ms}=\dfrac{\Lambda_g N_s^2}{4p} \\ L_{mr}=\dfrac{\Lambda_g N_r^2}{4p} \\ L_{sr}=\dfrac{\Lambda_g N_s N_r}{4p} \end{cases}$$

可以看出，若绕组的匝数不同，3 个电感值存在数值上的差异，导致式(11.13)的系数复杂，下面将通过折算的方法统一这些参数。

3. 方程折算

根据以上方程，令 $k=\dfrac{N_s}{N_r}$，则 $L_{mr}=L_{ms}/k^2$，$L_{sr}=L_{ms}/k$。在磁链方程和电势方程中，令 $i'_{abc}=i_{abc}/k$，则磁链方程将改写为

$$\begin{bmatrix} \psi_A \\ \psi_B \\ \psi_C \\ k\psi_a \\ k\psi_b \\ k\psi_c \end{bmatrix} = \begin{bmatrix} \begin{bmatrix} L_{1\sigma}+L_{ms} & -L_{ms}/2 & -L_{ms}/2 \\ -L_{ms}/2 & L_{1\sigma}+L_{ms} & -L_{ms}/2 \\ -L_{ms}/2 & -L_{ms}/2 & L_{1\sigma}+L_{ms} \end{bmatrix} & kL_{sr} \\ kL_{sr}^T & k^2\begin{bmatrix} L_{2\sigma}+L_{mr} & -L_{mr}/2 & -L_{mr}/2 \\ -L_{mr}/2 & L_{2\sigma}+L_{mr} & -L_{mr}/2 \\ -L_{mr}/2 & -L_{mr}/2 & L_{2\sigma}+L_{mr} \end{bmatrix} \end{bmatrix}\begin{bmatrix} i_A \\ i_B \\ i_C \\ i_a/k \\ i_b/k \\ i_c/k \end{bmatrix} \tag{11.17}$$

即

$$\begin{bmatrix} \psi_A \\ \psi_B \\ \psi_C \\ \psi'_a \\ \psi'_b \\ \psi'_c \end{bmatrix} = \begin{bmatrix} \begin{bmatrix} L_{1\sigma}+L_{ms} & -L_{ms}/2 & -L_{ms}/2 \\ -L_{ms}/2 & L_{1\sigma}+L_{ms} & -L_{ms}/2 \\ -L_{ms}/2 & -L_{ms}/2 & L_{1\sigma}+L_{ms} \end{bmatrix} & L'_{sr} \\ L_{sr}'^T & \begin{bmatrix} L'_{2\sigma}+L_{ms} & -L_{ms}/2 & -L_{ms}/2 \\ -L_{ms}/2 & L'_{2\sigma}+L_{ms} & -L_{ms}/2 \\ -L_{ms}/2 & -L_{ms}/2 & L'_{2\sigma}+L_{ms} \end{bmatrix} \end{bmatrix}\begin{bmatrix} i_A \\ i_B \\ i_C \\ i'_a \\ i'_b \\ i'_c \end{bmatrix} \tag{11.18}$$

式中，$L'_{2\sigma}=k^2 L_{2\sigma}$。

$$L'_{sr}=L_{ms}\begin{bmatrix} \cos\theta_r & \cos(\theta_r+2\pi/3) & \cos(\theta_r-2\pi/3) \\ \cos(\theta_r-2\pi/3) & \cos\theta_r & \cos(\theta_r+2\pi/3) \\ \cos(\theta_r+2\pi/3) & \cos(\theta_r-2\pi/3) & \cos\theta_r \end{bmatrix}$$

由此可知，进行折算后，L_{sr}、L_{mr} 等参数在式(11.18)被统一为一个参数 L_{ms}。

同理，电势方程将改写为

$$\begin{bmatrix} u_A \\ u_B \\ u_C \\ ku_a \\ ku_b \\ ku_c \end{bmatrix}=\begin{bmatrix} R_s & 0 & 0 & 0 & 0 & 0 \\ 0 & R_s & 0 & 0 & 0 & 0 \\ 0 & 0 & R_s & 0 & 0 & 0 \\ 0 & 0 & 0 & k^2 R_r & 0 & 0 \\ 0 & 0 & 0 & 0 & k^2 R_r & 0 \\ 0 & 0 & 0 & 0 & 0 & k^2 R_r \end{bmatrix}\begin{bmatrix} i_A \\ i_B \\ i_C \\ i'_a \\ i'_b \\ i'_c \end{bmatrix}+p\begin{bmatrix} \psi_A \\ \psi_B \\ \psi_C \\ \psi'_a \\ \psi'_b \\ \psi'_c \end{bmatrix} \tag{11.19}$$

即

$$\begin{bmatrix} u_A \\ u_B \\ u_C \\ u'_a \\ u'_b \\ u'_c \end{bmatrix}=\begin{bmatrix} R_s & 0 & 0 & 0 & 0 & 0 \\ 0 & R_s & 0 & 0 & 0 & 0 \\ 0 & 0 & R_s & 0 & 0 & 0 \\ 0 & 0 & 0 & R'_r & 0 & 0 \\ 0 & 0 & 0 & 0 & R'_r & 0 \\ 0 & 0 & 0 & 0 & 0 & R'_r \end{bmatrix}\begin{bmatrix} i_A \\ i_B \\ i_C \\ i'_a \\ i'_b \\ i'_c \end{bmatrix}+p\begin{bmatrix} \psi_A \\ \psi_B \\ \psi_C \\ \psi'_a \\ \psi'_b \\ \psi'_c \end{bmatrix} \tag{11.20}$$

式中，$R'_r=k^2 R_r$。

在式(11.18)和式(11.20)中，省略上标($'$)后，可以发现仍与式(11.9)和式(11.13)具有相同形式，只是矩阵的系数被统一为 L_{ms} 的表达式，简化了后续的计算过程。在下文中为方便书写，将省略上标($'$)。需注意的是，在仿真模块中输入的参数是进行过折算的。

提示：在一般教科书中从单相开始讨论，先假定转子静止，将定子、转子旋转磁势波表示为

$$\begin{cases} F_1=\dfrac{\sqrt{2}}{\pi}m_1\dfrac{I_1 w_1}{p}k_{w1} \\ F_2=\dfrac{\sqrt{2}}{\pi}m_2\dfrac{I_2 w_2}{p}k_{w2} \end{cases}$$

为了获得等效电路以简化分析、计算过程，将转子绕组折算为一个相数(m)、匝数(w)和绕组系数(k_w)都与定子相同的等效绕组，折算前后显然应保持 F_2 不变。因此有

$$\frac{\sqrt{2}}{\pi}m_1\frac{I'_2 w_1}{p}k_{w1}=\frac{\sqrt{2}}{\pi}m_2\frac{I_2 w_2}{p}k_{w2}$$

则

$$I'_2=\frac{m_2 w_2 k_{w2}}{m_1 w_1 k_{w1}}I_2=\frac{I_2}{k_i}$$

对比式(11.17)可知：$k_i=k=\dfrac{N_s}{N_r}$，二者是等价的。

转子电势折算值 E'_2 满足

$$E'_2 = \frac{w_1 k_{w1}}{w_2 k_{w2}} E_2 = k_e E_2$$

由于定子相数 m_1 和定子相数 m_2 通常相等,因此有 $k_e = k_i = k$,与式(11.19)是吻合的。

一般的教科书会在上述基础上,继续将转子旋转后的情况再进行一次折算。式(11.18)和式(11.20)描述的磁链和电势方程,在转子静止和旋转时都是适用的,旋转时的情况通过下面的 Park 变换来解决。

11.2.2 $dq0$ 坐标系下数学模型

1. 电压方程

(1) 定子侧电压方程。从 ABC 静止相坐标系到 $dq0$ 旋转坐标系,仍需用到前面提到的 Park 变换。以定子侧电压方程为例。

由式(11.10)得

$$u_{ABC} = R_s i_{ABC} + p\psi_{ABC} \tag{11.21}$$

式中,p 代表对时间 t 求导。

根据式(11.1),将式(11.21)乘以 $P(\theta_c)$ 得

$$u_{d_s q_s 0} = R_s i_{d_s q_s 0} + P(\theta_c) p\psi_{ABC} \tag{11.22}$$

式(11.22)中,$R_s = R_s I$,其中 I 为单位矩阵,故

$$P(\theta_c) R_s = R_s P(\theta_c)$$

又因为由式(11.1)可知

$$\psi_{d_s q_s 0} = P(\theta_c)\psi_{ABC}$$

左右两边都对时间 t 求导,可得

$$p\psi_{d_s q_s 0} = pP(\theta_c)\psi_{ABC} + P(\theta_c) p\psi_{ABC}$$
$$= pP(\theta_c) P^{-1}(\theta_c)\psi_{d_s q_s 0} + P(\theta_c) p\psi_{ABC} \tag{11.23}$$

所以

$$P(\theta_c) p\psi_{ABC} = p\psi_{d_s q_s 0} - pP(\theta_c) P^{-1}(\theta_c)\psi_{d_s q_s 0} \tag{11.24}$$

将式(11.24)代入式(11.22),得到

$$u_{d_s q_s 0} = R_s i_{d_s q_s 0} + p\psi_{d_s q_s 0} - pP(\theta_c) P^{-1}(\theta_c)\psi_{d_s q_s 0}$$
$$= R_s i_{d_s q_s 0} + p\psi_{d_s q_s 0} - s\psi_{d_s q_s 0} \tag{11.25}$$

【例 11-1】 编写程序(M 文件),求取式(11.25)中的 s(GetSs. m)。

```
% 定义符号变量
syms w t real
theta_c = w * t;
% 派克变换矩阵
P = [cos(theta_c), cos(theta_c - 2 * pi/3), cos(theta_c + 2 * pi/3);
    - sin(theta_c), - sin(theta_c - 2 * pi/3), - sin(theta_c + 2 * pi/3);
    1/2,1/2,1/2] * 2/3;
s = simplify(diff(P,t) * P ^ - 1)
```

运行结果：

```
s =
[ 0, w, 0]
[ -w, 0, 0]
[ 0, 0, 0]
```

程序中为 ω 和 t 定义两个符号变量（最后一个 real 表示这两个符号变量为实数），使用 diff 函数对符号方程求导，并使用 simplify 化简运行结果。相关函数用法，自行查阅帮助文件。

因此有

$$\begin{bmatrix} u_{ds} \\ u_{qs} \\ u_{0s} \end{bmatrix} = \begin{bmatrix} R_s & 0 & 0 \\ 0 & R_s & 0 \\ 0 & 0 & R_s \end{bmatrix} \begin{bmatrix} i_{ds} \\ i_{qs} \\ i_{0s} \end{bmatrix} + p \begin{bmatrix} \psi_{ds} \\ \psi_{qs} \\ \psi_{0s} \end{bmatrix} + \begin{bmatrix} -\omega\psi_{qs} \\ \omega\psi_{ds} \\ 0 \end{bmatrix} \tag{11.26}$$

（2）转子侧电压方程。对转子侧电压方程，推导过程同定子侧电压方程。变换矩阵由式(11.2)变为式(11.6)，相应 θ_c 变为

$$\beta = \omega t - \omega_r t$$

【例 11-2】 编写程序（M 文件），求取转子侧 $dq0$ 坐标系下的电压平衡方程（GetSr.m）。

```
% 定义符号变量
syms w wr t real
belta = w * t - wr * t;
% 派克变换矩阵
P = [cos(belta), cos(belta - 2 * pi/3), cos(belta + 2 * pi/3);
    - sin(belta), - sin(belta - 2 * pi/3), - sin(belta + 2 * pi/3);
    1/2,1/2,1/2] * 2/3;
s = simplify(diff(P,t) * P ^ - 1)
```

运行结果：

```
s =
[    0, w - wr, 0]
[ wr - w,  0,  0]
[    0,    0,  0]
```

因此有

$$\begin{bmatrix} u_{dr} \\ u_{qr} \\ u_{0r} \end{bmatrix} = \begin{bmatrix} R_r & 0 & 0 \\ 0 & R_r & 0 \\ 0 & 0 & R_r \end{bmatrix} \begin{bmatrix} i_{dr} \\ i_{qr} \\ i_{0r} \end{bmatrix} + p \begin{bmatrix} \psi_{dr} \\ \psi_{qr} \\ \psi_{0r} \end{bmatrix} + \begin{bmatrix} -(\omega-\omega_r)\psi_{qr} \\ (\omega-\omega_r)\psi_{dr} \\ 0 \end{bmatrix} \tag{11.27}$$

2. 磁链方程

由式(11.13) $\begin{bmatrix} \psi_{ABC} \\ \psi_{abc} \end{bmatrix} = \begin{bmatrix} L_s & L_{sr} \\ L_{sr}^T & L_r \end{bmatrix} \begin{bmatrix} i_{ABC} \\ i_{abc} \end{bmatrix}$ 展开得

$$\psi_{ABC} = L_s i_{ABC} + L_{sr} i_{abc} \tag{11.28}$$

$$\psi_{abc} = L_{sr}^T i_{ABC} + L_r i_{abc} \tag{11.29}$$

根据式(11.1)与式(11.3)化简,将式(11.28)左乘 $P(\theta_c)$ 得

$$\psi_{d_s q_s 0} = P(\theta_c) L_s P^{-1}(\theta_c) i_{d_s q_s 0} + P(\theta_c) L_{sr} P^{-1}(\beta) i_{d_r q_r 0} \tag{11.30}$$

与此类似,根据式(11.5)与式(11.7)化简,将式(11.29)左乘 $P(\beta)$ 得

$$\psi_{d_r q_r 0} = P(\beta) L_{sr}^{T} P^{-1}(\theta_c) i_{d_s q_s 0} + P(\beta) L_r P^{-1}(\beta) i_{d_r q_r 0} \tag{11.31}$$

因此,定、转子磁链方程为

$$\begin{bmatrix} \psi_s \\ \psi_r \end{bmatrix} = \begin{bmatrix} L_{11} & L_{12} \\ L_{21} & L_{22} \end{bmatrix} \begin{bmatrix} i_s \\ i_r \end{bmatrix} \tag{11.32}$$

其中

$$L_{22} = P(\beta) L_r P^{-1}(\beta) = \operatorname{diag}[L_r \quad L_r \quad L_{2\sigma}]$$

$$L_{12} = P(\theta_c) L_{sr} P^{-1}(\beta) = \operatorname{diag}[L_m \quad L_m \quad 0] = P(\beta) L_{sr}^{T} P^{-1}(\theta_c) = L_{21}$$

而

$$L_m = \frac{3}{2} L_{ms}; \quad L_s = L_{1\sigma} + L_m; \quad L_r = L_{2\sigma} + L_m$$

【例 11-3】　编写程序(M 文件)实现式(11.28)~式(11.32)的推导过程并验证结论的正确性(psiEquation.m)。

```
% 定义符号变量
syms I w wr t L1xig L2xig Lms theta_c theta_r real
theta_c = w * t;
theta_r = wr * t;
belta = theta_c - theta_r;

Ls = [L1xig + Lms  - Lms/2  - Lms/2
     - Lms/2 L1xig + Lms  - Lms/2
     - Lms/2  - Lms/2 L1xig + Lms];
Lr = [L2xig + Lms  - Lms/2  - Lms/2
     - Lms/2 L2xig + Lms  - Lms/2
     - Lms/2  - Lms/2 L2xig + Lms];
Lsr = Lms * [cos(theta_r) cos(theta_r + 2 * pi/3) cos(theta_r - 2 * pi/3);
        cos(theta_r - 2 * pi/3) cos(theta_r) cos(theta_r + 2 * pi/3) ;
        cos(theta_r + 2 * pi/3) cos(theta_r - 2 * pi/3) cos(theta_r) ]
LL = [Ls, Lsr; Lsr', Lr]

% 派克变换矩阵
P_theta_c = [cos(theta_c), cos(theta_c - 2 * pi/3), cos(theta_c + 2 * pi/3);
    - sin(theta_c), - sin(theta_c - 2 * pi/3), - sin(theta_c + 2 * pi/3);
    1/2, 1/2, 1/2] * 2/3;
P_belta = [cos(belta), cos(belta - 2 * pi/3), cos(belta + 2 * pi/3);
    - sin(belta), - sin(belta - 2 * pi/3), - sin(belta + 2 * pi/3);
    1/2, 1/2, 1/2] * 2/3;

% 计算
L11 = P_theta_c * Ls * P_theta_c ^ - 1;
L22 = P_belta * Lr * P_belta ^ - 1;
L12 = P_theta_c * Lsr * P_belta ^ - 1;
```

```
L21 = P_belta * Lsr' * P_theta_c ^ - 1;
% 简化表达式
L11 = simplify(L11)
L22 = simplify(L22)
L12 = simplify(L12)
L21 = simplify(L21)
```

运行结果

```
L11 =
[ L1xig + (3 * Lms)/2,                    0,      0]
[                   0, L1xig + (3 * Lms)/2,    0]
[                   0,                    0, L1xig]

L22 =
[ L2xig + (3 * Lms)/2,                    0,      0]
[                   0, L2xig + (3 * Lms)/2,    0]
[                   0,                    0, L2xig]

L12 =
[ (3 * Lms)/2,           0, 0]
[          0, (3 * Lms)/2, 0]
[          0,           0, 0]

L21 =
[ (3 * Lms)/2,           0, 0]
[          0, (3 * Lms)/2, 0]
[          0,           0, 0]
```

整理后可以得到式(11.32)的展开形式为

$$
\begin{bmatrix} \psi_{ds} \\ \psi_{qs} \\ \psi_{0s} \\ \psi_{dr} \\ \psi_{qr} \\ \psi_{0r} \end{bmatrix} = \begin{bmatrix} L_s & 0 & 0 & L_m & 0 & 0 \\ 0 & L_s & 0 & 0 & L_m & 0 \\ 0 & 0 & L_{1\sigma} & 0 & 0 & 0 \\ L_m & 0 & 0 & L_r & 0 & 0 \\ 0 & L_m & 0 & 0 & L_r & 0 \\ 0 & 0 & 0 & 0 & 0 & L_{2\sigma} \end{bmatrix} \begin{bmatrix} i_{ds} \\ i_{qs} \\ i_{0s} \\ i_{dr} \\ i_{qr} \\ i_{0r} \end{bmatrix} \tag{11.33}
$$

式中，$L_m = \dfrac{3}{2} L_{ms}$； $L_s = L_{1\sigma} + L_m$； $L_r = L_{2\sigma} + L_m$。

提示：注意上面在处理电压方程和磁链方程时，定子侧和转子侧使用了不同的 Park 变换矩阵，在表现形式上与一般教科书中的二次折算略有区别，但本质是相同的。

3. 等效电路

电路和磁链方程整理如下

$$
\begin{bmatrix} u_{ds} \\ u_{qs} \\ u_{0s} \end{bmatrix} = \begin{bmatrix} R_s & 0 & 0 \\ 0 & R_s & 0 \\ 0 & 0 & R_s \end{bmatrix} \begin{bmatrix} i_{ds} \\ i_{qs} \\ i_{0s} \end{bmatrix} + p \begin{bmatrix} \psi_{ds} \\ \psi_{qs} \\ \psi_{0s} \end{bmatrix} + \begin{bmatrix} -\omega \psi_{qs} \\ \omega \psi_{ds} \\ 0 \end{bmatrix} \tag{11.34}
$$

$$\begin{bmatrix} u_{dr} \\ u_{qr} \\ u_{0r} \end{bmatrix} = \begin{bmatrix} R_r & 0 & 0 \\ 0 & R_r & 0 \\ 0 & 0 & R_r \end{bmatrix} \begin{bmatrix} i_{dr} \\ i_{qr} \\ i_{0r} \end{bmatrix} + p \begin{bmatrix} \psi_{dr} \\ \psi_{qr} \\ \psi_{0r} \end{bmatrix} + \begin{bmatrix} -(\omega - \omega_r)\psi_{qr} \\ (\omega - \omega_r)\psi_{dr} \\ 0 \end{bmatrix} \quad (11.35)$$

$$\begin{bmatrix} \psi_{ds} \\ \psi_{qs} \\ \psi_{0s} \\ \psi_{dr} \\ \psi_{qr} \\ \psi_{0r} \end{bmatrix} = \begin{bmatrix} L_{1\sigma}+L_m & 0 & 0 & L_m & 0 & 0 \\ 0 & L_{1\sigma}+L_m & 0 & 0 & L_m & 0 \\ 0 & 0 & L_{1\sigma} & 0 & 0 & 0 \\ L_m & 0 & 0 & L_{2\sigma}+L_m & 0 & 0 \\ 0 & L_m & 0 & 0 & L_{2\sigma}+L_m & 0 \\ 0 & 0 & 0 & 0 & 0 & L_{2\sigma} \end{bmatrix} \begin{bmatrix} i_{ds} \\ i_{qs} \\ i_{0s} \\ i_{dr} \\ i_{qr} \\ i_{0r} \end{bmatrix} \quad (11.36)$$

因此,$dq0$ 坐标系下异步电机的等效电路如图 11-2 所示。

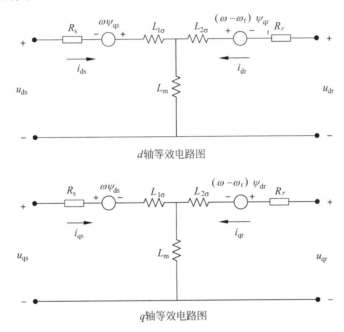

d 轴等效电路图

q 轴等效电路图

图 11-2 $dq0$ 坐标系下异步电机的等效电路

提示:$dq0$ 坐标系下的异步电机的等效电路与一般教科书的等效电路的区别:dq 轴等效电路在定子、转子支路上均多出了一个与角频率相关的等效电流源。这是因为进行 Park 变换后,将三相交流量转换为两个直流量,只有在暂态过程中,这两个直流量才会有变化,从而在电感上产生感应电势,在稳态时,则式(11.34)和式(11.35)的微分项为 0,等价于直流电通过 dq 轴等效电路的电感,不产生相关电势。

一般教科书则是按单相来绘制相量图,然后进行分析和折算。

4. $dq0$ 坐标系下电磁转矩

电机内的磁场总能量为

$$W_m = \frac{1}{2} \boldsymbol{\Psi}^T i$$

$$= \frac{1}{2} \left(\begin{bmatrix} L_{ss} & L_{sr} \\ L_{rs} & L_{rr} \end{bmatrix} \begin{bmatrix} i_s \\ i_r \end{bmatrix} \right)^T \begin{bmatrix} i_s \\ i_r \end{bmatrix}$$

$$= \frac{1}{2} \begin{bmatrix} i_s & i_r \end{bmatrix} \begin{bmatrix} L_{ss} & L_{rs} \\ L_{sr} & L_{rr} \end{bmatrix} \begin{bmatrix} i_s \\ i_r \end{bmatrix} \tag{11.37}$$

根据虚位移原理,电磁转矩为磁场总能量对转子机械角位移的偏导数,且 n_p 对于电机的电角度 θ_r 与机械角度 v 的关系为 $\theta_r = n_p v$,则电磁转矩公式如下。

由公式 $T_{em} = \frac{n_p}{2} i^T \frac{\partial L}{\partial \theta_r} i$($n_p$ 为极对数)可导出 $dq0$ 坐标系下异步电机电磁转矩的计算公式。

式中,$i^T = \begin{bmatrix} i_A & i_B & i_C & i_a & i_b & i_c \end{bmatrix} = \begin{bmatrix} i_{ABC}^T & i_{abc}^T \end{bmatrix}$;$L = \begin{bmatrix} L_s & L_{sr} \\ L_{sr}^T & L_r \end{bmatrix}$[详细数值参见式(11.18)]。

由于 L_s、L_r 与 θ_r 无关,因此

$$\frac{\partial L}{\partial \theta_r} = \begin{bmatrix} 0 & \frac{\partial L_{sr}}{\partial \theta_r} \\ \frac{\partial L_{sr}^T}{\partial \theta_r} & 0 \end{bmatrix}$$

从而

$$T_{em} = \frac{n_p}{2} \begin{bmatrix} i_{ABC}^T & i_{abc}^T \end{bmatrix} \begin{bmatrix} 0 & \frac{\partial L_{sr}}{\partial \theta_r} \\ \frac{\partial L_{sr}^T}{\partial \theta_r} & 0 \end{bmatrix} \begin{bmatrix} i_{ABC} \\ i_{abc} \end{bmatrix}$$

$$= \frac{n_p}{2} \left(i_{abc}^T \frac{\partial L_{sr}^T}{\partial \theta_r} i_{ABC} + i_{ABC}^T \frac{\partial L_{sr}}{\partial \theta_r} i_{abc} \right) \tag{11.38}$$

根据线性代数知识 $(AB)^T = B^T A^T$,容易验证 $\left(i_{abc}^T \frac{\partial L_{sr}^T}{\partial \theta_r} i_{ABC} \right)^T = i_{ABC}^T \frac{\partial L_{sr}}{\partial \theta_r} i_{abc}$,该公式的最终计算结果实际是标量。因此,$i_{abc}^T \frac{\partial L_{sr}^T}{\partial \theta_r} i_{ABC} = i_{ABC}^T \frac{\partial L_{sr}}{\partial \theta_r} i_{abc}$,从而式(11.38)可以变为

$$T_{em} = n_p i_{ABC}^T \frac{\partial L_{sr}}{\partial \theta_r} i_{abc}$$

$$= n_p i_s^T \begin{bmatrix} P^{-1}(\theta_c) \end{bmatrix}^T \frac{\partial L_{sr}}{\partial \theta_r} P^{-1}(\beta) i_r \tag{11.39}$$

【例 11-4】 编写 MATLAB 程序简化式(11.39)(TeLsr.m 文件)。

```
% 定义符号变量
syms np Ids Iqs I0s Idr Iqr I0r Lms theta_c theta_r real
belta = theta_c - theta_r;
% 互感矩阵
Lsr = Lms * [cos(theta_r) cos(theta_r + 2 * pi/3) cos(theta_r - 2 * pi/3);
        cos(theta_r - 2 * pi/3) cos(theta_r) cos(theta_r + 2 * pi/3) ;
        cos(theta_r + 2 * pi/3) cos(theta_r - 2 * pi/3) cos(theta_r) ];

% 派克变换矩阵
P_theta_c = [cos(theta_c), cos(theta_c - 2 * pi/3), cos(theta_c + 2 * pi/3);
    - sin(theta_c), - sin(theta_c - 2 * pi/3), - sin(theta_c + 2 * pi/3);
    1/2,1/2,1/2] * 2/3;
P_belta = [cos(belta), cos(belta - 2 * pi/3), cos(belta + 2 * pi/3);
```

```
              - sin(belta), - sin(belta - 2 * pi/3), - sin(belta + 2 * pi/3);
              1/2,1/2,1/2] * 2/3;


    Item = (P_theta_c ^ - 1)' * diff(Lsr,theta_r) * P_belta ^ - 1;
    % 简化表达式
    Item = simplify(Item)
    Te = np * [Ids Iqs I0s] * Item * [Idr Iqr I0r]'
```

运行结果:

```
    Item =
    [          0, - (9 * Lms)/4, 0]
    [ (9 * Lms)/4,             0, 0]
    [          0,             0, 0]


    Tem =

    (9 * Idr * Iqs * Lms * np)/4 - (9 * Ids * Iqr * Lms * np)/4
```

根据式(11.32),$L_m = \frac{3}{2}L_{ms}$,因此有

$$T_{em} = \frac{3}{2}n_p L_m (i_{qs}i_{dr} - i_{ds}i_{qr}) \tag{11.40}$$

根据式(11.33),有

$$\psi_{ds} = L_s i_{ds} + L_m i_{dr}; \quad \psi_{qs} = L_s i_{qs} + L_m i_{qr} \tag{11.41}$$

$$\psi_{dr} = L_m i_{ds} + L_r i_{dr}; \quad \psi_{qr} = L_m i_{qs} + L_r i_{qr} \tag{11.42}$$

因此可以得到

$$T_{em} = \frac{3}{2}n_p \left[(\psi_{ds} - L_s i_{ds}) i_{qs} - (\psi_{qs} - L_s i_{qs}) i_{ds} \right]$$

$$= \frac{3}{2}n_p (\psi_{ds}i_{qs} - \psi_{qs}i_{ds}) \tag{11.43}$$

同理,也有下式成立

$$T_{em} = \frac{3}{2}n_p \left[(\psi_{qr} - L_r i_{qr}) i_{dr} - (\psi_{dr} - L_r i_{dr}) i_{qr} \right]$$

$$= \frac{3}{2}n_p (\psi_{qr}i_{dr} - \psi_{dr}i_{qr}) \tag{11.44}$$

转矩的基准值计算公式为

$$T_b = \frac{P_b}{N_b} = \frac{P_b}{\omega_b/n_p} = \frac{3/2V_b I_b}{\omega_b/n_p} = \frac{3}{2}n_p \frac{V_b}{R_b} \frac{R_b I_b}{\omega_b} = \frac{3}{2}n_p I_b \psi_b \tag{11.45}$$

故式(11.43)和式(11.44)的标幺值表达式为

$$T_{em*} = \psi_{ds*} i_{qs*} - \psi_{qs*} i_{ds*} = \psi_{qr*} i_{dr*} - \psi_{dr*} i_{qr*} \tag{11.46}$$

5. $dq0$ 坐标系下的功率

(1) 定子侧的功率。用经典派克变换,可导出 $dq0$ 坐标系下异步电机输入电功率瞬时值为

$$P_1 = u_{abcs}^T i_{abcs}$$

$$= (P(\theta_r)^{-1} u_{dq0s})^T (P(\theta_r)^{-1} i_{dq0s})$$

$$= u_{dq0s}^T [(P(\theta_r)^{-1})^T (P(\theta_r)^{-1})] i_{dq0s}$$

$$= u_{dq0s}^T \begin{bmatrix} \dfrac{3}{2} & 0 & 0 \\ 0 & \dfrac{3}{2} & 0 \\ 0 & 0 & 3 \end{bmatrix} i_{dq0s}$$

$$= \frac{3}{2}(u_{ds} i_{ds} + u_{qs} i_{qs}) + 3 u_{0s} i_{0s} \tag{11.47}$$

因此 $dq0$ 坐标系下电机输出电功率瞬时值为

$$P_1 = \frac{3}{2}(u_{ds} i_{ds} + u_{qs} i_{qs}) + 3 u_{0s} i_{0s} \tag{11.48}$$

若将定子电压方程[参见式(11.34)]改写为

$$\begin{cases} u_{ds} = p\psi_{ds} - \omega\psi_{qs} + R_s i_{ds} \\ u_{qs} = p\psi_{qs} + \omega\psi_{ds} + R_s i_{qs} \\ u_{0s} = p\psi_{0s} - R_s i_{0s} \end{cases} \tag{11.49}$$

代入式(11.48),可整理得

$$P_1 = \frac{3}{2}(i_{ds} p\psi_{ds} + i_{qs} p\psi_{qs} + 2 i_{0s} p\psi_{0s}) + \frac{3}{2}\omega(\psi_{ds} i_{qs} - \psi_{qs} i_{ds})$$

$$+ \frac{3}{2}(i_{ds}^2 + i_{qs}^2 + 2 i_{0s}^2) R_s \tag{11.50}$$

等号右边第一项反映了与变压器电动势对应的电机输出功率;第二项反映了速度电动势对电功率的贡献,其值即为跨气隙传输到转子的机电功率(参见后面转子的功率方程);第三项是定子绕组的损耗。从功率平衡的概念可知这 3 项的代数和应为异步电机的输入功率。

因有

$$\begin{cases} S_{aB} = \dfrac{3}{2} u_{aB} i_{aB} = \dfrac{3}{2} R_B i_{aB} i_{aB} = \dfrac{3}{2} \omega_B L_B i_{aB} i_{aB} = \dfrac{3}{2} \omega_B \psi_B i_{aB} \\ \dfrac{d\psi}{dt} = \dfrac{d(\psi_* \psi_B)}{dt} \end{cases}$$

式(11.50)写为标幺值形式为

$$P_{e*} = (i_{ds*} p\psi_{ds*} + i_{qs*} p\psi_{qs*} + 2 i_{0s*} p\psi_{0s*})/\omega_b + \omega_*(\psi_{ds*} i_{qs*} - \psi_{qs*} i_{ds*})$$

$$+ (i_{ds*}^2 + i_{qs*}^2 + 2 i_{0s*}^2) R_{s*} \tag{11.51}$$

(2)转子侧的功率。与定子侧类似,有

$$0 = \frac{3}{2}(i_{dr} p\psi_{dr} + i_{qr} p\psi_{qr} + 2 i_{0r} p\psi_{0r}) + \frac{3}{2}(\omega - \omega_r)(\psi_{dr} i_{qr} - \psi_{qr} i_{dr})$$

$$+ \frac{3}{2}(i_{dr}^2 + i_{qr}^2 + 2 i_{0r}^2) R_r \tag{11.52}$$

写为标幺值形式为

$$0 = (i_{dr*} p\psi_{dr*} + i_{qr*} p\psi_{qr*} + 2 i_{0r*} p\psi_{0r*})/\omega_b + (\omega_* - \omega_{r*})(\psi_{dr*} i_{qr*} - \psi_{qr*} i_{dr*})$$

$$+ (i_{dr*}^2 + i_{qr*}^2 + 2 i_{0r*}^2) R_{r*} \tag{11.53}$$

在系统稳定时,有

$$\omega_* (\psi_{qr*} i_{dr*} - \psi_{dr*} i_{qr*}) = \omega_{r*} (\psi_{qr*} i_{dr*} - \psi_{dr*} i_{qr*})$$
$$+ (i_{dr*}^2 + i_{qr*}^2 + 2i_{0r*}^2) R_{r*} \tag{11.54}$$

由于有 $T_{e*} = \psi_{ds*} i_{qs*} - \psi_{qs*} i_{ds*} = \psi_{qr*} i_{dr*} - \psi_{dr*} i_{qr*}$,因此式(11.54)左边为转子从定子侧获取的能量。右边第一项为最终转化为机械功率的部分；第二项为消耗在转子电阻上的铜耗。

【例 11-5】 编写 MATLAB 程序说明异步电机的功率传输情况(TestP.m 文件)。

```
syms Rs Rr Ls Lr Lm wr F real
R = [Rs 0 0 0; 0 Rs 0 0; 0 0 Rr 0; 0 0 0 Rr]
L = [Ls 0 Lm 0; 0 Ls 0 Lm; Lm 0 Lr 0; 0 Lm 0 Lr];
w = 1;
Uqd = [1;0;0;0];
WM = [0 w 0 0; -w 0 0 0; 0 0 0 w-wr; 0 0 wr-w 0];
Iqd = (R + WM * L)^-1 * Uqd; %电机稳定时候的电流初始值
P1 = Iqd(1) * Uqd(1) + Iqd(2) * Uqd(2); %电机输入的功率
Q1 = Iqd(2) * Uqd(1) - Iqd(1) * Uqd(2);
% - - - - - - - - - - 定子侧 - - - - - - - - - - -
Pcu1 = Rs * Iqd(1)^2 + Rs * Iqd(2)^2; %定子铜耗(11.50右边第3项)
phisi_s = L(1:2,:) * Iqd %磁链
Eqds = WM(1:2,1:2) * phisi_s; %稳定后的反电势为:
Pem = Eqds * Iqd(1:2); %定子传递到转子的能量(11.50右边第2项)
% - - - - - - - - - - - - - 转子侧 - - - - - - - - - - - - -
Tem = Pem/w; % Tem = Pem/w = E * I/w,除以 w,还是 wr 要注意
Pcu2 = Rr * Iqd(3)^2 + Rr * Iqd(4)^2; % %转子铜耗(11.52右边第3项)
phisi_r = L(3:4,:) * Iqd %转子磁链
%稳定后的转子上感应电势为:
Eqdr = WM(3:4,3:4) * phisi_r;
Pe2 = (w - wr) * (phisi_r(2) * Iqd(3) - phisi_r(1) * Iqd(4)) %(11.52右边第2项)
Tmec = Lm * (Iqd(1) * Iqd(4) - Iqd(2) * Iqd(3))
Pmec = Tmec * wr; % 可以看出,定子传递了功率 Pem 到转子侧,
% 一部分消耗在 Pcu2 上,剩余 Pmec 对外做功,对应产生 Tmec
T2 = (Tmec - F * wr); %实际工作在给定转速时的负载扭矩
Pad = F * wr * wr; %附加损耗
P2 = T2 * wr; %电机的输出功率
```

有关功率消耗关系,参见图 12-13 的相关说明。

11.3　异步电机的机械平衡方程

在一般情况下,电力拖动系统的运动方程为

$$T_e = T_L + \frac{J}{n_p} \frac{d\omega}{dt} + \frac{D}{n_p} \omega + \frac{K}{n_p} \theta \tag{11.55}$$

式中,T_L 为负载阻转矩；J 为转动惯量；D 为与转速成正比的转矩阻尼系数；K 为扭转弹性转矩系数；n_p 为极对数。

式(11.55)中忽略弹性系数 K,可改写为

$$\frac{d\omega}{dt} = \frac{n_p}{J} \left(T_e - T_L - \frac{D}{n_p} \omega \right) \tag{11.56}$$

将式(11.56)写成标幺值方程为

$$\omega_{eb}\frac{d\omega_*}{dt} = \frac{n_p}{J}T_b\left(T_{e*} - T_{L*} - \frac{D}{T_b n_p}\omega_{eb}\omega_*\right) \Rightarrow$$

$$\frac{d\omega_*}{dt} = \frac{n_p T_b}{\omega_{eb}J}\left(T_{e*} - T_{L*} - \frac{D\omega_{eb}}{T_b n_p}\omega_*\right) \tag{11.57}$$

与方程的另一形式对比

$$\frac{d\omega}{dt} = \frac{1}{2H}(T_e - T_L - F\omega) \tag{11.58}$$

可知在标幺值系统下,有下式成立

$$\frac{d\omega_*}{dt} = \frac{1}{2H}(T_{e*} - T_{L*} - F\omega_*) \tag{11.59}$$

式中,$H = \dfrac{\omega_{eb}J}{2n_p T_b}$;$F = \dfrac{D\omega_{eb}}{T_b n_p}$。

以上方程将在仿真模型中用于内部参数的换算。

11.4　异步电机的仿真模型

MATLAB 的异步电机仿真模型隶属于 SimPowerSystems 工具箱的 Machine 子库,其中国标单位(SI Units)模型的外观如图 11-3(a)所示,右击模型选择 Look Under Mask 选项,观察模型的内部结构,如图 11-3(b)所示。

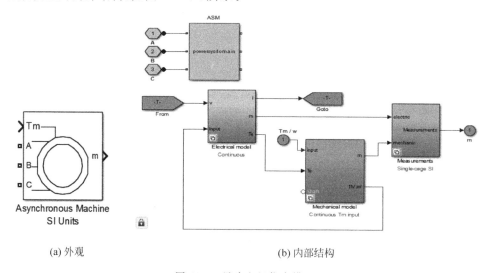

(a) 外观　　　　　　　　　(b) 内部结构

图 11-3　异步电机仿真模型

由此可知,异步电机模型主要从电机的电磁模型和机械模型两个方面进行了仿真。

11.4.1　模型内部参数初始化

双击异步电机模型,其输入参数界面如图 11-4 所示。

特别要注意的是,在该界面中,定子和转子参数 Lls 和 Llr′实际是式(11.36)中的漏感 $L_{1\sigma}$ 和 $L_{2\sigma}$,而 Rr′和 Llr′则是经过 11.2.1 节折算后的电阻和电感。

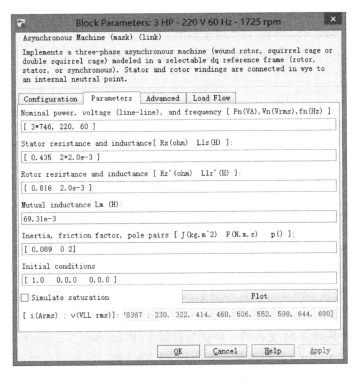

图 11-4　异步电机模型输入参数界面

右击异步电机模型,选择 Mask→View Mask 选项,可以看到封装的参数列表,如图 11-5 所示。

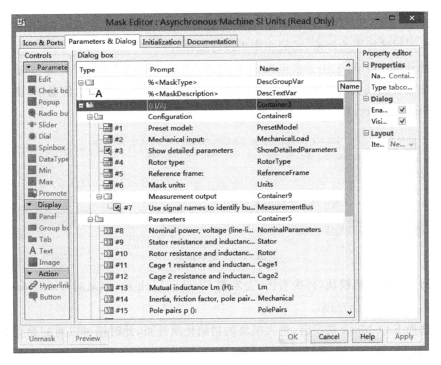

图 11-5　异步电机封装参数

在模型的内部有数个 Gain 增益模块（见后续说明），其参数设置以 SM. H，SM. F，SM. p，SM. web，SM. Nb2，SM. Tb2 形式表示。

在 Initialization 属性页的初始化命令中，有如下代码：

```
block = gcb;
[Ts,SM,WantBlockChoice,X,Y,txt] = powericon('AsynchronousMachineInit',block,TsPowergui,
TsBlock, MechanicalLoad, RotorType, ReferenceFrame, NominalParameters, Stator, Rotor, Cage1,
Cage2, Lm, Mechanical, PolePairs, InitialConditions, Units, SimulateSaturation, Saturation,
IterativeModel,MeasurementBus);
powericon ( ' SetInternalModels ' , ' set ', block, WantBlockChoice); sps _ rtmsupport ( '
parametereditingmodes',block, [−1 2 −3 4 5 6 7 17 22]);
powericon('ShaftInput',(block));
```

由上面的 powericon 函数在初始化的过程中获得名为 SM 的结构体变量。

早期版本中 powericon. m 可以被打开，直接可以设置断点观察 SM 的值。MATLAB 2010 后的版本已经将 powericon. m 预解析成 p-code 文件。无法在 powericon. m 中设置断点，观察 SM 的内容。

补充：P 文件是对应 M 文件的一种预解析版本（Preparsed Version）。因为当你第一次执行 M 文件时，MATLAB 需要将其解析（parse）一次（第一次执行后的已解析内容会放入内存作第二次执行时使用，即第二次执行时无须再解析），这无形中增加了执行时间。所以我们就预先作解释，那么以后再使用该 M 文件时，便会直接执行对应的已解析版本，即 P 文件可以用来作保密代码之用，如果你给别人一个 M 文件，别人可以打开来看到你所有的代码和算法。如果你的代码不想被别人看到，那可以给他 P 文件。

在 2010—2012 版本的 MATLAB 中，要观察 SM 结构体的内容可以采用以下方法（2014 版本则封装得更为严密，需要在库中进行操作）。

（1）打开 powerlib，右击异步电机模块，选择 Mask→Look Under Mask 选项。

（2）任意移动模块内部的一个部件，将弹出如图 11-6 所示的提示信息，单击有下画线的 unlock this library，然后关闭子模块。

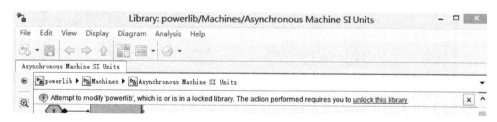

图 11-6　提示信息

（3）回到异步电机模块，再次右击，会发现 Disable Link 后，原来的 View Mask 变成了 Edit Mask，如图 11-7(a)所示。

（4）选择 Edit Mask 选项后，进入模块的初始化属性页，此时就可以对初始化的代码进行编辑了（在 Disable Link 之前，是不可编辑的）。如图 11-7(b)所示，在最后一行输入代码：

"save SMValue. mat SM"。该命令将在初始化过程中,将 SM 的值存入到文件 SMValue. mat 中,供以后查看。

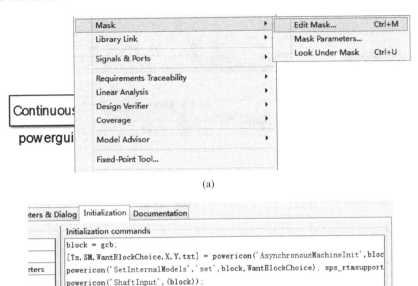

(a)

(b)

图 11-7 修改初始化代码

例如,电力系统工具箱的 Demo 演示模型 power_pwm. slx 的结构如图 11-8 所示。

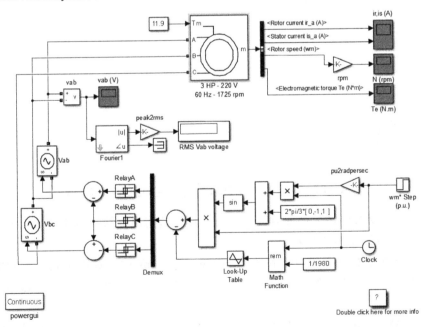

图 11-8 演示模型 power_pwm. slx 的结构

修改3HP 220V 60Hz-1725rpm 异步电机的摩擦系数 F 为1(修改是为了观察并验证参数计算过程),运行一次模型,会在当前目录下生成 SMValue.mat 文件,双击打开它,观察到的 SM 参数如图 11-9 所示。

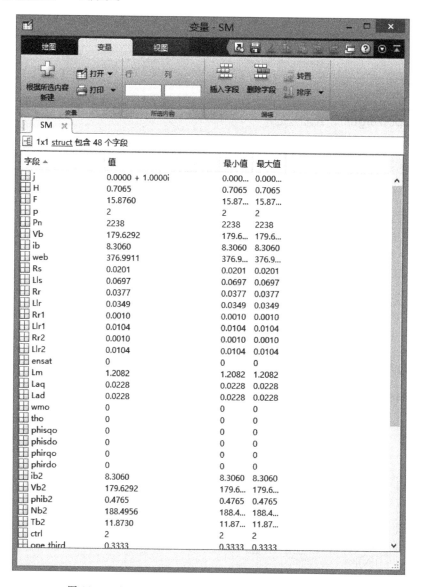

图 11-9   3HP 220V 60Hz-1725rpm 异步电机的 SM 参数

Powericon 函数将参数设置对话框中的参数传递到内部结构体变量 SM 中,部分变量的计算过程说明如表 11-1 所示。

正如直流电机模型介绍中提到的,SimPowerSystems 的工具箱也处于不断的完善中,修改过程中,有一些变量被弃用,也有前后不一致之处。注意根据理论基础知识,有选择性地消化。

【例 11-6】   以电力系统工具箱的 Demo 演示模型 power_pwm. slx 为例,根据表 11-1 中说明,完成界面输入参数到 SM 结构体的变换(SMValueCheck. m)。

表 11-1　SM 中部分变量的计算过程说明

SM 结构体		MASK 变量名	说　明
参数类	SM. web	NominalParameters(fn)	计算获得电磁转速基准值(2 * pi * fn)
	SM. p	Mechanical(p)	极对数 SM. p
	SM. Nb2	NominalParameters(fn)	计算获得机械转速基准值(2 * pi * fn/ SM. p)
	SM. Vb	NominalParameters (Vn)	计算相电压峰值基准值(Vn$\sqrt{2}$/$\sqrt{3}$)。其中 Vn 为线电压有效值,界面中输入
	SM. ib	NominalParameters(Pn)	计算相电流峰值基准值 Pn＝3(V/$\sqrt{2}$)(i/$\sqrt{2}$) SM. ib ＝ 2/3 * Pn/SM. Vb
	SM. Rs	Stator(Rs 为输入值)	定子电阻(Rs/Rb),中间变量 Rb＝SM. Vb/SM. ib 电阻基准值
	SM. Lls	Stator(L1s 为输入值)	定子自感(SM. web * L1s/Rb),为 $L_{1\sigma}$
	SM. Rr	Rotor(Rr' 为输入值)	转子电阻(Rr'/Rb)
	SM. Llr	Rotor(L1r' 为输入值)	转子自感(SM. web * L1r'/Rb),为 $L_{2\sigma}$
	SM. Lm	Lm(Lm 为输入值)	互感系数(SM. web * Lm/Rb),为 $3L_{ms}/2$
	SM. phib2	计算获得	磁链基准值 SM. phib2＝SM. ib * Rb/SM. web
	SM. Tb2	计算获得	机械转矩基准值: SM. Tb2＝Pn/SM. Nb2
	SM. Laq	计算获得*	SM. Lm/(1＋SM. Lm/SM. Llr＋SM. Lm/SM. Lls)
	SM. Lad	计算获得*	SM. Lm/(1＋SM. Lm/SM. Llr＋SM. Lm/SM. Lls)
	SM. H	Mechanical(J)	SM. H＝J * SM. web/2/SM. Tb2/SM. p;
	SM. F	Mechanical(F)	摩擦系数基准值: F * SM. web/SM. Tb2/2 此处 F 实际应为阻转矩阻尼系数 D
控制类	SM. ctrl	ReferenceFrame	1—转子;2—定子;3—异步模式
	SM. ensat	Saturation	On—仿真饱和;Off—不仿真饱和
内部变量	SM. sqrt3		$\sqrt{3}$
	SM. one_third		1/3
	SM. sqrt3_3		$\sqrt{3}/3$

* 表中 SM. Laq 和 SM. Lad 的计算推导和用途参见 MATLAB 2008 版本。

```
% 界面输入参数
Pn = 3 * 746;
Vn = 220;                          % 线电压有效值
fn = 60;                           % 默认频率
Rs = 0.435;
Lls = 2 * 2.0e - 3;
Rr = 0.816;
Llr = 2.0e - 3;
Lm = 69.31e - 3;
J = 0.089;
F = 1;
```

```
p = 2;

% SM 计算参数
SM.p = p;
SM.web = 2 * pi * fn;
SM.Vb = Vn * sqrt(2/3);              % 相电压峰值基准
SM.ib = 2/3 * Pn/SM.Vb;              % 相电流峰值基准
Rb = SM.Vb/SM.ib;                    % 中间变量,电阻基准
SM.phib2 = SM.ib * Rb/SM.web;        % 磁链基准
SM.Nb2 = 2 * pi * fn/ SM.p;          % 机械转速基准值
SM.Tb2 = Pn/SM.Nb2;                  % 转矩基准

% 转子侧
SM.Llr = SM.web * Llr/Rb;
SM.Rr = Rr/Rb;
% 定子侧
SM.Lls = SM.web * Lls/Rb;
SM.Rs = Rs/Rb;
% 互感
SM.Lm = SM.web * Lm/Rb;
SM.Lad = SM.Lm/(1 + SM.Lm/SM.Llr + SM.Lm/SM.Lls);
SM.Laq = SM.Lm/(1 + SM.Lm/SM.Llr + SM.Lm/SM.Lls);
% 机械部分
SM.H = J * SM.web/2/SM.Tb2/SM.p;
SM.F = F * SM.web/SM.Tb2/SM.p;
SM
```

运行结果:

```
SM =
        p: 2
      web: 376.9911
       Vb: 179.6292
       ib: 8.3060
    phib2: 0.4765
      Nb2: 188.4956
      Tb2: 11.8730
       Tb: 11.8730
      Llr: 0.0349
       Rr: 0.0377
      Lls: 0.0697
       Rs: 0.0201
       Lm: 1.2082
      Lad: 0.0228
      Laq: 0.0228
        H: 0.7065
        F: 15.8760
```

从上述可以看出,计算结果与图 11-9 显示完全一致。

11.4.2 电磁模型仿真

双击图 11-3 中的 Electrical Model 模块,观察其内部结构,如图 11-10 所示。

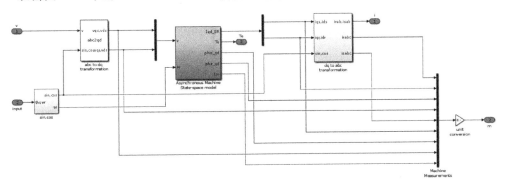

图 11-10 电磁模型内部结构

输入参数由图 11-3 中的 From 模块从系统中获取,内容分别为定子和转子的三相线电压组成的向量 $[V_{abs}, V_{bcs}, V_{abr}, V_{bcr}]$。

模型使用 sin,cos 子系统完成 Park 或 Clarke 变换所需要的三角函数值。abc to dq 和 dq to abc 子系统完成坐标系转换。Asynchronous Machine State-space model 3 个子系统分别完成转子、定子的电流、磁链计算和互感计算及互感饱和仿真。

1. sin,cos 子系统

sin,cos 子系统根据 SM.ctrl 的值(来自异步电机参数设置对话框 Reference frame 的选择确定参与 Park 变换的旋转角,其内部结构如图 11-11 所示)。

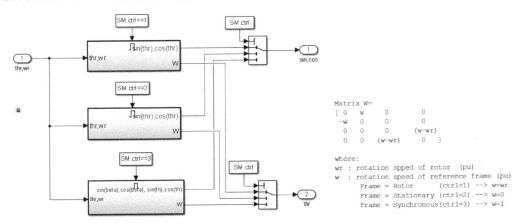

图 11-11 sin,cos 子系统内部结构

1) SM.ctrl=1

当 SM.ctrl=1 时,以转子为参考,将 $dq0$ 轴以转子转速旋转,根据当前转子 θ_r 角,生成 Park 或 Clarke 变换所需要的三角函数值,如图 11-12 所示。

子系统的上半部分用 Mux 模块补充两个常数 0,生成向量 $[\sin\theta_r, \cos\theta_r, 0, 0]$。这样是为保持在选择 SM.ctrl 不同的各种情况下,子系统输出向量维数的一致性。

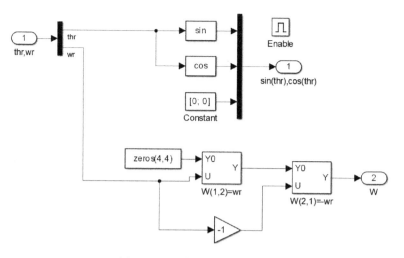

图 11-12 θ_r 角的正余弦值计算

子系统的下半部分用 Assignment 幅值模块，生成矩阵 $\begin{bmatrix} 0 & \omega_r & 0 & 0 \\ -\omega_r & 0 & 0 & 0 \\ 0 & 0 & 0 & 0 \\ 0 & 0 & 0 & 0 \end{bmatrix}$。

2) SM. ctrl＝2

当 SM. ctrl＝2 时，则以定子为参考，将 $dq0$ 轴固定在定子 A 轴上，其内部结构如图 11-13 所示。

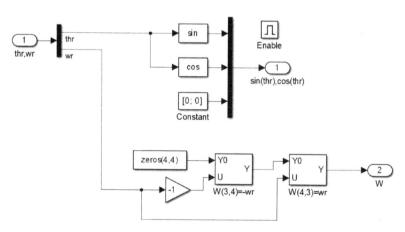

图 11-13 θ_r 角的正余弦值计算

子系统的上半部分与 SM. ctrl＝1 时相同。

子系统的下半部分用 Assignment 幅值模块，生成矩阵 $\begin{bmatrix} 0 & 0 & 0 & 0 \\ 0 & 0 & 0 & 0 \\ 0 & 0 & 0 & -\omega_r \\ 0 & 0 & \omega_r & 0 \end{bmatrix}$。

3）SM. ctrl＝3

当 SM. ctrl＝3 时，将 $dq0$ 轴以恒定的额定转速旋转，分别将转子和定子的电压、电流等变换到 $dq0$ 轴上，进行变换。该子模块进行两个运算。内部结构如图 11-14 所示。

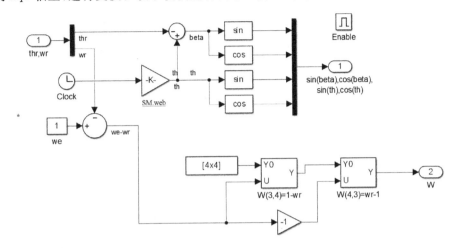

图 11-14　β 角和 θ_c 角的正余弦值计算

一是由恒定的定子磁场旋转速度 SM. web 乘以时间，得到 $dq0$ 轴当前的位置 θ_c 角，然后根据当前转子位置 θ_r，生成 β 角。最后输出有关的三角函数构成的向量 [$\sin\beta$, $\cos\beta$, $\sin\theta_c$, $\cos\theta_c$]，为 $dq0$ 模型换算做准备。

二是根据定子磁场旋转电角速度 $\omega_e＝1$（标幺值），得到 $\omega_e－\omega_r$ 为两个角速度的标幺值差，生成矩阵 $\begin{bmatrix} 0 & \omega_e & 0 & 0 \\ -\omega_e & 0 & 0 & 0 \\ 0 & 0 & 0 & \omega_e-\omega_r \\ 0 & 0 & \omega_r-\omega_e & 0 \end{bmatrix}$。

2．abc2qd 子系统

abc2qd 子系统也根据 SM. ctrl 的值来决定输出信号的种类，内部结构如图 11-15 所示。

显然，系统的输入 2 来自 sin, cos 子系统的输出。输入 1 则由图 11-13 中的 From 模块从系统中获取，内容为定子三相线电压向量 [V_{abs}, V_{bcs}]，转子的三相线电压向量 [V_{abr}, V_{bcr}]＝[0,0]，它们共同组成的向量 [V_{abr}, V_{bcr}, V_{abs}, V_{bcs}]。

3 个参考坐标系的模块均接收由 [$\sin(\theta_r)$, $\cos(\theta_r)$, 0, 0] 或 [$\sin(\beta)$, $\cos(\beta)$, $\sin(\theta_c)$, $\cos(\theta_c)$] 组成的信号，根据 SM. ctrl 的选择决定最终输出信号。

图中常数模块 ⊡ 中的值均为 SM. ctrl，从上至下分别为 SM. ctrl＝1、2、3 的使能控制，右侧为 Switch 模块的信号选择。

1）Synchronous 同步变换（SM. ctrl＝3）

Synchronous 同步变换的内部结构如图 11-16 所示。输入 1 此时的向量为 [V_{abr}, V_{bcr}, V_{abs}, V_{bcs}, $\sin(\beta)$, $\cos(\beta)$, $\sin(\theta_c)$, $\cos(\theta_c)$]，作为 Fcn 的模块输入向量 u，编号为 1～8。

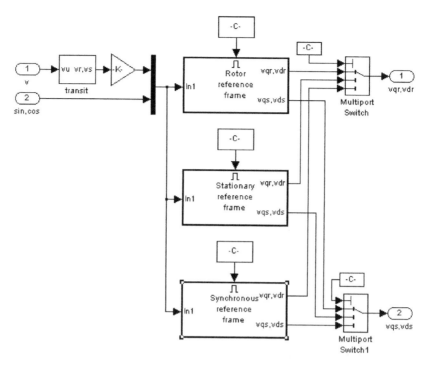

图 11-15　abc2qd 子系统内部结构

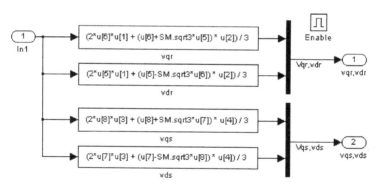

图 11-16　同步变换内部结构

该模型按照图 11-1 所示的向量关系,将定子侧和转子侧的电压都通过 Park 变换映射到 $dq0$ 轴上。4 个 Fcn 所输入的变换公式如式(11.60)所示

$$
\begin{cases}
\begin{bmatrix} V_{qr} \\ V_{dr} \end{bmatrix} = \dfrac{1}{3} \begin{bmatrix} 2\cos\beta & \cos\beta + \sqrt{3}\sin\beta \\ 2\sin\beta & \sin\beta - \sqrt{3}\cos\beta \end{bmatrix} \begin{bmatrix} V_{abr} \\ V_{bcr} \end{bmatrix} \\
\begin{bmatrix} V_{qs} \\ V_{ds} \end{bmatrix} = \dfrac{1}{3} \begin{bmatrix} 2\cos\theta_c & \cos\theta_c + \sqrt{3}\sin\theta_c \\ 2\sin\theta_c & \sin\theta_c - \sqrt{3}\cos\theta_c \end{bmatrix} \begin{bmatrix} V_{abs} \\ V_{bcs} \end{bmatrix}
\end{cases}
\tag{11.60}
$$

算法使用线电压作为输入,其中 $V_{abs} = V_{as} - V_{bs}$,$V_{bcs} = V_{bs} - V_{cs}$,$V_{abr} = V_{ar} - V_{br}$,$V_{bcr} = V_{br} - V_{cr}$。模型中选定的是 d 轴滞后 A 轴 90°,具体计算参见 8.3.4 节式(8.46)。

需要指出的是,图 11-1 中的 $dq0$ 轴方向实际是可以任意定义的,保证变换后二者的磁势等效即可。

2) 以转子为参考系(SM.ctrl=1)

如果将图 11-1 中 d 轴定义到与转子 a 轴同方向，则式(11.60)中 $\beta=0,\theta_c=\theta_r$。代入后可得

$$\begin{bmatrix} V_{qr} \\ V_{dr} \end{bmatrix} = \frac{1}{3}\begin{bmatrix} 2 & 1 \\ 0 & -\sqrt{3} \end{bmatrix}\begin{bmatrix} V_{abr} \\ V_{bcr} \end{bmatrix}$$

$$\begin{bmatrix} V_{qs} \\ V_{ds} \end{bmatrix} = \frac{1}{3}\begin{bmatrix} 2\cos\theta_r & \cos\theta_r+\sqrt{3}\sin\theta_r \\ 2\sin\theta_r & \sin\theta_r-\sqrt{3}\cos\theta_r \end{bmatrix}\begin{bmatrix} V_{abs} \\ V_{bcs} \end{bmatrix} \tag{11.61}$$

此时变换内部结构如图 11-17 所示，输入 1 此时的向量为 $[V_{abr},V_{bcr},V_{abs},V_{bcs},\sin(\theta_r),\cos(\theta_r),0,0]$，作为 Fcn 的模块输入向量 $\boldsymbol{u}$，编号为 1~8。

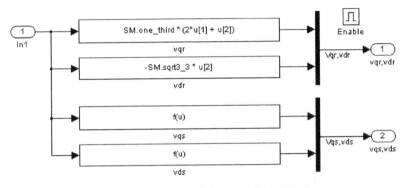

图 11-17 以转子为参考 $dq0$ 变换内部结构

双击 Fcn 模块 vqs 和 vds，可见其输入表达式如下。

```
Expression:
SM. one_third * (2 * u[6] * u[3] + (u[6] + SM. sqrt3 * u[5] * u[4]))
Expression:
SM. one_third * (2 * u[5] * u[3] + (u[5] - SM. sqrt3 * u[6] * u[4]))
```

与式(11.61)完全一致。

3) 以定子为参考系(SM.ctrl=2)

同理，如果以定子为参考，将图 11-1 中 d 轴定义到与定子 A 轴同方向，则式(11.60)中 $\beta=-\theta_r,\theta_c=0$。代入后可得

$$\begin{cases} \begin{bmatrix} V_{qs} \\ V_{ds} \end{bmatrix} = \frac{1}{3}\begin{bmatrix} 2 & 1 \\ 0 & -\sqrt{3} \end{bmatrix}\begin{bmatrix} V_{abs} \\ V_{bcs} \end{bmatrix} \\ \begin{bmatrix} V_{qr} \\ V_{dr} \end{bmatrix} = \frac{1}{3}\begin{bmatrix} 2\cos\theta_r & \cos\theta_r-\sqrt{3}\sin\theta_r \\ -2\sin\theta_r & -\sin\theta_r-\sqrt{3}\cos\theta_r \end{bmatrix}\begin{bmatrix} V_{abr} \\ V_{bcr} \end{bmatrix} \end{cases} \tag{11.62}$$

此时变换内部结构如图 11-18 所示。输入 1 此时的向量为 $[V_{abr},V_{bcr},V_{abs},V_{bcs},\sin(\theta_r),\cos(\theta_r),0,0]$，作为 Fcn 的模块输入向量 $\boldsymbol{u}$，编号为 1~8。

双击 Fcn 模块 vqr 和 vdr，可见其输入表达式如下。

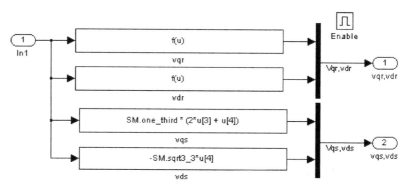

图 11-18 以定子为参考 $dq0$ 变换内部结构

Expression:
SM. one_third * (2 * u[6] * u[1] + (u[6] - SM. sqrt3 * u[5]) * u[2])
Expression:
SM. one_third * (-2 * u[5] * u[1] + (-u[5] - SM. sqrt3 * u[6]) * u[2])

与式(11.62)完全一致。

3. Asynchronous Machine State-space model 子系统

Asynchronous Machine State-space model 子系统的内部结构如图 11-119 所示。因此，首先将 abc to dq 的 4 个输出组合成向量 $[V_{qs}, V_{ds}, V_{qr}, V_{dr}]$ 作为 Asynchronous Machine State-space model 子系统的输入 1。

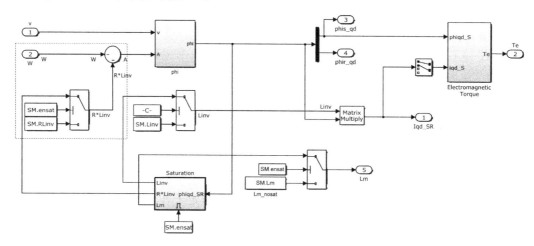

图 11-19 Asynchronous Machine State-space model 子系统内部结构

在不考虑 0 轴的情况下，式(11.34)~式(11.36)可以改写为

$$
\begin{bmatrix} U_{qs} \\ U_{ds} \\ U_{qr} \\ U_{dr} \end{bmatrix} = \begin{bmatrix} R_s & 0 & 0 & 0 \\ 0 & R_s & 0 & 0 \\ 0 & 0 & R_r & 0 \\ 0 & 0 & 0 & R_r \end{bmatrix} \begin{bmatrix} i_{qs} \\ i_{ds} \\ i_{qr} \\ i_{dr} \end{bmatrix} + p \begin{bmatrix} \psi_{qs} \\ \psi_{ds} \\ \psi_{qr} \\ \psi_{dr} \end{bmatrix} + \begin{bmatrix} 0 & \omega_e & 0 & 0 \\ -\omega_e & 0 & 0 & 0 \\ 0 & 0 & 0 & (\omega_e - \omega_r) \\ 0 & 0 & -(\omega_e - \omega_r) & 0 \end{bmatrix} \begin{bmatrix} \psi_{qs} \\ \psi_{ds} \\ \psi_{qr} \\ \psi_{dr} \end{bmatrix}
$$

$$(11.63)$$

$$
\begin{bmatrix} \psi_{\mathrm{qs}} \\ \psi_{\mathrm{ds}} \\ \psi_{\mathrm{qr}} \\ \psi_{\mathrm{dr}} \end{bmatrix} = \begin{bmatrix} L_{1\sigma}+L_{\mathrm{m}} & 0 & L_{\mathrm{m}} & 0 \\ 0 & L_{1\sigma}+L_{\mathrm{m}} & 0 & L_{\mathrm{m}} \\ L_{\mathrm{m}} & 0 & L_{2\sigma}+L_{\mathrm{m}} & 0 \\ 0 & L_{\mathrm{m}} & 0 & L_{2\sigma}+L_{\mathrm{m}} \end{bmatrix} \begin{bmatrix} i_{\mathrm{qs}} \\ i_{\mathrm{ds}} \\ i_{\mathrm{qr}} \\ i_{\mathrm{dr}} \end{bmatrix} \tag{11.64}
$$

将式(11.64)代入式(11.63),可得

$$
U = RL^{-1}\psi + p\psi + w\psi \tag{11.65}
$$

写出微分方程形式,有

$$
p\psi = U + (-RL^{-1} - w)\psi = U + A\psi \tag{11.66}
$$

式中,$A = -RL^{-1} - w$。

在不考虑饱和的情况下,图 11-19 的虚框内部分用于计算矩阵 A。SM.RLinv 根据界面参数计算得出。

【例 11-7】　编写程序(M 文件)求取式(11.66)中的矩阵 A(GetRLinv.m)。

```
clear all;
% 调用 SMValueCheck,获取界面参数
SMValueCheck;
% 定子
R = [SM.Rs, 0, 0 , 0 ;
    0, SM.Rs, 0, 0;
    0, 0, SM.Rr,0
    0, 0, 0,SM.Rr]
L = [SM.Lls + SM.Lm 0 SM.Lm 0;
    0 SM.Lls + SM.Lm 0 SM.Lm ;
    SM.Lm 0 SM.Llr + SM.Lm 0 ;
    0 SM.Lm 0 SM.Llr + SM.Lm ];
Linv = L ^ - 1
RLinv = R * Linv
```

运行结果:

```
R =
    0.0201         0         0         0
         0    0.0201         0         0
         0         0    0.0377         0
         0         0         0    0.0377
Linv =
    9.6512         0   - 9.3805         0
         0    9.6512         0   - 9.3805
  - 9.3805         0    9.9219         0
         0   - 9.3805         0    9.9219
RLinv =
    0.1941         0   - 0.1887         0
         0    0.1941         0   - 0.1887
  - 0.3539         0    0.3744         0
         0   - 0.3539         0    0.3744
```

在 11.4.1 节讨论界面参数时,曾提到 SM. RLinv 的获取方法,对比运算结果可以确定这些参数的计算过程的正确性。

1) phi 子模块

根据图 11-19 中的 phi 子模块,完成式(11.66)的计算,其内部结构如图 11-20 所示。

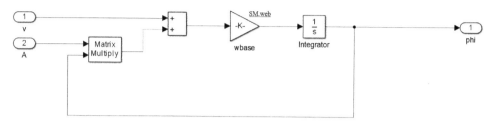

图 11-20　phi 子模块内部结构

需要注意的是,对比式(11.66),图中多乘了一个转速的基准值。这是因为模型采用了标幺值计算方式。基准值之间的关系为 $\psi_b = i_b R_b / \omega_b = i_b l_b$,式(11.64)两边同除以 ψ_b,而式(11.63)左右需要同除以基准值 $\psi_b \omega_b = i_b R_b = u_b$,以标幺值形式推导会有

$$\frac{\mathrm{d}\psi_*}{\mathrm{d}t} = \omega_b(U_* + A_* \psi_*) \tag{11.67}$$

式中,$A_* = -R_* L_*^{-1} - w_*$。

2) Electromagnetic Torque 子模块

Electromagnetic Torque 子模块用于计算电磁转矩,其内部结构如图 11-21 所示。

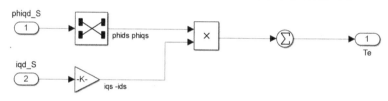

图 11-21　Electromagnetic Torque 子模块内部结构

根据式(11.43),有

$$T_{\mathrm{em}} = \frac{3}{2} n_p (\psi_{\mathrm{ds}} i_{\mathrm{qs}} - \psi_{\mathrm{qs}} i_{\mathrm{ds}}) \tag{11.68}$$

转矩的基准值计算公式为

$$T_b = \frac{P_b}{N_b} = \frac{P_b}{\omega_b / n_p} = \frac{3/2 V_b I_b}{\omega_b / n_p} = \frac{3}{2} n_p \frac{V_b}{R_b} \frac{R_b I_b}{\omega_b} = \frac{3}{2} n_p I_b \psi_b \tag{11.69}$$

即例 11-6 中的 SM. Tb2＝3/2 * SM. p * SM. phib2 * SM. ib,故式(11.68)的标幺值表示为

$$T_{\mathrm{em}*} = (\psi_{\mathrm{ds}*} i_{\mathrm{qs}*} - \psi_{\mathrm{qs}*} i_{\mathrm{ds}*}) \tag{11.70}$$

容易看出图 11-21 即按上式完成电磁转矩的计算。

图 11-19 的其他部分通过矩阵乘或信号分解方式,输出定子和转子的磁链、电流的 $dq0$ 值。

4. dq2abc 子系统

dq2abc 子系统也根据 SM. ctrl 的值来决定输出信号的种类,其内部结构如图 11-22 所示。

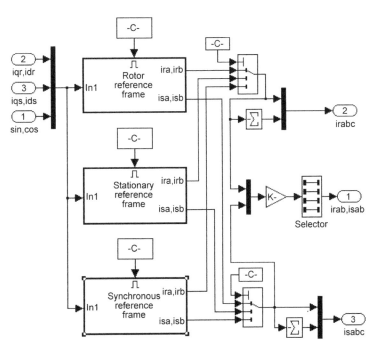

图 11-22　dq2abc 子系统内部结构

系统的输入 1 来自 sin,cos 子系统的输出；输入 2 来自 Rotor 子系统；输入 3 来自 stator 子系统。

图 11-22 中常数模块 ⊡ 中的值均为 SM. ctrl，从上至下分别为 SM. ctrl＝1、2、3 的使能控制，右侧为 Switch 模块的信号选择。

3 个参考坐标系的模块均从输入 1 接收由 $[\sin(\theta_r)，\cos(\theta_r)，0，0]$ 或 $[\sin(\beta)，\cos(\beta)，\sin(\theta_c)，\cos(\theta_c)]$ 组成的信号，根据 SM. ctrl 的选择决定最终输出信号。

1) Synchronous 同步变换（SM. ctrl＝3）

Synchronous 同步变换的内部结构如图 11-23 所示。

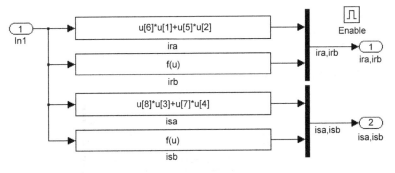

图 11-23　同步变换的内部结构

输入 1 此时的向量为 $[i_{qr}，i_{dr}，i_{qs}，i_{ds}，\sin(\beta)，\cos(\beta)，\sin(\theta_c)，\cos(\theta_c)]$，作为 Fcn 的模块输入向量 u，编号为 1～8。

该模型按照图 11-1 所示的向量关系，将定子侧和转子侧的 dq 轴电流分量都通过 Park

逆变换映射到 abc 坐标系中。4 个 Fcn 所输入的变换公式如式(11.71)所示

$$\begin{cases} \begin{bmatrix} i_{sa} \\ i_{sb} \end{bmatrix} = \begin{bmatrix} \cos\theta_c & \sin\theta_c \\ \dfrac{-\cos\theta_c + \sqrt{3}\sin\theta_c}{2} & \dfrac{-\sqrt{3}\cos\theta_c - \sin\theta_c}{2} \end{bmatrix} \begin{bmatrix} i_{qs} \\ i_{ds} \end{bmatrix} \\ \begin{bmatrix} i_{ra} \\ i_{rb} \end{bmatrix} = \begin{bmatrix} \cos\beta & \sin\beta \\ \dfrac{-\cos\beta + \sqrt{3}\sin\beta}{2} & \dfrac{-\sqrt{3}\cos\beta - \sin\beta}{2} \end{bmatrix} \begin{bmatrix} i_{qr} \\ i_{dr} \end{bmatrix} \end{cases} \tag{11.71}$$

该公式实际是基于电流的三相对称关系,忽略了 0 轴分量后,由 Park 逆变换直接得出。在图 11-11 的基础上,SimPowerSystems 采用的是 d 轴滞后 90° 的变换方式,同时根据式(8.27),取 $\theta = \theta - \pi/2$,可得

$$\begin{bmatrix} i_a \\ i_b \\ i_c \end{bmatrix} = \begin{bmatrix} \sin\theta & \cos\theta & 1 \\ \sin(\theta-120°) & \cos(\theta-120°) & 1 \\ \sin(\theta+120°) & \cos(\theta-120°) & 1 \end{bmatrix} \begin{bmatrix} i_d \\ i_q \\ i_0 \end{bmatrix} \tag{11.72}$$

式(11.72)在 $i_0 = 0$ 的条件下,取前两项,调换 i_d、i_q 的行号,与式(11.72)相同。

与式(11.4)及式(11.8)对比可知,输出为相电流的标幺值。这里特别需要注意的是,转子侧的逆变换,$\beta = (\omega - \omega_r)t$,转子侧的电流 i_{ra}、i_{rb}、i_{rc} 是低频交流电。

2) 以转子为参考系(SM.ctrl=1)

输入 1 此时的向量为 $[i_{qr}, i_{dr}, i_{qs}, i_{ds}, \sin(\theta_r), \cos(\theta_r), 0, 0]$,作为 Fcn 的模块输入向量 $\boldsymbol{u}$,编号为 1~8。

如果将图 11-1 中 d 轴定义到与转子 a 轴同方向,则式(11.71)中 $\beta = 0, \theta_c = \theta_r$。代入后可得

$$\begin{cases} \begin{bmatrix} i_{sa} \\ i_{sb} \end{bmatrix} = \begin{bmatrix} \cos\theta_r & \sin\theta_r \\ \dfrac{-\cos\theta_r + \sqrt{3}\sin\theta_r}{2} & \dfrac{-\sqrt{3}\cos\theta_r - \sin\theta_r}{2} \end{bmatrix} \begin{bmatrix} i_{qs} \\ i_{ds} \end{bmatrix} \\ \begin{bmatrix} i_{ra} \\ i_{rb} \end{bmatrix} = \begin{bmatrix} 1 & 0 \\ \dfrac{-1}{2} & \dfrac{-\sqrt{3}}{2} \end{bmatrix} \begin{bmatrix} i_{qr} \\ i_{dr} \end{bmatrix} \end{cases} \tag{11.73}$$

此时变换内部结构如图 11-24 所示。

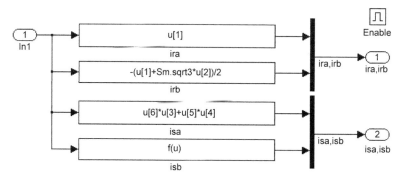

图 11-24　以转子为参考 $dq0$ 变换内部结构

双击 Fcn 模块 isa 和 isb,可见其输入表达式如下。

Expression:
u[6]*u[3]+u[5]*u[4]

Expression:
5]+SM.sqrt3*u[5])*u[3] + (-SM.sqrt3*u[6]-u[5])*u[4]) / 2

与式(11.73)完全一致。

3) 以定子为参考系(SM.ctrl=2)

同理,如果以定子为参考,将图 11-1 中 d 轴定义到与定子 A 轴同方向,则式(11.71)中 $\beta=-\theta_r,\theta_c=0$。代入后可得

$$\begin{cases}\begin{bmatrix}i_{sa}\\i_{sb}\end{bmatrix}=\begin{bmatrix}1 & 0\\-\dfrac{1}{2} & -\dfrac{\sqrt{3}}{2}\end{bmatrix}\begin{bmatrix}i_{qs}\\i_{ds}\end{bmatrix}\\[2em]\begin{bmatrix}i_{ra}\\i_{rb}\end{bmatrix}=\begin{bmatrix}\cos\theta_r & -\sin\theta_r\\-\dfrac{\cos\theta_r-\sqrt{3}\sin\theta_r}{2} & \dfrac{-\sqrt{3}\cos\theta_r+\sin\theta_r}{2}\end{bmatrix}\begin{bmatrix}i_{qr}\\i_{dr}\end{bmatrix}\end{cases}\tag{11.74}$$

此时变换内部结构如图 11-25 所示,输入 1 此时的向量为 $[i_{qr},i_{dr},i_{qs},i_{ds},\sin(\theta_r),\cos(\theta_r),0,0]$,作为 Fcn 的模块输入向量 $\boldsymbol{u}$,编号为 1~8。

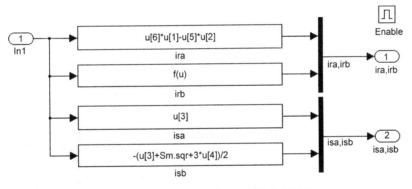

图 11-25　以定子为参考 $dq0$ 变换内部结构

双击 Fcn 模块 ira 和 irb,可见其输入表达式如下。

Expression:
u[6]*u[1] - u[5]*u[2]

Expression:
[6]-SM.sqrt3*u[5])*u[1] + (u[5]-SM.sqrt3*u[6])*u[2]) / 2

与式(11.74)完全一致。该子系统最终的输出 1 将 isab(i_{sa}、i_{sb})反馈回内部系统进行计算,而输出 2 和输出 3 分别将定子和转子三相电流组合作为电机的输出观测值。

5. Mechine Meausrement 系统

Mechine Meausrement 对外产生 Electrical Model 的第 2 个输出：m 将上述各子系统的输出，通过 Mux 模块汇集，然后通过 Gain 增益模块乘以对应的基准值，将标幺值换算为实际值，如图 11-26 所示。

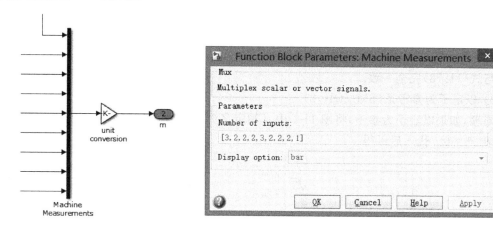

图 11-26　输出 m 的构成

Gain 模块的参数为：$[\text{SM.ib2} * \text{ones}(5,1); \text{SM.phib2}; \text{SM.phib2}; \text{SM.Vb2}; \text{SM.Vb2};$
$\text{SM.ib2} * \text{ones}(5,1); \text{SM.phib2}; \text{SM.phib2}; \text{SM.Vb2}; \text{SM.Vb2}; \text{SM.phib2}/\text{SM.ib2}]$。

11.4.3　转矩平衡方程仿真

双击图 11-3 中的 Mechanical Model 模块，观察其内部结构，如图 11-27 所示。

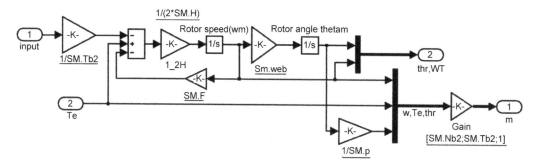

图 11-27　Mechanical Model 模块内部结构

注意：系统的输出 thr 为图 11-1 中的电角度 θ_r。

根据式(11.57)～式(11.59)，机械系统标幺值动态平衡方程为

$$\begin{cases} \dfrac{\mathrm{d}\omega_{m*}}{\mathrm{d}t} = \dfrac{1}{2H}(T_{e*} - T_{L*} - F\omega_{m*}) \\[3mm] \dfrac{\mathrm{d}\theta_m}{\mathrm{d}t} = \omega_{m*} \times \omega_{eb} \end{cases} \tag{11.75}$$

式中，ω_m、θ_m 分别为机械角速度和角位置，与之对应 $\omega_r = p\omega_m$、$\theta_r = p\theta_m$ 分别为电角速度和电角度位置。

由表 11-1 可知，SM.web 为电磁转速基准值($2 * \text{pi} * \text{fn}$)，SM.Nb2 为机械转速基准值

$(2*pi*fn/SM.p)$，因此有 $\omega_{m*}=\omega_{r*}$，即机械角速度和电角速度的标幺值是相等的。因此图 11-27 中，转子转速标幺值 Rotor Speed(wm)，经增益环节放大 SM.web 倍，变为电角速度的有名值，再经过积分环节 $1/s$，得到电角度位置 θ_r。

因此要特别注意：机械模型子系统的输出 2,thr 是实际电角度位置，而 wr 是电角速度的标幺值。输出 1 则根据相应原理，将换算得到的机械角速度和角位置输出到测量信号 m。

11.4.4 异步电机模型输出信号

将 Electrical model 和 Mechanical Model 两个子系统的输出 m 通过 Measurements 子系统合并，即可得到了异步电机模型的全部输出信号。为方便理解，Measurements 子系统用 Demux 模块分解了两个输入，表明其含义，然后按转子、定子和机械三大部分，用 Mux 模块重新组合输出。Measurement list 子系统的内部结构如图 11-28 所示。

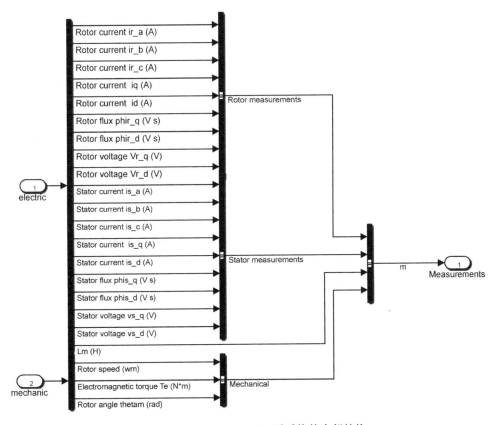

图 11-28 Measurement list 子系统的内部结构

11.5 小结

本章通过学习 SimPowerSystems 内建的异步电机模型，了解了异步电机的状态方程的来龙去脉及国标值与标幺值之间参数的换算细节，对换算用到的各种基准值也做了相关说明。需要注意的是，由于整个仿真过程只考虑的对称情况，在三相电压不平衡的情况下，

SimPowerSystems 的异步电机模型的仿真结果的准确性可能存在问题。

此外，SimPowerSystems 共提供了 3 种异步电机的仿真模块，如图 11-29 所示。

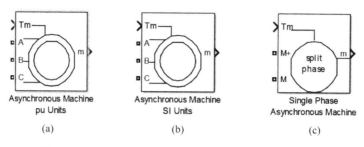

图 11-29　SimPowerSystems 的异步电机仿真模块的种类

　　本章主要讨论的 SI Units 即输入参数均为国标单位的情况，pu Units 标幺值模型内部结构与 SI Units 完全相同，只是输入的是标幺值参数，不需要通过计算来生成 SM 结构体。Single Phase Asynchronous Machine 为单相异步电机，内部模型与 SI Units 有一定区别，有兴趣的读者可以自行分析其构成来了解单相异步电机的工作原理。

　　MATLAB 2008 版本及以前的异步电机模型的实现过程，比 2014 版本的要复杂许多，SM 结构体中 Laq、Lad 等变量均是早期版本的遗留物。在新版中没有用到这些参数，故前面在讨论 SM 结构体时，也没有计算所有的 SM 参数。

第12章

异步电机的运行与控制

12.1　等效电路

12.1.1　时空矢量图

异步电机定子、转子时间矢量图如图 12-1 所示。对比第 7 章提到的单时轴多矢量和多时轴单矢量程序和相关解释,在学习异步电机、同步电机和变压器等三相设备的矢量图时,应能够想到 B、C 轴的位置及各相的瞬时值。

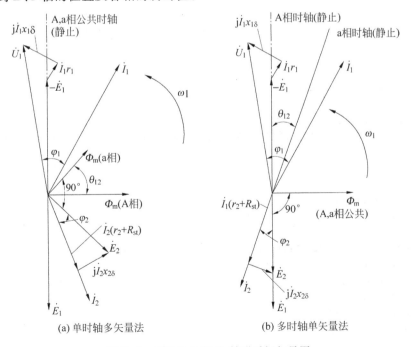

(a) 单时轴多矢量法　　　　　(b) 多时轴单矢量法

图 12-1　异步电机定子、转子时间矢量图

提示：图 12-1 中的 ω_1 及其旋转方向标志，说明了该图的本质是旋转矢量图，某些新版的教科书在绘图时丢弃了 ω_1。

本质上讲，异步电机的电磁暂态方程与 T 型等效电路对电机的描述是一致的。可以通过状态方程的计算来绘制电机的矢量图。

1. 转子静止时的时空矢量图

下面以三相绕线式异步电机为例，说明转子静止时电动机的矢量图绘制方法。设定子、转子都有极对数为 p 的三相对称绕组，转子被堵住不动，并且每相接入启动电阻 R_{st}，定子接到频率为 f_1、线电压为 $\sqrt{3}U_1$ 的对称三相电网，如图 12-2 所示。

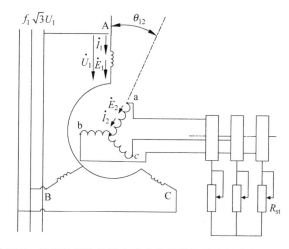

图 12-2　转子被堵住并接入启动电阻的绕线式异步电机线路图

【例 12-1】　根据图 12-2 所示的接线方式，在不考虑铁耗情况下，编写程序（M 文件），绘制异步电机的定子、转子时间矢量图（ASM_StaticPhsor_Vector_Polar.m）。

首先编写函数 SelectMachine，获取 SimPowerSystems 内置电机的内部参数值，代码如下：

```
function SM = SelectMachine(i)
% ----------------------------------------------------------
%装载预设定电机参数
load('C:\Program Files\MATLAB\R2014a\toolbox\physmod\powersys\powersys\MachineParameters\
ASMparameters_SI.mat')
% ----------------------------------------------------------
% 选定电机 i
str = Machines(i).Comments;
s = strfind(str,'Hz,') + length('Hz,');
e = strfind(str,'RPM');
SM.nN = str2num(str(s:(e-1)));          %从注释文本获取额定转速
SM.Pn = Machines(i).P;
SM.Vn = Machines(i).V;
SM.fn = Machines(i).f;
SM.web = 2 * pi * SM.fn;
SM.J = Machines(i).J;
```

```
SM.B = Machines(i).B;
SM.p = Machines(i).ppole;
SM.sN = 1 - SM.nN/(SM.fn * 60/SM.p);           % 额定转差率
% --------------------------------
% 基准值
SM.Vb = SM.Vn * sqrt(2/3);
SM.ib = 2/3 * SM.Pn/SM.Vb;
SM.Rb = SM.Vb/SM.ib
SM.lb = SM.Rb/SM.web
% SimPowerSystems 的转矩基准值是以电磁转矩为准
% 而不是输出转矩
% 电磁转矩 = 输出转矩 + 阻尼转矩
SM.phib2 = SM.ib * SM.Rb/SM.web;
SM.Nb2 = 2 * pi * SM.fn/ SM.p
SM.Tb2 = SM.Pn/SM.Nb2;
% --------------------------------
% 向标幺值折算
SM.Rs = Machines(i).Rs/SM.Rb;
SM.Lls = Machines(i).Lls/SM.lb;
SM.Lm = Machines(i).Lm/SM.lb;
SM.Llr = Machines(i).Llr/SM.lb;
SM.Rr = Machines(i).Rr/SM.Rb;
SM.H = SM.J * SM.web/2/SM.Tb2/SM.p;
SM.F = SM.B * SM.web/SM.Tb2/
% --------------------------------
% 状态方程用到的参数矩阵
SM.R = [SM.Rs 0 0 0;
    0 SM.Rs 0 0;
    0 0 SM.Rr 0;
    0 0 0 SM.Rr];
SM.L = [SM.Lls + SM.Lm 0 SM.Lm 0;
    0 SM.Lls + SM.Lm 0 SM.Lm
    SM.Lm 0 SM.Llr + SM.Lm 0;
    0 SM.Lm 0 SM.Llr + SM.Lm
    ]
SM.Linv = SM.L ^ - 1;
SM.RLinv = SM.R * SM.Linv;
```

SelectMachine 函数在后续程序中会经常用到,功率、电压、电流、频率、转矩、电感等电量的基准值和标幺值计算过程是学习的重点。

在异步电机进入稳态运行时,式(11.34)和式(11.35)的微分项为 0,在忽略 0 轴分量,并调整 SimPowerSystems 异步电机内部仿真模型的行的顺序后,异步电机的电磁方程可以改写如下

$$
\begin{bmatrix} u_{qs} \\ u_{ds} \\ u_{qr} \\ u_{dr} \end{bmatrix} = \begin{bmatrix} R_s & 0 & 0 & 0 \\ 0 & R_s & 0 & 0 \\ 0 & 0 & R_r & 0 \\ 0 & 0 & 0 & R_r \end{bmatrix} \begin{bmatrix} i_{qs} \\ i_{ds} \\ i_{qr} \\ i_{dr} \end{bmatrix} + \begin{bmatrix} 0 & \omega & 0 & 0 \\ -\omega & 0 & 0 & 0 \\ 0 & 0 & 0 & \omega - \omega_r \\ 0 & 0 & -\omega + \omega_r & 0 \end{bmatrix} \begin{bmatrix} \psi_{qs} \\ \psi_{ds} \\ \psi_{qr} \\ \psi_{dr} \end{bmatrix} \quad (12.1)
$$

$$
\begin{bmatrix} \psi_{qs} \\ \psi_{ds} \\ \psi_{qr} \\ \psi_{dr} \end{bmatrix} = \begin{bmatrix} L_s & 0 & L_m & 0 \\ 0 & L_s & 0 & L_m \\ L_m & 0 & L_r & 0 \\ 0 & L_m & 0 & L_r \end{bmatrix} \begin{bmatrix} i_{qs} \\ i_{ds} \\ i_{qr} \\ i_{dr} \end{bmatrix}
\tag{12.2}
$$

将式(12.2)代入式(12.1),可得

$$
u = Ri + \omega Li
\tag{12.3}
$$

在 u、R、L 确定的情况下,以转子转速 ω_r 为变量($\omega=1$,标幺值),可以计算出相量 i 与 ω_r 的关系,即任意给定一个 ω_r 值,均可求出 i,从而得出其他相关量。

根据式(11.63)和式(11.64),稳态时电感上的反电动势为

$$
\begin{bmatrix} E_{qs} \\ E_{ds} \\ E_{qr} \\ E_{dr} \end{bmatrix} = \begin{bmatrix} 0 & \omega_e & 0 & 0 \\ -\omega_e & 0 & 0 & 0 \\ 0 & 0 & 0 & (\omega_e - \omega_r) \\ 0 & 0 & -(\omega_e - \omega_r) & 0 \end{bmatrix} \begin{bmatrix} \psi_{qs} \\ \psi_{ds} \\ \psi_{qr} \\ \psi_{dr} \end{bmatrix}
$$

$$
= \begin{bmatrix} 0 & \omega_e & 0 & 0 \\ -\omega_e & 0 & 0 & 0 \\ 0 & 0 & 0 & (\omega_e - \omega_r) \\ 0 & 0 & -(\omega_e - \omega_r) & 0 \end{bmatrix}
$$

$$
\cdot \begin{bmatrix} L_{1\sigma} + L_m & 0 & L_m & 0 \\ 0 & L_{1\sigma} + L_m & 0 & L_m \\ L_m & 0 & L_{2\sigma} + L_m & 0 \\ 0 & L_m & 0 & L_{2\sigma} + L_m \end{bmatrix} \begin{bmatrix} i_{qs} \\ i_{ds} \\ i_{qr} \\ i_{dr} \end{bmatrix}
\tag{12.4}
$$

对照图12-1可知,该计算包括了定子支路和转子支路上的漏感,因此程序中另外计算了互感矩阵 SM. Lms,用于计算图12-1中的 E_1 和 E_2。同时为模拟转子串电阻,可在式(12.1)中修改 R_r 为 $R_r + R_{st}$。程序如下(ASM_StaticPhsor_Vector_Polar.m):

```
clear all
% ------------------------------------
% 选定第 15 台机器
SM = SelectMachine(15 );
% ------------------------------------
% 外接电阻 5 倍
Rst = SM. Rr * 5
% 修正状态方程用到的参数矩阵
SM. R = [SM. Rs 0 0 0;
    0 SM. Rs 0 0;
    0 0 SM. Rr + Rst 0;
    0 0 0 SM. Rr + Rst];
SM. L = [SM. Lls + SM. Lm 0 SM. Lm 0;
    0 SM. Lls + SM. Lm 0 SM. Lm
    SM. Lm 0 SM. Llr + SM. Lm 0;
    0 SM. Lm 0 SM. Llr + SM. Lm
    ]
SM. Linv = SM. L ^ - 1;
```

```
SM.RLinv = SM.R * SM.Linv;
% 漏抗矩阵
SM.Lxigma = [SM.Lls 0 0 0;
    0 SM.Lls 0 0
    0 0 SM.Llr 0;
    0 0 0 SM.Llr
    ];
SM.Lms = SM.L - SM.Lxigma;
% 额定转速
w = 1
SN = 1;                                          % 静止状态
wr = 1 - SN;
WM = [0 w 0 0; -w 0 0 0;0 0 0 w-wr;0 0 wr-w 0];
% 端电压
Uqd = [1;0;0;0];
% 电流
iqd = (SM.R + WM * SM.L)^ - 1 * Uqd;
% 反电势
Eqds = WM(1:2,1:2) * SM.L(1:2,:) * iqd;
Eqdr = WM(3:4,3:4) * SM.L(3:4,:) * iqd;
% 注意与上面矢量的区别：少算漏抗
E1qd = WM(1:2,1:2) * SM.Lms(1:2,:) * iqd;
E2qd = WM(3:4,3:4) * SM.Lms(3:4,:) * iqd;
psi = SM.Lms * iqd;
% ------------------------------------------------
% 绘制矢量图
clf
figure(1)
set(gcf,'Position',get(0,'ScreenSize'))   % 最大化窗口
TitleName = {'单时轴多矢量','单矢量多时轴'}
theta12 = pi/6;                             % 转子 a 轴与定子 A 轴的夹角
theta = [theta12,0];
for i = 1:2
    % --------------- 定子部分 -------------------------
    subplot(1,2,i)
    % A 相时轴
    DrawArrowPlolar(0,0,0,1.5,'k',0);
    TextOut(0,1.5,'A 相时轴',0)
    hold on
    % 以 E1qd 为参考绘制图形
    [Turn_theta,M] = cart2pol(E1qd(1),E1qd(2));
    % 电源 U₁
    DrawArrowPlolar(0,0,Uqd(2),Uqd(1),'r',Turn_theta);
    TextOut(Uqd(2),Uqd(1),'\itU_1',Turn_theta)
    % E1qd
    DrawArrowPlolar(0,0,E1qd(2),E1qd(1),'r',Turn_theta);
    TextOut(E1qd(2),E1qd(1),'\itE_1',Turn_theta)
    % 定子电流 i₁,由于标幺值相对大,缩小 1/N
    [A,T] = cart2pol(iqd(1),iqd(2));                    % 获取长度
    N = ceil(T);                                        % 向上取整数
    DrawArrowPlolar(0,0,iqd(2)/N,iqd(1)/N,'r',Turn_theta);
    TextOut(iqd(2)/N,iqd(1)/N,'\iti_1',Turn_theta)
```

```matlab
% 电感和电阻上的压降
Isr = iqd(1:2) * SM.Rs;
Isx_org = iqd(1:2) * SM.Lls;
Isx = Isx_org' * [cos(-pi/2),sin(-pi/2);-sin(-pi/2),cos(-pi/2)];
DrawArrowPlolar(E1qd(2),E1qd(1),E1qd(2) + Isr(2),...
    E1qd(1) + Isr(1),'r',Turn_theta);
TextOut(E1qd(2) + Isr(2),E1qd(1) + Isr(1),'\iti_1r_1',Turn_theta)
DrawArrowPlolar(E1qd(2) + Isr(2),E1qd(1) + Isr(1),...
    E1qd(2) + Isr(2) + Isx(2),E1qd(1) + Isr(1) + Isx(1),'r',Turn_theta);
TextOut(E1qd(2) + Isr(2) + Isx(2)/5,E1qd(1) + Isr(1) + Isx(1) * 2,...
    '\iti_1x_1',Turn_theta)
% 翻转 180°, - E_1
E1qdN = E1qd' * [cos(pi),sin(pi);-sin(pi),cos(pi)];
DrawArrowPlolar(0,0,E1qdN(2),E1qdN(1),'g',Turn_theta);
TextOut(E1qdN(2),E1qdN(1),' - \itE_1',Turn_theta)
% 磁通方向
DrawArrowPlolar(0,0,psi(2),psi(1),'b',Turn_theta);
TextOut(psi(2),psi(1),'\it\psi_m',Turn_theta)
  % --------------- 转子部分 ------------------------
  % 确定 a 相时轴原始位置
[ax,ay] = pol2cart(pi/2 - Turn_theta - theta12,1.4);
  % 计算旋转角度,增加 theta12 角度
Turn_theta = Turn_theta + theta(i);
% 绘制 a 相时轴
DrawArrowPlolar(0,0,ax,ay,'k',Turn_theta);
TextOut(ax,ay,'a 相时轴',Turn_theta);
hold on
% 不考虑漏感部分的反电势
DrawArrowPlolar(0,0,E2qd(2),E2qd(1),'r',Turn_theta);
TextOut(E2qd(2),E2qd(1),'\itE_2',Turn_theta)
% 转子电流
DrawArrowPlolar(0,0,iqd(4)/N,iqd(3)/N,'r',Turn_theta);
TextOut(iqd(4)/N,iqd(3)/N,'\iti_2',Turn_theta)
% 电阻压降与电感压降
Irr = iqd(3:4) * (SM.Rr + Rst);
% 注意下式乘以转速差,阻抗为转子电流的频率 * 电感
Irx_org = iqd(3:4) * SN * SM.Llr;
% 矩阵计算旋转 90°
Irx = Irx_org' * [cos(-pi/2),sin(-pi/2);-sin(-pi/2),cos(-pi/2)];
DrawArrowPlolar(0,0,Irr(2),Irr(1),'r',Turn_theta);
TextOut(Irr(2) - 0.1,Irr(1)/2,'\iti_2(r_2 + r_{st})',Turn_theta)
DrawArrowPlolar(Irr(2),Irr(1),Irr(2) + Irx(2),Irr(1) + Irx(1),...
    'r',Turn_theta);
TextOut(Irr(2) + Irx(2)/3,Irr(1) + Irx(1) * 2,'\iti_2x_2',Turn_theta)
% 矩阵计算翻转 180°, - E_1
E2qdN = E2qd' * [cos(pi),sin(pi);-sin(pi),cos(pi)];
DrawArrowPlolar(0,0,E2qdN(2),E2qdN(1),'g',Turn_theta);
TextOut(E2qdN(2),E2qdN(1),' - \itE_2',Turn_theta)
% 磁通方向
```

```
    DrawArrowPlolar(0,0,psi(4),psi(3),'b',Turn_theta);
    TextOut(psi(4),psi(3),'\it\psi_m',Turn_theta)
      % 图的名称
    title(TitleName{i});
end
Im = [iqd(1) + iqd(3),iqd(2) + iqd(4)]/N;
% Im 方向
DrawArrowPlolar(0,0,Im(2),Im(1),'r',Turn_theta);
TextOut(Im(2),Im(1),'\itIm',Turn_theta)
```

程序将 R_{st} 设置为 5 倍 R_r，转速差 s 设置为 1，TextOut 函数参见 7.1.1 节。程序运行结果如图 12-3 和图 12-4 所示。

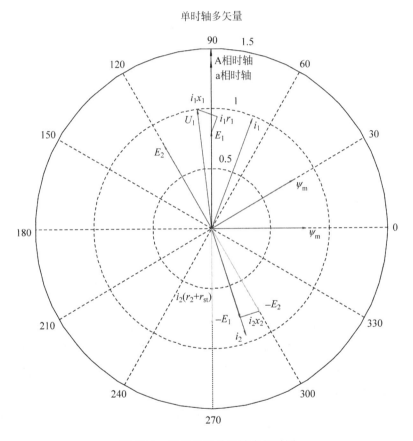

图 12-3　异步电机单时轴多矢量图

电磁暂态方程中 E_1 和 E_2 的参考方向与图 12-2 所示相反，因此在图 12-3 中，E_1 正方向向上，与图 12-1 相反，E_2 的情况类似。这里不作统一化修正，是为了便于与其他教科书相对比。同时图 12-3 中绘制的是磁链 ψ_m，与图 12-1 略有区别。磁链与磁通的关系为 $\psi_m = N\Phi_m$，磁链的国际单位与磁通量同为韦伯。由于在电磁暂态模型中，转子线圈的匝数已经换算为定子侧的匝数，匝数 N 不再体现在方程中，因此图 12-3 和图 12-4 均只绘制磁链 ψ。

图 12-3 中磁链 ψ_m 绘制了两根，夹角为 θ_{12}，分别与 E_1 和 E_2 对应。如果要同时表示定子、转子六相，则必须绘制 6 根，因此与 7.1.1 节的思路类似，可以将 a 相时轴与 A 相时轴错

多时轴单矢量

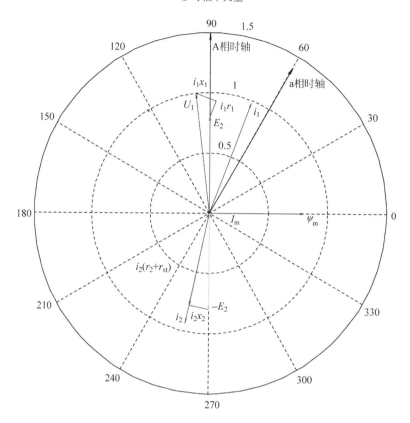

图 12-4　异步电机的多时轴单矢量图

开 θ_{12} 角度,使定子和转子的磁链 ψ_m 重合。

提示:实际上由电磁状态方程计算得出的 psi 变量,其定子和转子的 dq 分量的计算值是完全一样的,表示的就是同一个方向。

如图 12-3 和图 12-4 所示,在转子静止的时候,E_1 和 E_2 的大小和方向是完全相同的,而图 12-1 中 E_1 和 E_2 大小并不一致。这是因为在状态方程中,转子侧的匝数已经被折算到了定子侧(提示:这是绘制 T 型等效电路图做的第一步折算),图 12-3 和图 12-4 中绘制的 E_2 实际是经过折算后的 E_2'。

总之,把转子电路上的各量折算到定子时,电势、电压乘以 k,电流除以 k,阻抗、电阻、电抗则乘以 k^2,在 11.2.1 节也说明了这次折算

$$\dot{E}_2 = \dot{I}_2(R_2 + jX_{2\sigma}) \quad \Rightarrow \quad k\dot{E}_2 = \frac{\dot{I}_2}{k}k^2(R_2 + jX_{2\sigma}) \Rightarrow \dot{E}_2' = \dot{I}_2'(R_2' + jX_{2\sigma}') \quad (12.5)$$

2. 转子转动时的时空矢量图

转子旋转时,磁通切割定子和转子绕组的速率不一样,定子和转子上的电流频率将不一样。此时转子电流频率的标幺值即为异步电机的转速差,一般电机为 0.04 左右。转子绕组产生的反电势幅值和频率将大幅降低,转子电抗也随之降低。

上述结论,通过修改程序 ASM_StaticPhsor_Vector_Polar.m 中的 $R_{st} = 0$,$s_N = 0.04$,可以很清晰地观察到。

为此,式(12.6)表达了将转子频率从 f_2 改为定子频率 f_1 时转子电势应有的数值

$$E_{2s} = \sqrt{2}\pi f_2 \omega_2 k_{\omega 2} \Phi_m = s\sqrt{2}\pi f_1 \omega_2 k_{\omega 2} \Phi_m = sE_2 \tag{12.6}$$

与之类似,由于频率的变化,电抗值也应进行折算。式(12.7)在式(12.5)的基础上说明了频率折算后的结果

$$\dot{E}_{2s} = s\dot{E}_2 = \dot{I}_2(R_2 + jsX_{2\sigma})$$

$$\Rightarrow \quad k\dot{E}_{2s} = sk\dot{E}_2 = \frac{\dot{I}_2}{k}k^2(R_2 + jsX_{2\sigma})$$

$$\Rightarrow \quad \dot{E}'_{2s} = s\dot{E}'_2 = \dot{I}'_2(R'_2 + jsX'_{2\sigma}) \tag{12.7}$$

从而有

$$\frac{\dot{E}'_{2s}}{s} = \dot{E}'_2 = \frac{\dot{I}'_2(R'_2 + jsX'_{2\sigma})}{s} = \dot{I}'_2\left(R'_2 + R'_2\frac{1-s}{s} + jX'_{2\sigma}\right) \tag{12.8}$$

式(12.8)是构建 T 型等效电路的基础。

【例 12-2】　编写程序(M 文件),绘制异步电机在转子按额定转速转动情况下,定子、转子时间矢量图(ASM_StaticPhsor_Vector_Polar_Rotate.m)。

按电磁暂态方程计算得到的是式(12.8)的 E'_{2s}、I'_2,即

$$\dot{E}'_{2s} = \dot{I}'_2(R'_2 + jsX'_{2\sigma}) \tag{12.9}$$

方程中的 R'_2、X'_2 是第一次折算后的值。由于额定的 s 值较小,因此会使得这些时间矢量在图上的长度非常短,所以下面程序将各电压矢量均除以 s。

```
clear all
% ------------------------------------
% 选定第 15 台机器
SM = SelectMachine(15 );
% ------------------------------------
% 漏抗矩阵
SM.Lxigma = [SM.Lls 0 0 0;
    0 SM.Lls 0 0
    0 0 SM.Llr 0;
    0 0 0 SM.Llr
    ];
SM.Lms = SM.L - SM.Lxigma;
% 额定转速
w = 1
SN = SM.sN; % 静止状态
wr = 1 - SN;
WM = [0 w 0 0; - w 0 0 0; 0 0 0 w - wr; 0 0 wr - w 0];
% 端电压
Uqd = [1;0;0;0];
% 电流
iqd = (SM.R + WM * SM.L)^ - 1 * Uqd;
% 反电势
Eqds = WM(1:2,1:2) * SM.L(1:2,:) * iqd;
Eqdr = WM(3:4,3:4) * SM.L(3:4,:) * iqd;
```

```matlab
% 注意与上面矢量的区别: 少算漏抗
E1qd = WM(1:2,1:2) * SM.Lms(1:2,:) * iqd;
E2qd = WM(3:4,3:4) * SM.Lms(3:4,:) * iqd;
psi = SM.Lms * iqd;
% ------------------------------------------------
% 绘制矢量图
clf
figure(1)
set(gcf,'Position',get(0,'ScreenSize'))          % 最大化窗口
TitleName = {'单时轴多矢量','单矢量多时轴'}
theta12 = pi/6;                                   % 转子 a 轴与定子 A 轴的夹角
theta = [theta12,0];
for i = 1:2
    % ---------------- 定子部分 ------------------------
    subplot(1,2,i)
    % A 相时轴
    DrawArrowPlolar(0,0,0,1.5,'k',0);
    TextOut(0,1.5,'A 相时轴',0)
    hold on
    % 以 E1qd 为参考绘制图形
    [Turn_theta,M] = cart2pol(E1qd(1),E1qd(2));
    % 电源 U_1
    DrawArrowPlolar(0,0,Uqd(2),Uqd(1),'r',Turn_theta);
    TextOut(Uqd(2),Uqd(1),'\itU_1',Turn_theta)
    % E1qd
    DrawArrowPlolar(0,0,E1qd(2),E1qd(1),'r',Turn_theta);
    TextOut(E1qd(2),E1qd(1),'\itE_1',Turn_theta)
    % 定子电流 i_1,由于标幺值相对大,缩小 1/N
    [A,T] = cart2pol(iqd(1),iqd(2));              % 获取长度
    N = ceil(T);                                  % 向上取整数
    DrawArrowPlolar(0,0,iqd(2)/N,iqd(1)/N,'r',Turn_theta);
    TextOut(iqd(2)/N,iqd(1)/N,'\iti_1',Turn_theta)
    % 电感和电阻上的压降
    Isr = iqd(1:2) * SM.Rs;
    Isx_org = iqd(1:2) * SM.Lls;
    Isx = Isx_org' * [cos(-pi/2),sin(-pi/2); -sin(-pi/2),cos(-pi/2)];
    DrawArrowPlolar(E1qd(2),E1qd(1),E1qd(2) + Isr(2),...
        E1qd(1) + Isr(1),'r',Turn_theta);
    TextOut(E1qd(2) + Isr(2),E1qd(1) + Isr(1),'\iti_1r_1',Turn_theta)
    DrawArrowPlolar(E1qd(2) + Isr(2),E1qd(1) + Isr(1),...
        E1qd(2) + Isr(2) + Isx(2),E1qd(1) + Isr(1) + Isx(1),'r',Turn_theta);
    TextOut(E1qd(2) + Isr(2) + Isx(2)/5,E1qd(1) + Isr(1) + Isx(1) × 2,...
        '\iti_1x_1',Turn_theta)
    % 翻转 180°, -E_1
    E1qdN = E1qd' * [cos(pi),sin(pi); -sin(pi),cos(pi)];
    DrawArrowPlolar(0,0,E1qdN(2),E1qdN(1),'g',Turn_theta);
    TextOut(E1qdN(2),E1qdN(1),' -\itE_1',Turn_theta)
    % 磁通方向
    DrawArrowPlolar(0,0,psi(2),psi(1),'b',Turn_theta);
```

```
    TextOut(psi(2),psi(1),'\it\psi_m',Turn_theta)
      % ----------------- 转子部分-----------------------
      % 确定 a 相时轴原始位置
      [ax,ay] = pol2cart(pi/2 - Turn_theta - theta12,1.4);
      % 计算旋转角度,增加 theta12 角度
    Turn_theta = Turn_theta + theta(i);
    % 绘制 a 相时轴
    DrawArrowPlolar(0,0,ax,ay,'k',Turn_theta);
    TextOut(ax,ay,'a 相时轴',Turn_theta);
    hold on
    % 不考虑漏感部分的反电势
    E2qds = E2qd/SN;                    % 折算频率
    DrawArrowPlolar(0,0,E2qds(2),E2qds(1),'r',Turn_theta);
    TextOut(E2qd(2),E2qd(1),'\itE_2',Turn_theta)
    % 转子电流
    DrawArrowPlolar(0,0,iqd(4)/N,iqd(3)/N,'r',Turn_theta);
    TextOut(iqd(4)/N,iqd(3)/N,'\iti_2',Turn_theta)
    % 电阻压降与电感压降
    Irr = iqd(3:4) * (SM.Rr)/SN;
    % 注意下式乘以转速差,阻抗为转子电流的频率 * 电感
    Irx_org = iqd(3:4) * SN * SM.Llr/SN;
    % 矩阵计算旋转 90°
    Irx = Irx_org' * [cos(-pi/2),sin(-pi/2); -sin(-pi/2),cos(-pi/2)];
    DrawArrowPlolar(0,0,Irr(2),Irr(1),'r',Turn_theta);
    TextOut(Irr(2) - 0.1,Irr(1)/2,'\iti_2r_2',Turn_theta)
    DrawArrowPlolar(Irr(2),Irr(1),Irr(2) + Irx(2),Irr(1) + Irx(1),...
        'r',Turn_theta);
    TextOut(Irr(2) + Irx(2)/3,Irr(1) + Irx(1) * 2,'\iti_2x_2',Turn_theta)
  % 矩阵计算翻转 180°, - E₁
    E2qdN = E2qd' * [cos(pi),sin(pi); -sin(pi),cos(pi)];
    DrawArrowPlolar(0,0,E2qdN(2),E2qdN(1),'g',Turn_theta);
    TextOut(E2qdN(2),E2qdN(1),' - \itE_2',Turn_theta)
    % 磁通方向
    DrawArrowPlolar(0,0,psi(4),psi(3),'b',Turn_theta);
    TextOut(psi(4),psi(3),'\it\psi_m',Turn_theta)
    % 图的名称
    title(TitleName{i});
end
Im = [iqd(1) + iqd(3),iqd(2) + iqd(4)]/N;
% Im 方向
DrawArrowPlolar(0,0,Im(2),Im(1),'r',Turn_theta);
TextOut(Im(2),Im(1),'\itIm',Turn_theta)
```

程序运行结果与图 12-3 和图 12-4 类似。$\dot{E}_{2s}$、$\dot{E}'_{2s}$ 和 $\dot{E}'_2$ 关系如图 12-5 所示。

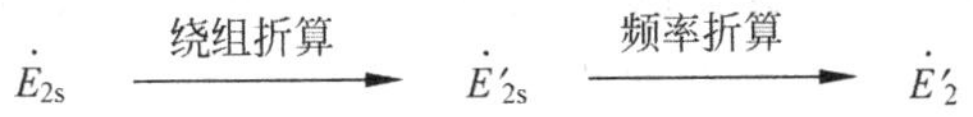

$$\dot{E}_{2s} \xrightarrow{\text{绕组折算}} \dot{E}'_{2s} \xrightarrow{\text{频率折算}} \dot{E}'_2$$

图 12-5　转子绕组折算过程

未折算的转子反电势$\dot{E}_{2s}$幅值降低,旋转速度也随频率降低,但此时 a 相时轴不再静止,其旋转速度定为转子转速。两个速度之和仍然等于定子电流频率。因此图中的$\dot{E}_2$与$\dot{E}_1$仍保持图示关系。

12.1.2　T 型等效电路

SimPowerSystems 的帮助文件在描述异步电机模型时采用的是 Park 变换后的电磁暂态模型,同时反映了 ABC 三相电压、电流、磁链等电气量的时空关系。与之不同,国内教科书大多使用图 12-6(a)所示的 T 型等效电路来表示异步电机的数学模型。部分参考文献也使用图 12-6(b)所示的形式模拟铁耗角。与图 11-2 对比可知,SimPowerSystems 的异步电机实际是没有考虑铁耗角的。

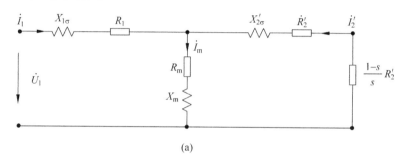

(a)

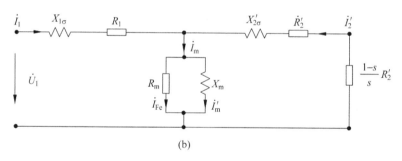

(b)

图 12-6　异步电动机的 T 型等效电路

为便于与其他教科书对比,本章中沿用了下标 1 表示定子侧,下标 2 表示转子侧。与第 11 章的下标 s 和下标 r 对应。

图 12-6 所示的 T 型等效电路中的转子各电量实际为式(12.8)中的各变量,即

$$\dot{E}'_2 = \dot{I}'_2 \left(R'_2 + R'_2 \frac{1-s}{s} + jX'_{2\sigma} \right) \tag{12.10}$$

因此在励磁支路上,定子和转子的反电动势分别为$\dot{E}_1$和$\dot{E}'_2$,二者大小相等。对转子静止和转动两种情况都适用。

为解决 SimPowerSystems 模型没有模拟异步电机铁耗的缺陷,下面在图 11-2 和图 12-6(b)的基础上对 Park 方程进行修正。

在不考虑零轴分量的情况下,电压方程改写为

$$
\begin{bmatrix} u_{qs} \\ u_{ds} \\ u_{qr} \\ u_{dr} \end{bmatrix} = \begin{bmatrix} R_s & 0 & 0 & 0 \\ 0 & R_s & 0 & 0 \\ 0 & 0 & R_r & 0 \\ 0 & 0 & 0 & R_r \end{bmatrix} \begin{bmatrix} i_{qs} \\ i_{ds} \\ i_{qr} \\ i_{dr} \end{bmatrix} + p \begin{bmatrix} \psi_{qs} \\ \psi_{ds} \\ \psi_{qr} \\ \psi_{dr} \end{bmatrix} + \begin{bmatrix} 0 & \omega & 0 & 0 \\ -\omega & 0 & 0 & 0 \\ 0 & 0 & 0 & \omega-\omega_r \\ 0 & 0 & -\omega+\omega_r & 0 \end{bmatrix} \begin{bmatrix} \psi_{qs} \\ \psi_{ds} \\ \psi_{qr} \\ \psi_{dr} \end{bmatrix}
$$

$$
\tag{12.11}
$$

其中，$\begin{bmatrix} i_{qs} \\ i_{ds} \\ i_{qr} \\ i_{dr} \end{bmatrix} = \begin{bmatrix} i_{mqs} \\ i_{mds} \\ i_{mqr} \\ i_{mdr} \end{bmatrix} + \begin{bmatrix} i_{feqs} \\ i_{feds} \\ i_{feqr} \\ i_{fedr} \end{bmatrix}$。

通过 RL 并联电路的简单分析，可以知道在励磁支路上有

$$
\begin{bmatrix} i_{feqs} \\ i_{feds} \\ i_{feqr} \\ i_{fedr} \end{bmatrix} = \frac{L_m}{R_{fe}} \begin{bmatrix} 0 & \omega & 0 & 0 \\ -\omega & 0 & 0 & 0 \\ 0 & 0 & 0 & \omega-\omega_r \\ 0 & 0 & -\omega+\omega_r & 0 \end{bmatrix} \begin{bmatrix} i_{mqs} \\ i_{mds} \\ i_{mqr} \\ i_{mdr} \end{bmatrix}
\tag{12.12}
$$

磁链方程也分解为两个部分

$$
\begin{bmatrix} \psi_{qs} \\ \psi_{ds} \\ \psi_{qr} \\ \psi_{dr} \end{bmatrix} = \begin{bmatrix} \psi_{\sigma qs} \\ \psi_{\sigma ds} \\ \psi_{\sigma qr} \\ \psi_{\sigma dr} \end{bmatrix} + \begin{bmatrix} \psi_{mqs} \\ \psi_{mds} \\ \psi_{mqr} \\ \psi_{mdr} \end{bmatrix}
$$

$$
= \begin{bmatrix} L_{1\sigma} & 0 & 0 & 0 \\ 0 & L_{1\sigma} & 0 & 0 \\ 0 & 0 & L_{2\sigma} & 0 \\ 0 & 0 & 0 & L_{2\sigma} \end{bmatrix} \left(\begin{bmatrix} i_{mqs} \\ i_{mds} \\ i_{mqr} \\ i_{mdr} \end{bmatrix} + \begin{bmatrix} i_{feqs} \\ i_{feds} \\ i_{feqr} \\ i_{fedr} \end{bmatrix} \right)
$$

$$
+ \begin{bmatrix} L_m & 0 & L_m & 0 \\ 0 & L_m & 0 & L_m \\ L_m & 0 & L_m & 0 \\ 0 & L_m & 0 & L_m \end{bmatrix} \begin{bmatrix} i_{mqs} \\ i_{mds} \\ i_{mqr} \\ i_{mdr} \end{bmatrix}
\tag{12.13}
$$

在稳态时，忽略微分项，将式(12.11)、式(12.12)和式(12.13)合并写成如下形式

$$
U = \left(R + R\frac{L_m}{R_{fe}}\omega \right) I_m + \omega \left(L_\sigma + L_\sigma \frac{L_m}{R_{fe}}\omega + L_m \right) I_m
\tag{12.14}
$$

即

$$
I_m = \left(R + R\frac{L_m}{R_{fe}}\omega + \omega L_\sigma + \omega L_\sigma \frac{L_m}{R_{fe}}\omega + \omega L_m \right)^{-1} U
\tag{12.15}
$$

【例 12-3】 编写程序(M 文件)，绘制异步电机在计及铁耗角时的定子、转子时间矢量图(ASM_StaticPhsor_Vector_RFe2_Polar.m)。

程序将铁耗电阻值设置为定子电阻的 100 倍，按式(12.15)的思想计算得到 I_m 后，根据相关公式可以得到定子、转子各电量的时间矢量，程序如下：

```
clear all
% -------------------------------------------------------------
% 选定第 15 台机器
```

```matlab
SM = SelectMachine(15 );
%  ----------------------------------
% 外接电阻 5 倍
Rst = SM.Rr * 5
% 修正状态方程用到的参数矩阵
SM.R = [SM.Rs 0 0 0;
    0 SM.Rs 0 0;
    0 0 SM.Rr + Rst 0;
    0 0 0 SM.Rr + Rst];
SM.L = [SM.Lls + SM.Lm 0 SM.Lm 0;
    0 SM.Lls + SM.Lm 0 SM.Lm
    SM.Lm 0 SM.Llr + SM.Lm 0;
    0 SM.Lm 0 SM.Llr + SM.Lm
    ]
SM.Linv = SM.L ^ - 1;
SM.RLinv = SM.R * SM.Linv;
% 漏抗矩阵
SM.Lxigma = [SM.Lls 0 0 0;
    0 SM.Lls 0 0
    0 0 SM.Llr 0;
    0 0 0 SM.Llr
    ];
SM.Lms = SM.L - SM.Lxigma;
% 铁耗矩阵
RFe = SM.Rs * 100;
% 额定转速
w = 1
SN = 1  %1;                  % 静止状态
wr = 1 - SN;
WM = [0 w 0 0; - w 0 0 0;0 0 0 w - wr;0 0 wr - w 0];
% 端电压
Uqd = [1;0;0;0];
% 电流 U = R * (iqd2 + ife) + WM * Lxigma * (iqd2 + ife) + WM * Lms * iqd2
imqd = (SM.R + SM.R * SM.Lm/RFe * WM + WM * SM.Lxigma +  ...
    WM * SM.Lxigma * SM.Lm/RFe * WM + WM * SM.Lms)^ - 1 * Uqd;
ife = SM.Lm/RFe * WM * imqd;
iqd = ife + imqd;
% 励磁支路上的反电势
Eqd = WM * SM.Lms * imqd;
E1qd = Eqd(1:2) ;
E2qd = Eqd(3:4) ;
% 磁链,与 Lm 交链的部分,psi = N * phi
psi = SM.Lms * imqd;
%  -----------------------------------------------
% 绘制矢量图
clf
figure(1)
set(gcf,'Position',get(0,'ScreenSize'))       % 最大化窗口
TitleName - {'单时轴多矢量','单矢量多时轴'}
theta12 = pi/6;           % 转子 a 轴与定子 A 轴的夹角
theta = [theta12,0];
for i = 1:2
    % -------------- 定子部分 --------------------
```

```
subplot(1,2,i)
% A 相时轴
DrawArrowPlolar(0,0,0,1.5,'k',0);
TextOut(0,1.5,'A 相时轴',0)
hold on
% 以 E1qd 为参考绘制图形
[Turn_theta,M] = cart2pol(E1qd(1),E1qd(2));
% 电源 U₁
DrawArrowPlolar(0,0,Uqd(2),Uqd(1),'r',Turn_theta);
TextOut(Uqd(2),Uqd(1),'\itU_1',Turn_theta)
% E1qd
DrawArrowPlolar(0,0,E1qd(2),E1qd(1),'r',Turn_theta);
TextOut(E1qd(2),E1qd(1),'\itE_1',Turn_theta)
% 定子电流 i₁,由于标幺值相对大,缩小 1/N
[A,T] = cart2pol(iqd(1),iqd(2)); % 获取长度
N = ceil(T); % 向上取整数
DrawArrowPlolar(0,0,iqd(2)/N,iqd(1)/N,'r',Turn_theta);
TextOut(iqd(2)/N,iqd(1)/N,'\iti_1',Turn_theta)
% 电感和电阻上的压降
Isr = iqd(1:2) * SM.Rs;
Isx_org = iqd(1:2) * SM.Lls;
Isx = Isx_org' * [cos( - pi/2),sin( - pi/2); - sin( - pi/2),cos( - pi/2)];
DrawArrowPlolar(E1qd(2),E1qd(1),...
    E1qd(2) + Isr(2),E1qd(1) + Isr(1),'r',Turn_theta);
TextOut(E1qd(2) + Isr(2)/2,E1qd(1) + Isr(1),'\iti_1r_1',Turn_theta)
DrawArrowPlolar(E1qd(2) + Isr(2),E1qd(1) + Isr(1),...
    E1qd(2) + Isr(2) + Isx(2),E1qd(1) + Isr(1) + Isx(1),'r',Turn_theta);
TextOut(E1qd(2) + Isr(2) + Isx(2)/3,E1qd(1) + Isr(1) + Isx(1),...
    '\iti_1x_1',Turn_theta)
% 翻转 180°, - E₁
E1qdN = E1qd' * [cos(pi),sin(pi); - sin(pi),cos(pi)];
DrawArrowPlolar(0,0,E1qdN(2),E1qdN(1),'g',Turn_theta);
TextOut(E1qdN(2),E1qdN(1),' - \itE_1',Turn_theta)
% 磁通方向
DrawArrowPlolar(0,0,psi(2),psi(1),'b',Turn_theta);
TextOut(psi(2),psi(1),'\it\psi',Turn_theta)
    % ---------------- 转子部分 -----------------------
    % 确定 a 相时轴原始位置
    [ax,ay] = pol2cart(pi/2 - Turn_theta - theta12,1.4);
    % 计算旋转角度,增加 theta12 角度
Turn_theta = Turn_theta + theta(i);
    % 绘制 a 相时轴
DrawArrowPlolar(0,0,ax,ay,'k',Turn_theta);
TextOut(ax,ay,'a 相时轴',Turn_theta);
hold on
% 不考虑漏感部分的反电势
DrawArrowPlolar(0,0,E2qd(2),E2qd(1),'r',Turn_theta);
TextOut(E2qd(2),E2qd(1),'\itE_2',Turn_theta)
% 转子电流
DrawArrowPlolar(0,0,iqd(4)/N,iqd(3)/N,'r',Turn_theta);
TextOut(iqd(4)/N,iqd(3)/N,'\iti_2',Turn_theta)
% 电阻压降与电感压降
Irr = iqd(3:4) * (SM.Rr + Rst);
```

```
        Irx_org = iqd(3:4) * SN * SM.Llr; % 乘以转速差,为转子电流的频率
        Irx = Irx_org' * [cos(-pi/2),sin(-pi/2); -sin(-pi/2),cos(-pi/2)]; % 旋转90°
        DrawArrowPlolar(0,0,Irr(2),Irr(1),'r',Turn_theta);
        TextOut(Irr(2),Irr(1),'\iti_2r_2',Turn_theta)
        DrawArrowPlolar(Irr(2),Irr(1),...
            Irr(2)+Irx(2),Irr(1)+Irx(1),'r',Turn_theta);
        TextOut(Irr(2)+Irx(2)/3,Irr(1)+Irx(1),'\iti_2x_2',Turn_theta)
    % 翻转180°, -E_1
        E2qdN = E2qd' * [cos(pi),sin(pi); -sin(pi),cos(pi)];
        DrawArrowPlolar(0,0,E2qdN(2),E2qdN(1),'g',Turn_theta);
        TextOut(E2qdN(2),E2qdN(1),'-\itE_2',Turn_theta)
    % 磁通方向
        DrawArrowPlolar(0,0,psi(4),psi(3),'b',Turn_theta);
        TextOut(psi(4),psi(3),'\it\psi',Turn_theta)
    % 图的名称
        title(TitleName{i});
end
Im = [iqd(1)+iqd(3),iqd(2)+iqd(4)]/N;
% Im 方向
DrawArrowPlolar(0,0,Im(2),Im(1),'r',Turn_theta);
TextOut(Im(2),Im(1),'\itIm',Turn_theta)
```

程序运行结果如图 12-7 和图 12-8 所示。

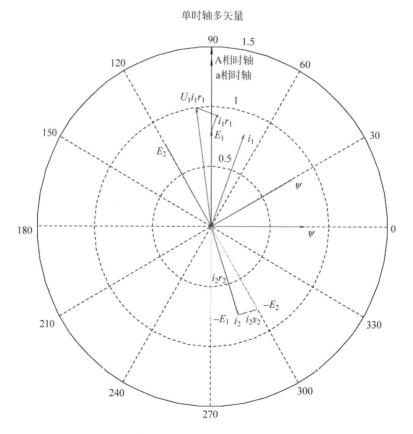

图 12-7　计及铁耗时异步电动机单时轴多矢量图

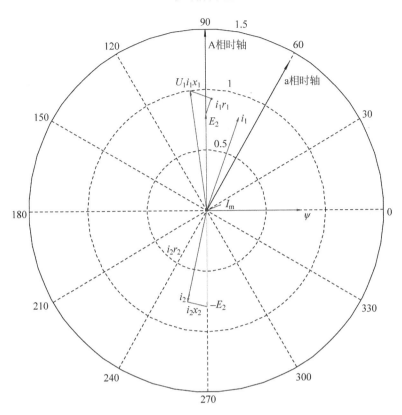

图 12-8　计及铁耗时异步电动机的多时轴单矢量图

图 12-8 中绘制了励磁电流 I_m，可以清晰地看出，转子电流产生的磁势削弱了定子电流所产生的磁势。合成磁势由 I_m 决定。

提示：读者可以通过修改外接电阻 R_{st}、转速差 s_N 等变量的值，在不同数值组合下，观察定子、转子各电量在不同的工况下的矢量关系。

虽然图 12-6(a)和图 12-6(b)的串并联电路结构是可以相互转换的，但从本质上讲，用图 12-6(b)的并联形式，更容易理解各电量之间的关系。

12.1.3　Γ型等效电路

和变压器一样，可以把 T 型等效电路中间的励磁支路移到电源端，变成 Γ 型等效电路以简化计算。在变压器中，由于 Z_m 很大，I_m 和 Z_1 都很小，因此把励磁支路直接移到电源端，不致引起过大的误差。但在异步电机中，由于 Z_m 较小，励磁电流 I_m 较大，定子漏阻抗也比变压器原方的漏阻抗大，所以把励磁支路直接移到电源端将引起较大的误差，特别是对小型电机，通常不能满足工程计算上所需的准确度。因此，为了消除误差，必须引入一个校正系数，对电路作必要修改，才能使 Γ 型等效电路和 T 型等效电路完全等效。推导过程如下。

在图 12-6 中令

$$Z'_{2s} = Z'_2 + \frac{1-s}{s}R'_2 = \frac{R'_2}{s} + jX'_{2\sigma} \tag{12.16}$$

则定子电流为

$$\dot{I}_1 = \dot{I}_m - \dot{I}_2' = \frac{-\dot{E}_1}{Z_m} + \frac{-\dot{E}_1}{Z_{2s}'} \tag{12.17}$$

而定子端电压为

$$\dot{U}_1 = -\dot{E}_1 + \dot{I}_1 Z_1 = -\dot{E}_1\left(1 + \frac{Z_1}{Z_m} + \frac{Z_1}{Z_{2s}'}\right) = -\dot{E}_1\left(\dot{\sigma}_1 + \frac{Z_1}{Z_{2s}'}\right) \tag{12.18}$$

式中，$\dot{\sigma}_1 = 1 + \dfrac{Z_1}{Z_m}$ 是一复量，称为校正系数。从式(12.18)可得

$$-\dot{E}_1 = \dot{U}_1 - \dot{I}_1 Z_1 = \frac{\dot{U}_1}{\dot{\sigma}_1 + \dfrac{Z_1}{Z_{2s}'}} \tag{12.19}$$

代入式(12.17)得

$$\dot{I}_1 = \frac{\dot{U}_1 - \dot{I}_1 Z_1}{Z_m} + \frac{\dot{U}_1}{\dot{\sigma}_1 Z_{2s}' + Z_1} = \frac{\dot{U}_1}{Z_m} - \frac{\dot{I}_1 Z_1}{Z_m} + \frac{\dot{U}_1}{Z_1 + \dot{\sigma}_1 Z_{2s}'} \tag{12.20}$$

从上式可解出

$$\dot{I}_1 = \frac{\dot{U}_1}{\dot{\sigma}_1 Z_m} + \frac{\dot{U}_1}{\dot{\sigma}_1 Z_1 + \dot{\sigma}_1^2 Z_{2s}'} = I_m' - I_2'' \tag{12.21}$$

式中

$$\begin{cases} I_m' = \dfrac{\dot{U}_1}{\dot{\sigma}_1 Z_m} = \dfrac{\dot{U}_1}{Z_1 + Z_m} \\[3mm] -I_2'' = \dfrac{\dot{U}_1}{\dot{\sigma}_1 Z_1 + \dot{\sigma}_1^2 Z_{2s}'} = \dfrac{-\dot{I}_2}{\dot{\sigma}_1} \end{cases} \tag{12.22}$$

因

$$-\dot{I}_2' = \frac{-\dot{E}_1}{Z_{2s}'} = \frac{\dot{U}_1}{Z_1 + \dot{\sigma}_1 Z_{2s}'}$$

根据式(12.21)和式(12.22)，便可画出异步电动机的 Γ 型等效电路，如图 12-9 所示。

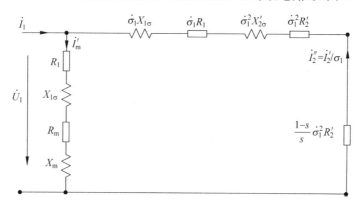

图 12-9 异步电动机的 Γ 型等效电路

虽然 Γ 型等效电路和 T 型等效电路同样准确，但由于引入了复量校正系数 $\dot{\sigma}_1$，导致计算不便。由于通常 $R_1 \ll X_{1\sigma}$，$R_m \ll X_m$，工程计算上在求 $\dot{\sigma}_1$ 时往往把电阻 R_1 和 R_m 忽略掉，

这时 $\sigma_1 = 1 + X_{1\sigma}/X_m$ 变为一个实数,虽然精确度降低,但却使计算大为简化。

虽然在本书中不使用 Γ 型等效电路模拟异步电机,但经典教科书中往往使用 Γ 型等效电路来说明电机一些状态量的理论或经验公式,故在此进行简单说明。

12.2　参数测定

利用等效电路计算异步电机的运行特性时,必须先知道电机的参数: R_1、$X_{1\sigma}$、R_2'、$X_{2\sigma}$、R_m 和 X_m。对已制成的异步电动机可以通过空载试验和短路试验(堵转试验)来测定其参数。

12.2.1　空载试验

【例 12-4】　编写程序(M 文件)绘制异步电机在计及铁耗角时的空载特性曲线,并测定相关参数(ASMSteadyNoLoad_Rfe.m)。

空载实验的目的是测定励磁阻抗 R_m 和 X_m 及机械损耗 P_{mec}。

```
% clear all
% ----------------------------------------------------------
% 选定电机
load('C:\Program Files\MATLAB\R2014a\toolbox\physmod\powersys\powersys\MachineParameters\
ASMparameters_SI.mat')
% 第 15 台机器
i = 15;
SM = SelectMachine(i);
% 漏抗矩阵
SM.Lxigma = [SM.Lls 0 0 0;
    0 SM.Lls 0 0
    0 0 SM.Llr 0;
    0 0 0 SM.Llr
    ];
SM.Lms = SM.L - SM.Lxigma;
% 铁耗
RFe = SM.Rs * 100;
% 定义符号变量 S U
syms S U real ;
w = 1
wr = 1 - S;
WM = [0 w 0 0; - w 0 0 0; 0 0 0 w - wr; 0 0 wr - w 0];
RLinv_w = SM.RLinv + WM;
% 端电压
Uqd = [U; 0; 0; 0];
% 以下计算量均表达为 S 和 U 的函数
% 励磁电流: imqd = f(S, U)
imqd = (SM.R + SM.R * SM.Lm/RFe * WM + WM * SM.Lxigma + ...
    WM * SM.Lxigma * SM.Lm/RFe * WM + WM * SM.Lms)^ - 1 * Uqd;
% 铁耗电流: ife = f(S, U)
ife = SM.Lm/RFe * WM * imqd;
```

```
%定子、转子电流: iqd = f(S,U)
iqd = ife + imqd;
%电磁转矩: Tmec = f(S,U)
Tmec = SM.Lm * (imqd(1) * imqd(4) − imqd(2) * imqd(3))
%输出转矩: T2 = f(S,U),空载时 T2 = 0
T2 = (Tmec − SM.F * wr)
% ------------------------------------
% --- 定子侧 ------
%输入功率: P1 = f(S,U)
P1 = iqd(1) * Uqd(1) + iqd(2) * Uqd(2);
P1 = simplify(P1);
%定子上电阻消耗的功率: Pcu1 = f(S,U)
Pcu1 = SM.Rs * iqd(1)^2 + SM.Rs * iqd(2)^2;
Pcu1 = simplify(Pcu1);
%铁耗 PRfe = f(S,U)
PRfe = RFe * ife(1)^2 + RFe * ife(2)^2;
PRfe = PRfe + RFe * ife(3)^2 + RFe * ife(4)^2;
%反电势
Eqd = WM(1:2,1:2) * SM.L(1:2,:) * imqd;
Pem = Eqd' * imqd(1:2);
Pem = simplify(Pem);
%转子上电阻消耗的功率
Pcu2 = SM.Rr * iqd(3)^2 + SM.Rr * iqd(4)^2;
Precord = [ ];
%动摩擦部分消耗的功率
Pmec = SM.F * wr * wr;
% subs(T2,S,s);
UU = 1.2: − 0.02:0.1;
for U = UU                              %将 U 赋值,预备计算各函数数值
    %将 U 带入,计算仅以 S 为变量的输出转矩
    t2 = eval(T2);                      % t2 = f(S),为高次方程
    S = solve(t2,S);                    % 解出 t2 = 0 的 S;
    S = eval(S);                        % solve 返回的是 sym 类型,转换为 double
    S = S(find(S > 0&S < 1));           % 找出合理解
    %下面计算过程,将 S 和 U 同时代入,解算各函数值
    P0 = eval(P1);                      %输入功率
    Pcu1V = eval(Pcu1);                 %定子铜耗
    P00 = P0 − Pcu1V;                   %铁耗 + 电磁功率
    Iqd = eval(iqd);                    %定子、转子电流
    I0 = sqrt(Iqd(1)^2 + Iqd(2)^2);     %定子电流
    % P00 = PmecV + PRfeV + Pcu2V
    PmecV = eval(Pmec);                 %机械损耗值
    PRfeV = eval(PRfe);                 %铁耗值
    Pcu2V = eval(Pcu2);                 %转子铜耗值,非常小
    %记录下来,准备绘图
    Precord = [Precord,[S;I0;P0;P00;Pcu1V;PRfeV;Pcu2V;PmecV;U]];
    clear S;                            %S 已经变成具体数值
    syms S real;                        %故清除,重新定义为符号变量
end
```

```
figure(1)
subplot(1,2,1)
plot(UU,Precord(2:3,:))
hold on
plot([1,1],[0,1],'g-.')
text(0.8,0.7,'I_0');
text(0.8,0.25,'P_0');
title('I_0 P_0 vs. U_1');
subplot(1,2,2)
plot(UU.^2,Precord([4,8],:))
hold on
plot([1,1],[0,0.4],'g-.')
text(0.8,0.28,'P_0\prime');
text(0.9,0.15,'P_Fe+P_ad0');
text(0.8,0.01,'P_{mec}');
title('P_0\prime vs. U_1^2');
figure(2)
subplot(1,2,1)
plot(UU,Precord(5,:))
title('P_{Fe} vs. U_1');
subplot(1,2,2)
plot(UU,Precord(1,:))
title('S vs. U_1');
```

运行程序,可得到电动机的空载电流 I_0 和空载输入功率 P_0 随电压 U_1 而变化的曲线,即空载特性,如图 12-10(a)所示。

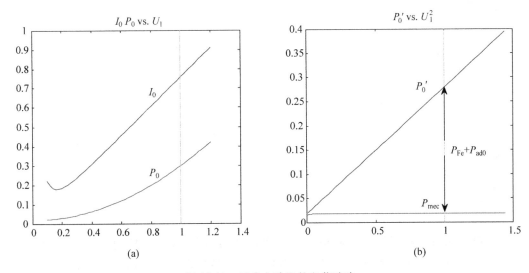

图 12-10　异步电动机的空载试验

实验时,电动机轴上不带任何负载(输出转矩 $T_2=0$),定子接到额定频率的对称三相电源。用调压器改变电压的大小,使定子端电压从 $1.1\sim1.3U_N$ 开始,逐步降低电压,直到电流开始回升为止[图 12-10(a)中可见 I_0 的回升]。

电动机的输入功率消耗在定子铜耗 $m_1 I_0^2 R_1$(m_1 为相数)、铁耗 P_{Fe}、机械损耗 P_{mec} 和空

载附加损耗 P_{ad0} 上(因此时转子电流很小,故转子铜耗可以忽略不计,观察程序中的 Pcu2V 变量值也可得以验证),故得

$$P_0 = m_1 I_0^2 R_1 + P_{Fe} + P_{mec} + P_{ad0} \tag{12.23}$$

从 P_0 中减去定子铜耗后得

$$P_0' = P_0 - m_1 I_0^2 R_1 = P_{mec} + P_{Fe} + P_{ad0} \tag{12.24}$$

提示:程序中实际没有模拟附加损耗 P_{ad0},但计算了转子铜耗 P_{cu2}。机械损耗 P_{mec} 被理解为转矩阻尼系数引起的与转速有关的摩擦损耗。

由于($P_{Fe} + P_{ad0}$)的大小随电压的变化而变化,近似地与外施电压的平方成正比,故 P_0' 对 U_1^2 的关系曲线基本上是一直线,如图 12-10(b)所示,延长此直线就可更准确地求得机械损耗 P_{mec}。随之可分离出额定电压时的铁耗 P_{Fe} 和空载附加损耗 P_{ad0} 之和。

如果要求进一步把 P_{Fe} 和 P_{ad0} 分开,则需用另一台辅助电动机把异步电动机的转子拖到同步转速 n_1 进行实验。此时 $n = n_1, s = 0, I_2 = 0$,转子的机械损耗和空载附加损耗全由辅助电动机供给,定子电流纯为励磁电流 I_m。所以把此时定子输入功率减去此时的定子铜耗便得铁耗 P_{Fe}。

已知额定电压时的铁耗 P_{Fe} 则可求得励磁电阻

$$R_m = \frac{P_{Fe}}{m_1 I_0^2} \tag{12.25}$$

注意,此处是以图 12-6(a)串联形式的 T 型电路计算得到的 R_m。

在程序 ASMSteadyNoLoad_Rfe.m 已经记录了 U_1 每次变化后的计算值,通过以下程序可以计算进行对比:

```
% 计算对比
pos = find(Precord(9,:) == 1);  % 第 9 行存储了电压值
% 第 6 行存储了 P_Fe,第 2 行存储了 I_0
Rm = Precord(6,pos)/(Precord(2,pos)^2)
% 并联转串联形式
1/(1/RFe + 1/(j * SM.Lm))
```

程序输出为:

```
Rm =
     0.4533
ans =
   0.4533 + 1.1778i
```

R_m 根据式(12.25)计算得到,由于程序中计算的是 Park 变换后的标幺值,无须使用式(12.25)中的相数 m_1。而 ans 是根据已知参数并联转串联计算得出的,可以看到实部即为串联形式的 R_m。

根据空载实验测得的额定电压时的 I_0 和 P_0 可算出

$$Z_0 = \frac{U_1}{I_0}; \quad R_0 = \frac{P_0}{m_1 I_0^2}; \quad X_0 = \sqrt{Z_0^2 - R_0^2} \tag{12.26}$$

式中,U_1 为定子相电压;I_0 为相电流。

```
% 第 2 行存储了 I₀
Z0 = 1/Precord(2,pos);
% 第 3 行存储了 P₀
R0 = Precord(3,pos)/Precord(2,pos)
X0 = sqrt(Z0^2 - R0^2)
```

程序输出为：

```
R0 =
    0.3947
X0 =
    1.2569
```

空载时，$s\approx0$，$I_2\approx0$，转子可认为是开路；从等效电路可见上面测得的 X_0 为
$$X_0 = X_m + X_{1\sigma} \tag{12.27}$$
因此从短路试验测得 $X_{1\sigma}$ 之后，即可求得励磁电抗
$$X_m = X_0 - X_{1\sigma} \tag{12.28}$$

12.2.2　短路试验

【例 12-5】 编写程序（M 文件）绘制异步电机在计及铁耗角时的短路特性曲线，并测定相关参数（ASMSteadyShortCircuit_Rfe.m）。

短路试验的目的是测定短路阻抗，转子电阻和定、转子漏抗。试验时将转子堵住（$s=1$），施于定子的电压尽可能从 $0.9\sim1.1\,U_{1N}$ 开始，逐步降至 $0.25\,U_{1N}$ 左右。若加额定电压，短路电流将达 $4\sim7\,I_{1N}$。当电流超过额定值 I_{1N} 时，连续通电时间应该很短，以免绕组过热烧坏。如果限于设备，短路试验可从 3 倍（对 200kW 以上电机可从 2 倍）额定电流开始，逐步降到额定电流。

```
% clear all
% ---------------------------------------------
% 选定电机
load('C:\Program Files\MATLAB\R2014a\toolbox\physmod\powersys\powersys\MachineParameters\
ASMparameters_SI.mat')
% 第 15 台机器
i = 15;
SM = SelectMachine(i);
% 漏抗矩阵
SM.Lxigma = [SM.Lls 0 0 0;
    0 SM.Lls 0 0
    0 0 SM.Llr 0;
    0 0 0 SM.Llr
    ];
SM.Lms = SM.L - SM.Lxigma;
% 铁耗模拟
RFe = SM.Rs * 100;
```

```
w = 1
wr = 0;     % 堵住转子
WM = [0 w 0 0; - w 0 0 0; 0 0 0 w - wr; 0 0 wr - w 0];
RLinv_w = SM.RLinv + WM;
% 准备记录
Precord = [];
UU = 1.2: - 0.02:0.2;
for U = UU  % 将 U 赋值,预备计算各函数数值
    Uqd = [U;0;0;0];
    % 励磁电流
    imqd = (SM.R + SM.R * SM.Lm/RFe * WM + WM * SM.Lxigma + ...
        WM * SM.Lxigma * SM.Lm/RFe * WM + WM * SM.Lms)^ - 1 * Uqd;
    % 铁耗电流
    ife = SM.Lm/RFe * WM * imqd;
    % 定子、转子电流
    iqd = ife + imqd;
    Ik = sqrt(iqd(1)^2 + iqd(2)^2)
    % 反电势
    Eqd = WM * SM.Lms * imqd;
    Pem = Eqd(1:2)' * imqd(1:2);
    % 电磁转矩
    Tmec = SM.Lm * (imqd(1) * imqd(4) - imqd(2) * imqd(3))
    % 输出转矩
    T2 = (Tmec - SM.F * wr)
    % ------------------------------------------
    % --- 定子侧------
    % 输入功率
    P1 = iqd(1) * Uqd(1) + iqd(2) * Uqd(2);
    Pk = P1;
    % 定子上电阻消耗的功率
    Pcu1 = SM.Rs * iqd(1)^2 + SM.Rs * iqd(2)^2;
    P00 = P1 - Pcu1;
    % 铁耗
    PRfe = RFe * (ife(1) + ife(3))^2 + RFe * (ife(2) + ife(4))^2;
    % 转子上电阻消耗的功率
    Pcu2 = SM.Rr * iqd(3)^2 + SM.Rr * iqd(4)^2;
    % 阻抗
    Zk = U/Ik;
    Rk = Pk/Ik/Ik;
    Xk = sqrt(Zk^2 - Rk^2);
    % 记录下来,准备绘图
    Precord = [Precord,[Zk;Rk;Xk;Ik;Pk;Pcu1;P00;PRfe;Pcu2;U]];
end
figure(1)
subplot(1,2,1)
plot(UU,Precord(1:3,:))
text(0.5,0.07,'R_k');
text(0.5,0.095,'X_k');
text(0.5,0.11,'Z_k');
```

```
title('Z_k vs. U_k');
axis([0 1.2 0.05 0.12])
subplot(1,2,2)
plot(UU,Precord(4:5,:))
text(0.8,8,'I_k');
text(0.8,2,'P_k');
axis([0 1.2 0 12])
title('I_k,P_k vs. U_k');
```

于是可画出 I_k、P_k、Z_k、R_k 和 X_k 随 U_k 而变化的曲线,即短路特性,如图 12-11 所示。

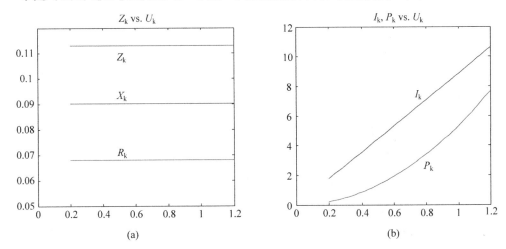

图 12-11 异步电动机的短路试验

根据短路试验测得的定子相电压 U_k、相电流 I_k 和输入总功率 P_k 可计算出异步电动机的短路阻抗 Z_k、短路电阻 R_k 和短路电抗 X_k 为

$$Z_k = \frac{U_k}{I_k}; \quad R_k = \frac{P_k}{m_1 I_k^2}; \quad X_k = \sqrt{Z_k^2 - R_k^2} \tag{12.29}$$

由于电磁状态方程中未模拟磁场饱和等复杂情况,计算得到 Z_k、R_k 和 X_k 保持为一条直线(实际电动机的短路实验中,Z_k、R_k 和 X_k 会随 U_k 变化而变化),计算值等于图 12-6 中 T 型等效电路在 $S=1$ 情况下,对外加电源而言的阻抗计算值,从以下对比计算可以清晰看出。

```
% --------------------------------------------
% 计算对比
Precord(1:3,1)
Zm = 1/(1/RFe + 1/(j * SM.Lm)); % 励磁支路
Z2 = SM.Rr + j * SM.Llr;        % 转子支路
Zk = SM.Rs + j * SM.Lls + 1/(1/Zm + 1/Z2)
```

程序输出为:

```
ans =
    0.1130
```

```
        0.0680
        0.0902
Zk =
    0.0680 + 0.0902i
```

二维数组 Precord 中的第 1、2、3 行记录了每次计算得到的 Z_k、R_k 和 X_k,始终与通过原始参数计算得到的电机输入阻抗 Z_k 一致。

12.2.3　相关参数计算

下面论述如何根据短路参数 R_k 和 X_k 求得等效电路中所需的参数 R_2'、$X_{1\sigma}$ 和 $X_{2\sigma}'$(R_1 可用电桥直接测出)。

为简化计算,在分析图 12-6(a)的 T 型等效电路时,假定 $X_{1\sigma} = X_{2\sigma}'$,$R_m \ll X_m$,因而可把 R_m 忽略,经推导可求出

$$R_2' = (R_k - R_1)\frac{X_0}{X_0 - X_k} \tag{12.30}$$

于是,从空载试验测出 X_0 [式(12.26)],从短路试验测出 R_k、X_k,便可求得 R_2'。再将 R_2' 代入式(12.31)可求得漏抗

$$X_{1\sigma} = X_{2\sigma}' = X_0 - \sqrt{\frac{X_0 - X_k}{X_0}(R_2'^2 + X_0^2)} \tag{12.31}$$

在空载试验和短路试验的基础上,运行下列命令可得:

```
R2 = (Rk - SM.Rs) * X0/(X0 - Xk)
X1l = X0 - sqrt((X0 - Xk)/X0 * (R2^2 + X0^2))
Xm = X0 - X1l
```

程序输出为:

```
R2 =
    0.0354
X1l =
    0.0455
Xm =
    1.2115
```

由于忽略了 R_m,计算结果与选定电机参数值(SM. Rr＝0.0349、SM. Llr＝0.0459、SM. Llr＝1.3523)有一定误差。若需要更为精确的结果,则需要读者自行从精确的等效电路重新推导公式。

12.3　工作特性

所谓异步电动机的工作特性,通常是指在额定电压、额定频率下异步电动机的转速 n、效率 η、功率因数 $\cos\varphi_1$、输出转矩 T_2、定子电流 I_1 与输出功率 P_2 的关系曲线。

异步电动机的工作特性可以用计算方法获得,也可用实验法求得。在已知等效电路各

参数、机械耗损、附加损耗的情况下,给定一系列的转差率 s,可以由计算得到 n、I_1、T_{em}、T_2、P_2、η、$\cos\varphi_1$,从而得到工作特性。对于已制成的异步电动机,其工作特性可用实验法求得。用测功机作为负载测取不同转速下的输出转矩 T_2,同时测取 I_1、$\cos\varphi_1$,从而可算出 P_2、η,也可得到工作特性。下面介绍用计算法获得异步电动机的工作特性曲线。

12.3.1 转差率特性

异步电动机的转差率特性可以表达为

$$s = f(P_2) \tag{12.32}$$

在空载运行时,$P_2 = 0$,$s \approx 0$,$n = n_1$。

在 $s = [0, s_m]$ 区间,近似有

$$\begin{cases} T_2 \approx T_{em} \propto s \\ P_2 \propto T_2 n \propto sn \propto s(1-s) \end{cases} \tag{12.33}$$

故在此区间,随 P_2 增大,s 随之增大,而转速呈下降趋势。

12.3.2 效率特性

异步电动机的效率特性可以表达为

$$\eta = \frac{P_2}{P_1} = 1 - \frac{\sum P}{P_1} \tag{12.34}$$

式中,$\sum P$ 为电动机总损耗,$\sum P = P_{Cu1} + P_{Cu2} + P_{ad} + P_{Fe} + P_{mec}$。

在空载运行时,$P_2 = 0$,$\eta = 0$。从空载到额定负载运行,由于主磁场变化很小,故铁耗认为不变,在此区间转速变化很小,故机械损耗认为不变。上述两项损耗称为不变损耗。而定子、转子铜耗与各自电流的平方成正比,附加损耗也随负载的增加而增加,这 3 项损耗称可变损耗。当 P_2 从零开始增加时,总损耗 $\sum P$ 增加较慢,效率上升很快,在可变损耗与不变损耗相等时,$P_{Cu1} + P_{Cu2} + P_{ad} = P_{Fe} + P_{mec}$,$\eta$ 达到最大值;当 P_2 继续增大,由于定子、转子铜耗增加很快,效率反而下降,如图 12-12 的效率曲线所示。对于普通中小型异步电动机,效率在 $(1/4 \sim 3/4)P_N$ 时达到最大。

P_2 在 12.3 节中已经计算过,P_1 为电动机的消耗功率,为定子电压与定子电流的乘积,$P_1 = u_d \times i_d + u_q \times i_q$。

12.3.3 功率因数特性

异步电动机的功率因数特性可以表达为

$$\cos\varphi_1 = f(P_2) \tag{12.35}$$

功率因数曲线如图 12-12 所示。异步电动机必须从电网吸收滞后的电流来励磁,其功率因数永远小于 1。空载运行时,异步电动机的定子电流基本上是励磁电流 I_m,因此空载时功率因数很低,通常小于 0.2(图 12-12 功率因数曲线的实线起点)。

随着 P_2 的增大,定子电流的有功分量增加,$\cos\varphi_1$ 增大,在额定负载附近,$\cos\varphi_1$ 达到最大值。P_2 继续增大时,转差 s 变大,使转子回路阻抗角 $\varphi_2 = \arctan(sX_{2\sigma}/R_2)$ 变大,$\cos\varphi_2$ 下降,从而使 $\cos\varphi_1$ 下降(图 12-12 功率因数曲线的虚线部分)。

12.3.4　转矩特性

异步电动机的转矩特性可以表达为

$$T_2 = f(P_2) \tag{12.36}$$

异步电动机的轴端输出转矩 $T_2 = P_2/\omega_r$，其中 $\omega_r = 2\pi n/60$，为机械角速度。从空载到额定负载，转速 n 变化很小[图 12-12 中 s 从 0 到 $P_2 = 1$ 时的对应点（即额定转差率 s_N）]，所以根据式(12.33)中的 $P_2 \propto T_2 n$、$T_2 = f(P_2)$ 可以近似认为是一条过零点的曲线，该曲线还通过点 $P_2^* = 1$、$T_2^* = 1$，如图 12-12 所示。

提示：该曲线绘制时并未完全通过点 $P_2^* = 1$、$T_2^* = 1$，原因在于电动机的铭牌参数为非精确值，与内部参数的计算结果是不能一一对应的。

12.3.5　定子电流特性

异步电动机的定子电流特性可以表达为

$$I_{1m} = f(P_2) \tag{12.37}$$

异步电动机定子电流 $\dot{I}_1 = \dot{I}_0 + (-\dot{I}_2')$，空载运行时，$\dot{I}_2' \approx 0$，定子电流 $\dot{I}_1 = \dot{I}_0$ 是励磁电流。随着 P_2 的增大，转子电流 I_2' 增大，与之平衡的定子电流 I_{1L} 也增大，故 I_1 随之增大。当 $P_2^* = 1$，$I_2^* = 1$，定子电流特性曲线如图 12-12 所示。

12.3.6　工作特性曲线绘制

重写电磁转矩公式如下

$$T_e = \frac{3}{2} n_p L_m (i_{qs} i_{dr} - i_{ds} i_{qr}) \tag{12.38}$$

根据基准值 $T_b = \frac{3}{2} n_p I_b L_b I_b$，式(12.38)写出标幺值时有

$$T_{e*} = L_{m*} (i_{qs*} i_{dr*} - i_{ds*} i_{qr*}) \tag{12.39}$$

因此，通过式(12.3)计算得到电流值后，可以直接用式(12.39)计算不同 T_{e*} 与 ω_{r*} 的关系式。根据机械平衡方程，在稳态时应有

$$\frac{d\omega_*}{dt} = \frac{1}{2H}(T_{e*} - T_{L*} - F\omega_*) = 0 \tag{12.40}$$

由于 $T_{L*} = P_2/\omega_r/T_b$，因此最终可以得到 P_2 与 ω_r 的关系式。由于具体表达式过于复杂，下面程序使用数值来进行具体计算。

【例 12-6】　编写程序(M 文件)绘制异步电机的工作特性(ASMSteadyState_val.m)：

```
clear all
% --------------------------------------------------
% 选定电机
% 选定第 15 台机器
SM = SelectMachine(15);
% --------------------------------------------------
% 定义符号变量
w = 1
Pc = [];
```

```
for wr = 0:0.001:0.999
    WM = [0 w 0 0; - w 0 0 0;0 0 0 w - wr;0 0 wr - w 0];
    % ------------------------------
    %端电压选择[1;0;0;0],d轴滞后 A 轴90°
    Uqd = [1;0;0;0];
    iqd = (SM.R + WM * SM.L)^ - 1 * Uqd;
    % ---------------------------------
    % --- 定子侧 ------
    %输入功率,P1 含定子的铜耗
    P1 = iqd(1) * Uqd(1) + iqd(2) * Uqd(2);
    Q1 = iqd(2) * Uqd(1) - iqd(1) * Uqd(2);
    Im = sqrt(iqd(1)^2 + iqd(2)^2);
    cosphi1 = P1/sqrt(P1 ^ 2 + Q1 ^ 2);
    %定子上电阻消耗的功率
    Pcu1 = SM.Rs * iqd(1)^2 + SM.Rs * iqd(2)^2;
    %Pem 不含定子铜耗,Tem = Pem/w = E * I/w,但含转子铜耗
    Eqd = WM(1:2,1:2) * SM.L(1:2,:) * iqd;
    Pem = Eqd' * iqd(1:2);
    Tem = Pem/w; % 除以 w
    % ---------------------------------
    % --- 转子侧 ------
    % 以 wr 为变量表达 Tem = Tmec,为符号变量
    Tmec = SM.Lm * (iqd(1) * iqd(4) - iqd(2) * iqd(3))
    % -> Tmec * wr = Pem * (1 - s) = Pmec (标幺值条件下)
    Pmec = Tmec * wr; % 理论上: Pem/w = Pmec/wr (即 Tem = Tmec)
    %Pem - Pmec 即为转子铜耗
    %以 wr 为变量表达 P2,为符号变量,Tmec = T2 + F * wr
    T2 = (Tmec - SM.F * wr)
    P2 = T2 * wr
    %转子上电阻消耗的功率
    Pcu2 = SM.Rr * iqd(3)^2 + SM.Rr * iqd(4)^2;
    Tcu2 = Pcu2/wr;
    %动摩擦部分消耗的功率
    FWW = SM.F * wr * wr;
    %记录所有功率情况
    Pc = [Pc,[P1;Pcu1;Pem;Pmec;Pcu2;P2;FWW;cosphi1;Im]];
end
% Pm_mec = P2 + SM.F * w * w
% ----------------------------------------------
wr = 0:0.001:0.999
s = 1 - wr;
%绘制曲线
%找出 P2 功率最大点
[v,p] = max(Pc(6,:))
figure(1) % s vs p2
subplot(2,2,1)
% 绘制转速差 s vs P2
plot(Pc(6,1:p),s(1:p),'r - .',Pc(6,p:end),s(p:end),'k');
text(1.5,0.15,'\its')
```

```
grid on
title('\itS vs. \itP_2');
xlabel('功率 P_2,pu');
ylabel('转速差 S ');
subplot(2,2,2)
 %绘制效率 vs P2
eta = Pc(6,:)./Pc(1,:);
plot(Pc(6,1:p),eta(1:p),'r-.',Pc(6,p:end),eta(p:end),'k')
grid on
hold on
 %绘制 cos(phi1) vs P2
plot(Pc(6,1:p),Pc(8,1:p),'r-.',Pc(6,p:end),Pc(8,p:end),'k');
title('\it\eta & cos(\it\phi_1) vs. P_2');
xlabel('功率 P_2,pu');
ylabel('效率 & 功率因数');
text(0.5,0.97,'\it\eta')
text(2.2,0.95,'cos(\it\phi_1)')
subplot(2,2,3)
 %绘制 T2 vs P2
T2 = Pc(6,:)./wr;
plot(Pc(6,1:p),T2(1:p),'r-.',Pc(6,p:end),T2(p:end),'k')
grid on
text(1.5,1.2,'\itT_2')
title('\itT_2 vs. P_2');
xlabel('功率 P_2,pu');
ylabel('输出转矩 T_2,pu');
subplot(2,2,4)
 %绘制 I1
plot(Pc(6,1:p),Pc(9,1:p),'r-.',Pc(6,p:end),Pc(9,p:end),'k');
grid on
text(1.5,1.5,'\itIs_m')
title('\itIs_m vs. P_2');
xlabel('功率 P_2,pu');
ylabel('定子电流 Is_m,pu');
```

上述程序调用的函数 SelectMachine，获取电机的内部参数值，代码如下：

```
function SM = SelectMachine(i)
 % ------------------------------------------------------------
 %装载预设定电机参数
load('C:\Program Files\MATLAB\R2014a\toolbox\physmod\powersys\powersys\MachineParameters\
ASMparameters_SI.mat')
 % ------------------------------------------------------------
 % 选定电机 i
str = Machines(i).Comments;
s = strfind(str,'Hz,') + length('Hz,');
e = strfind(str,'RPM');
SM.nN = str2num(str(s:(e-1)));          %从注释文本获取额定转速
SM.Pn = Machines(i).P;
```

```
SM.Vn = Machines(i).V;
SM.fn = Machines(i).f;
SM.web = 2 * pi * SM.fn;
SM.J = Machines(i).J;
SM.B = Machines(i).B;
SM.p = Machines(i).ppole;
SM.sN = 1 - SM.nN/(SM.fn * 60/SM.p);             %额定转差率
% ----------------------------------
%基准值
SM.Vb = SM.Vn * sqrt(2/3);
SM.ib = 2/3 * SM.Pn/SM.Vb;
SM.Rb = SM.Vb/SM.ib
SM.lb = SM.Rb/SM.web
% SimPowerSystems 的转矩基准值是以电磁转矩为准
% 而不是输出转矩
% 电磁转矩 = 输出转矩 + 阻尼转矩
SM.phib2 = SM.ib * SM.Rb/SM.web;
SM.Nb2 = 2 * pi * SM.fn/ SM.p
SM.Tb2 = SM.Pn/SM.Nb2;
% ----------------------------------
%向标幺值折算
SM.Rs = Machines(i).Rs/SM.Rb;
SM.Lls = Machines(i).Lls/SM.lb;
SM.Lm = Machines(i).Lm/SM.lb;
SM.Llr = Machines(i).Llr/SM.lb;
SM.Rr = Machines(i).Rr/SM.Rb;
SM.H = SM.J * SM.web/2/SM.Tb2/SM.p;
SM.F = SM.B * SM.web/SM.Tb2/2
% ----------------------------------
% 状态方程用到的参数矩阵
SM.R = [SM.Rs 0 0 0;
    0 SM.Rs 0 0;
    0 0 SM.Rr 0;
    0 0 0 SM.Rr];
SM.L = [SM.Lls + SM.Lm 0 SM.Lm 0;
    0 SM.Lls + SM.Lm 0 SM.Lm
    SM.Lm 0 SM.Llr + SM.Lm 0;
    0 SM.Lm 0 SM.Llr + SM.Lm
    ]
SM.Linv = SM.L ^ - 1;
SM.RLinv = SM.R * SM.Linv;
```

　　其中,代码 load 函数装载了 SimPowerSystems 工具箱的默认电机参数,若版本或系统安装的路径与本书不一致,需要读者自行查找文件 ASMparameters_SI. mat 的所在位置,进行相关修改。

　　程序以最大输出功率为界限,将曲线绘制为实线和虚线两部分,运行结果如图 12-12 所示。

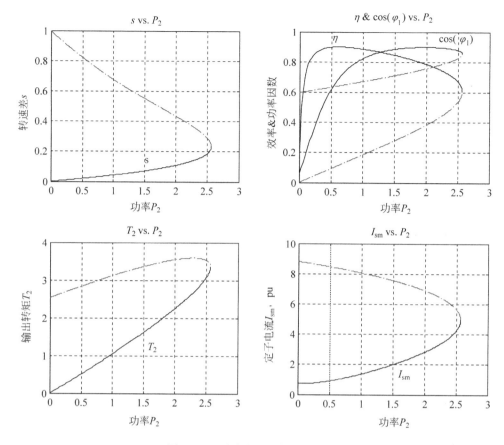

图 12-12　异步电机工作特性曲线

从转差率特性曲线可以看出,随着负载加重,转差率越来越大,在达到最大输出功率(同时也是最大机械转矩)后,电动机堵转。

程序中 P_1 是输入到电动机定子上的电功率,这个功率的一部分消耗于定子绕组的铜耗 P_{Cu1} 和电机的铁耗 P_{Fe}。由于正常运行时,转子频率很低(通常只有 $1\sim3\,\mathrm{Hz}$),转子铁耗很小,因此 P_{Fe} 实际上仅为定子铁耗。扣除这些损耗之后,剩下的功率便是通过气隙中的旋转磁场,利用电磁感应作用传递到转子上的电磁功率 P_{em},即

$$P_{em} = P_1 - P_{Cu1} - P_{Fe} \tag{12.41}$$

注意:MATLAB 的异步电机仿真模型中,没有单独给出参数 R_m,对比图 11-2 和传统电机教科书的异步电动机 T 型等效电路(图 12-6)可知,等价于励磁支路中的 R_m 被分别转移到定子侧和转子侧与 R_1 和 R_2 合并。

电磁功率 P_{em} 减去转子绕组铜耗 P_{Cu2} 之后便是产生于电动机转子上的总机械功率 $P_{mec总}$,即

$$P_{mec总} = P_{em} - P_{Cu2} \tag{12.42}$$

电动机旋转时还有机械损耗 P_{mec} 和附加损耗 P_{ad}。附加损耗主要是由于定、转子上有齿槽存在,当电动机旋转时使气隙磁通发生脉振,因此在定、转子铁芯中产生附加损耗。这种损耗在电动机转子上产生附加的制动转矩,因而消耗了电机转子上的一部分机械功率。这

样,尚须从总机械功率 P_{mec} 中减去机械损耗和附加损耗才是电动机轴端输出的机械功率 P_2,即

$$P_2 = P_{\text{mec总}} - P_{\text{mec}} - P_{\text{ad}} \tag{12.43}$$

异步电动机的功率消耗如图 12-13 所示。

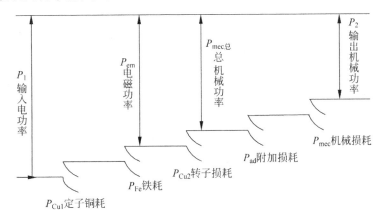

图 12-13　异步电动机的功率消耗

12.4　机械特性

三相异步电动机的机械特性和其他电动机一样,也是指在电压和频率一定的条件下,电动机的转速和其电磁转矩之间的函数关系 $n = f(T_{\text{em}})$。但是由于异步电动机转差率 s 是相对于同步转速 n_1 的转速差的相对值,当用 s 代替转速 n 时,能更清楚地表示其与电磁转矩 T_{em} 的函数关系,所以一般用 $T_{\text{em}} = f(s)$ 的形式。前面得出的电磁转矩参数表达式即是这样一种机械特性形式,通常把 $T_{\text{em}} = f(s)$ 称为 T-s 曲线。

12.4.1　电磁转矩与转速差关系

一般教科书在将异步电动机的 T 型电路转化为较准确的 Γ 型电路后,电磁转矩表达式为

$$T_{\text{em}} = \frac{m_1 p U_1^2 \dfrac{r_2'}{s}}{2\pi f_1 \left[\left(r_1 + \sigma_1 \dfrac{r_2'}{s} \right)^2 + (x_{1\sigma} + \sigma_1 x_{2\sigma}')^2 \right]} \tag{12.44}$$

在供电电网的电压和频率为常数,并且电动机的参数(电阻和漏抗)可以认为不变的时候,电磁转矩仅与转速差有关。

式(12.44)是由等效电路推导出来的,二者关系图,读者可以参考 12.3.6 节的程序自行绘制。

12.4.2　额定转矩与最大电磁转矩

以 MATLAB 中的第 15 台异步电机为例,说明求解额定转矩和最大电磁转矩的方法。电机参数如表 12-1 所示。

表 12-1 电机参数

额定功率/W	4000(5.4HP)	额定电压/V	400
额定频率/Hz	50	额定转速/r·min	1430
额定转矩/N·m	26.6331	最大电磁转矩/N·m	91.5263

表 12-1 中前两行为铭牌参数，额定转矩原本可以根据公式 $P_n = T_n \omega_n$ 求出，但实际上铭牌参数中给出的值均为大约值（非精确值），并非根据实际电机参数计算出来的。此外，转速和电机的输出功率在电机内部参数给定条件下，原本就是相互约束的，两者给定一个就可以计算出另外一个。

事实上，在 SimPowerSystems 工具箱中使用自定义电机时，额定功率和额定转速两个参数都不需要给定。原因很简单，电机负载大时，转速降低，能否带动一个重负载，取决于机械制造强度，而不是电气参数。对仿真而言，以内部参数值方式确定的自定义电机，无所谓额定功率和额定转速。

额定转矩和最大电磁转矩的求解程序如下（ASMNominal_val.m）：

```
% ------------------------------------------------
% 选定第 15 台机器
SM = SelectMachine(15);
% ---------- 计算方法 1 ----------------
% 按铭牌参数计算额定转矩(额定转速和额定功率)
Tn1 = SM.Pn/(2 * pi * SM.nN/60)
% ---------- 计算方法 2 ----------------
% 按铭牌参数计算额定转矩(只用额定转速)
w = 1;
wr = SM.nN/(SM.fn * 60/SM.p);
SM.S = 1 - wr;
% 计算额定转矩
WM = [0 w 0 0; - w 0 0 0;0 0 0 w - wr;0 0 wr - w 0];
iqd = (SM.R + WM * SM.L)^ - 1 * [1;0;0;0];
% --- 转子侧 ------
Tmec = SM.Lm * (iqd(1) * iqd(4) - iqd(2) * iqd(3));
% 额定转矩
Tn2 = (Tmec - SM.F * wr) * SM.Tb2
% 输出功率
Pn2 = Tn2 * (2 * pi * SM.nN/60)
% ---------- 计算方法 3 ----------------
% 按铭牌参数计算额定转矩(只用额定功率)
% 由标幺值确定 SM.Tb2,但计算为高阶方程,
% 故下面根据内部参数以扫描方式获取最大电磁转矩和额定转速
Tmax = 0;
% 用小步长扫描
for wr = 0.4:0.000001:0.99
    WM = [0 w 0 0; - w 0 0 0;0 0 0 w - wr;0 0 wr - w 0];
    iqd = (SM.R + WM * SM.L)^ - 1 * [1;0;0;0];
    % --- 由转子侧计算 ------
    Tmec = SM.Lm * (iqd(1) * iqd(4) - iqd(2) * iqd(3));
```

```
    % 输出的机械转矩,减去阻尼转矩
    T2 = (Tmec − SM.F * wr);
    if T2 * wr >= 1        % 达到额定输出功率
        % 记录此时电机的转速
        wrn = wr;
    end
    if T2 > Tmax            % 记录最大转矩
        Tmax = T2;
    end
end
% 校对一遍
wr = wrn;
% 计算额定转矩
WM = [0 w 0 0; − w 0 0 0; 0 0 0 w − wr; 0 0 wr − w 0];
iqd = (SM.R + WM * SM.L)^ − 1 * [1;0;0;0];
% --- 转子侧 ------
Tmec = SM.Lm * (iqd(1) * iqd(4) − iqd(2) * iqd(3));
% 根据实际参数计算的额定值
% 额定转速
nn = wrn * SM.fn * 60/SM.p
% 额定转差率
Sn = 1 − wr;
% 额定转矩
Tn = (Tmec − SM.F * wr) * SM.Tb2
% 额定输出功率验算
Pn = Tn * (2 * pi * nn/60)
% 最大电磁转矩
Tmax = Tmax * SM.Tb2
```

程序输出为:

```
Tn1 =
    26.7113
Tn2 =
    28.3831
Pn2 =
    4.2503e + 03
nn =
    1.4348e + 03
Tn =
    26.6231
Pn =
    4.0000e + 03
Tmax =
    91.5263
```

3 种输出机械转矩计算中,Tn1 的计算值 26.7113N·m 仅根据铭牌参数计算得出,未通过电机内部参数进行二次校验。Tn2 在电机状态方程基础上,当电机转速为额定转速 1430rpm 时,通过内部参数计算定子和转子电流得到输出机械转矩为 28.3831N·m,此时输出功率为 4250W，比额定功率略大。第三种方法通过扫描方式，找出电机输出机械功率为 4000W 时的转速为 1434.8rpm，略大于铭牌给出的额定转速，机械转矩为 26.6331N·m。整个过程中，电机的最大输出机械转矩为 91.5263N·m。以上 3 种方法的计算值差距对后续计算影响甚微，只是强调在仿真时需要注意辨析电机的额定功率应为输出的机械功率。

12.4.3　启动转矩

其特点是 $n=0$、$s=1$，对应的电磁转矩 T_{st} 称为启动转矩。将 $s=1$ 带入式(12.44)得到异步电机的启动转矩，则有

$$T_{st} = \frac{m_1 p U_1^2 r_2'}{2\pi f_1 \left[(r_1 + \sigma_1 r_2')^2 + (x_{1\sigma} + \sigma_1 x_{2\sigma}')^2 \right]} \tag{12.45}$$

由式(12.45)可知：

(1) 当电源频率 f_1 和电动机的参数为常数时，启动转矩与定子相电压的平方成正比。所以电源电压较低时，启动转矩明显降低，甚至使启动转矩小于负载转矩，导致电动机不能启动。

(2) 启动转矩 T_{st} 与转子电阻 r_2' 有关，在一定范围内增加转子回路的电阻 r_2'，可以增大启动转矩 T_{st}。当 $r_2' \approx x_{1\sigma} + \sigma_1 x_{2\sigma}'$ 时，启动转矩 T_{st} 为最大，等于最大转矩 T_{max}。

(3) 启动转矩 T_{st} 的大小常用启动转矩倍数 K_{st} 来表示，有 $K_{st} = T_{st}/T_N$。K_{st} 反映了电动机的启动能力，是笼型异步电动机的一个重要技术参数，可在产品目录中查得。启动时，只有当启动转矩 T_{st} 大于负载转矩 T_L 时，拖动系统才能启动。如果电动机带额定负载时，$K_{st} > 1$ 的异步电动机才能启动。

(4) 过载能力 K_T 用最大转矩 T_{max} 与额定转矩 T_N 之比 $K_T = T_{max}/T_N$ 表示。T_{max} 是异步电动机可产生的最大电磁转矩，如果电动机所带负载转矩 $T_N > T_{max}$，电动机就会减速而停转。为保证不会因短期过载而停转，异步电动机应有一定的过载能力。

12.4.4　最大电磁转矩与临界转速差

一般教科书上将式(12.44)对 s 求导，并令导数等于 0，解出发生最大电磁转矩的转差率为

$$s_m = \pm \frac{\sigma_1 r_2'}{\sqrt{(r_1^2 + (x_{1\sigma} + \sigma_1 x_{2\sigma}')^2}} \tag{12.46}$$

将式(12.46)代入式(12.44)，可得最大转矩为

$$T_{max} = \pm \frac{m_1 p U_1^2}{4\pi f_1 \sigma_1 \left[\pm r_1 + \sqrt{r_1^2 + (x_{1\sigma} + \sigma_1 x_{2\sigma}')^2} \right]} \tag{12.47}$$

由式(12.46)和式(12.47)可得最大电磁转矩随电压和电动机参数变化的规律如下。

(1) 当电源频率 f_1 和电动机参数不变时，最大电磁转矩与电压的平方成正比。电压降低一半，最大电磁转矩只有原来的 1/4，电压降低过多，可能发生停转事故。

(2) 最大电磁转矩的大小与转子回路电阻 r_2 无关。但 s_m 与 r_2 成正比，故当转子回路电阻增加(如绕线式转子串入附加电阻)时，T_{max} 虽然不变，但发生最大电磁转矩的转差率 s_m 增大，T-s 曲线向左移动。

(3) 由于 $r_1 \ll (x_{1\sigma} + \sigma_1 x_{2\sigma}')$，因此当电源的电压与频率一定时，最大电磁转矩近似与 $(x_{1\sigma} + \sigma_1 x_{2\sigma}')$ 成反比，即定子、转子漏抗越大则 T_{max} 越小。

（4）当电源的电压与参数一定时，最大电磁转矩随电源频率增加而减小。

对上述第四点，可以通过下面程序来说明。

【例 12-7】 在转子每相电路中串入附加电阻后，T-s 曲线将随之发生变化。编写程序（M 文件）绘制在转子串入电阻后，异步电机的电磁转矩与转速差关系（ASMSteadyTe_AddRr.m）。

取附加电阻为 0，以及 1 倍和 2 倍转子电阻进行绘制：

```
clear all
% --------------------------------------------------------
% 选定第 15 台机器
SM = SelectMachine(15);
Trecord = [ ];
for i = 0:1:2
    Romga = i * SM.Rr
    % 更新内部参数矩阵
    SM.R = [SM.Rs 0 0 0;
            0 SM.Rs 0 0;
            0 0 SM.Rr + Romga 0;
            0 0 0 SM.Rr + Romga];
    SM.Linv = SM.L ^ - 1;
    SM.RLinv = SM.R * SM.Linv;
    % --------------------------------------------------------
    % 定义符号变量
    w = 1
    syms wr;
    WM = [0 w 0 0; - w 0 0 0; 0 0 0 w - wr; 0 0 wr - w 0];
    % 以 wr 为变量表达 iqd,为符号变量
    iqd = (SM.R + WM * SM.L) ^ - 1 * [0;1;0;0];
    iqd = simplify(iqd);
    % 电磁转矩
    Tem = SM.Lm * (iqd(1) * iqd(4) - iqd(2) * iqd(3));


    % ******************************************************
    % 将 wr 赋值
    wr = - 0.5:0.01:1;
    s = 1 - wr;
    Tem_val = eval(Tem)
    Trecord = [Trecord;Tem_val];
    % --------------------------------------------------------
    % 绘制曲线
    figure(1)
    plot(s,Tem_val,'r')
    grid on

    hold on
end
% --------------------------------------------------------
text(0.25,3.6,'R_{2}');
```

```
text(1,3.3,'2 * R_{2}');
text(1.4,3.7,'3 * R_{2}');
xlabel('转速差,pu');
ylabel('转矩,pu');
set(gca,'XDir','reverse')% 对 X 方向反转
```

转子串入电阻后,曲线变化情况如图 12-14 所示。由图可知,产生最大电磁转矩的转差率随转子电阻的增大而变大(向左移动),但最大电磁转矩数值不变。同时 $s=1$ 处的转矩值上升。

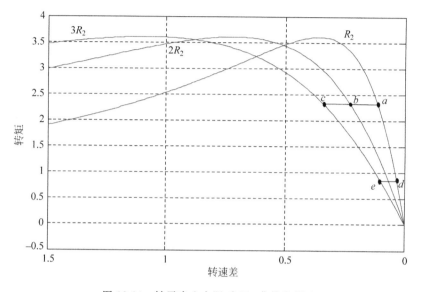

图 12-14　转子串入电阻对 $T\text{-}s$ 曲线的影响

12.4.5　机械特性曲线绘制

前面对机械特性的描述是根据传统单相等效电路得出的,在本书中仅作为结论性参考,不作为编程的依据。

【**例 12-8**】　编写程序（M 文件）绘制异步电机的电磁转矩与转速差关系（ASMSteadyTe. m）。

在由 Γ 型电路得到的转矩表达式中,显然当 $s=0$ 时,会导致难以计算,同时 σ_1 也是近似值。因此,依旧使用状态方程来进行计算。根据 Park 变换得到的电磁转矩公式

$$T_{em} = \frac{3}{2}n_p L_m(i_{qs}i_{dr} - i_{ds}i_{qr}) \tag{12.48}$$

及稳态下的电磁方程式(12.1)和式(12.2),可以以 ω_r 为变量,求取 T_{em} 的表达式,程序编写如下:

```
clear all
% ------------------------------------------------------
% 选定第 15 台机器
```

```
SM = SelectMachine(15);
% - - - - - - - - - - - - - - - - - - - - - - - - - - - - - - - - - - - - -
%定义符号变量
w = 1
syms wr;
WM = [0 w 0 0; -w 0 0 0; 0 0 0 w-wr; 0 0 wr-w 0];
%以 wr 为变量表达 iqd,为符号变量
iqd = (SM.R + WM * SM.L)^-1 * [1;0;0;0];
iqd = simplify(iqd);
%电磁转矩
Tem = SM.Lm * (iqd(1) * iqd(4) - iqd(2) * iqd(3));
% ***********************************************
%将 wr 赋值
wr = -2:0.01:4;
s = 1 - wr;
Tem_val = eval(Tem)
% - - - - - - - - - - - - - - - - - - - - - - - - - - - - - - - - - - - -
%绘制曲线
figure(1)
plot(s,Tem_val,'r')
grid on
xlabel('转速差,pu');
ylabel('转矩,pu');
% - - - - - - - - - - - - - - - - - - - - - - - - - - - - - - - - -
%标注
p_st = find(s == 1);
%启动转矩
Tst = Tem_val(p_st);
hold on
plot([1,1],[0,Tst],'r-.',[1,1],[Tst,4],'k-.')
text(1,Tst-0.5,'T_{st}')
%最大转矩
[Tmax,p_max] = max(Tem_val);
s_max = 1 - wr(p_max);
plot([s_max,s_max],[0,Tmax],'r-.',[s_max,s_max],[Tmax,4],'k-.')
text(s_max,Tmax-0.5,'T_{max}')
%反向最大转矩
[Tmax,p_max] = min(Tem_val);
s_max = 1 - wr(p_max);
plot([s_max,s_max],[0,Tmax],'r-.',[s_max,s_max],[Tmax,0],'k-.')
text(s_max,Tmax,'T_{max}')
set(gca,'XDir','reverse') %对 X 方向反转
```

程序运行结果如图 12-15 所示。随着转速差的变化,异步电动机的电磁转矩 T_{em} 呈反 S 形变化。

机械特性曲线分为以下两个区域。

(1) 转差率 $0 \sim s_m$ 区域。在此区域内,T_{em} 与 s 近似成正比关系,s 增大时,T_{em} 也随着增加,根据电力拖动稳定运行的条件判断,该区域是异步电动机的稳定区域。只要负载转矩小

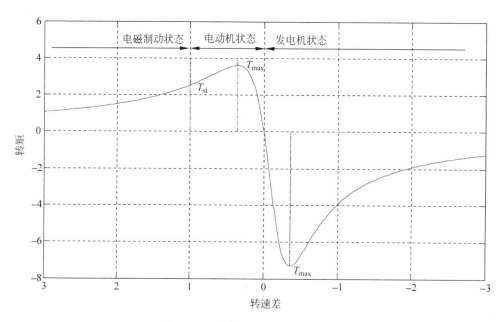

图 12-15　异步电机的 $T\text{-}s$ 特性曲线

于电动机的最大转矩,电动机就可以在该区域内稳定运行。

(2) 转差率 $s_m \sim 1$ 区域。在此区域内,T_{em} 与 s 成反比关系,即 s 增大时,T_{em} 反而减小,与 $0 \sim s_m$ 区域的结论相反,该区域为异步电动机的不稳定区域(个别负载(如通风机负载等)也可以在此区域稳定运行)。

异步电动机有以下 3 种运行状态。

(1) 在 $0 < s < 1$ 的范围内,电磁转矩 T_{em}、n 都为正,转子旋转方向与旋转磁场的旋转方向一致,此时 $0 < n < n_1$,电动机处于电动运行状态。

(2) 在 $s < 0$ 的范围内,电磁转矩 T_{em} 为负,转子转速 n 为正,转子的旋转方向与旋转磁场的旋转方向一致,此时 $n > n_1$,电动机处于发电运行状态,也是一种制动状态。

(3) 在 $s > 1$ 的范围内,电磁转矩 T_{em} 为正,转子转速 n 为负,转子的旋转方向与旋转磁场的旋转方向相反,电动机运行于制动状态。

12.5　启动过程仿真

12.5.1　启动过程中的问题

按图 12-6 模型,异步电动机直接接入电网启动时,在 $t = 0$ 时,$n = 0$,$s = 1$。异步电动机对电网呈现短路阻抗 Z_k,流过它的稳态电流称为启动电流。利用简化等效电路,并忽略励磁支路,则异步电动机的启动电流(相电流)为

$$I_{st} = \frac{U_1}{\sqrt{(R_1 + R_2')^2 + (X_{1\sigma} + X_{2\sigma}')^2}} = \frac{U_1}{Z_k} \tag{12.49}$$

一般鼠笼式异步电动机 $Z_{k*} = 0.14 \sim 0.25$,在额定电压 U_{1*}($*$ 表示标幺值)下直接启动,$I_{m*} = 4 \sim 7$,即启动电流倍数

$$k_1 = \frac{I_{st}}{I_N} = 4 \sim 7 \qquad (12.50)$$

一般鼠笼式异步电动机直接启动时,启动电流很大($k_1 = 4 \sim 7$),但启动转矩并不大(启动转矩倍数 $k_{st} = 0.9 \sim 1.3$)。

关于启动电流很大,式(12.49)已说明。但启动转矩为什么并不大呢?先说明如下。

在如图 12-6 所示的 T 型等效电路中,由于转子转速等于 0($s=1$),模拟电阻等于 0。因为 $Z_1 \approx Z_2'$,故 $E_1 \approx 0.5U_1$,$\Phi_m \approx \Phi_{mN}$。

因转子回路功率因数很低

$$\cos\varphi_2 = \frac{R_2'}{\sqrt{R_2'^2 + X_{2\sigma}'^2}} \approx 0.25 \sim 0.4 \qquad (12.51)$$

$$T_{st} = C_M \Phi_M I_2 \cos\varphi_2 \qquad (12.52)$$

例如,$I_{2*} = 6$,$\Phi_{M*} = 0.5$,$\cos\varphi_2 = 0.3$,$T_{st*} = 0.9$,虽然启动电流很大,而启动转矩并不大。

启动电流过大会造成如下影响:一方面使电源电压在启动时下降,特别是电源容量比较小时电压下降更大;另一方面大的启动电流会在线路和电动机内部产生损耗而引起发热。而启动转矩必须大于负载转矩才能启动,启动转矩越大,加速越快,启动时间越短。

异步电动机在启动时,电网对异步电动机的要求与负载对它的要求往往是矛盾的。电网从减少它所承受的冲击电流出发,要求异步电动机启动电流尽可能小,但太小的启动电流所产生的启动转矩又不足以启动负载;而负载要求启动转矩尽可能大,以缩短启动时间,但大的启动转矩伴随着大的启动电流又可能不为电网所接受。

下面讨论适合于不同电机容量、负载性质而采用的启动方法。

12.5.2 直接启动

首先编写电机的状态方程程序如下。

(1) 根据式(11.66),定子电压 U 为控制量,磁链 Ψ 为状态量。定义函数 Df_Phsi(t,x) 用于求解定子和转子磁链,进一步可以解出定子和转子电流(Df_Phsi. m)。

```
function dx = df_Phsi(t, x)
    % 给定电机的参数
    global SM;
    global wr;
    global u;
    % 状态变量;
    w = [0 1 0 0; -1 0 0 0; 0 0 0 1-wr; 0 0 wr-1 0];
    RLinv_w = SM.RLinv + w;
    dx = SM.web * (u - RLinv_w * x);
```

该函数中定义了 3 个全局变量,SM 存放了电机的参数,定子电压 u 由主函数控制,可以在运行过程中进行修改,转速 wr 根据当前状态计算,通过全局变量反馈回函数中。

（2）根据异步电机的机械状态方程

$$\begin{cases} \dfrac{\mathrm{d}\omega_*}{\mathrm{d}t} = \dfrac{1}{2H}(T_{\mathrm{e}*} - T_{\mathrm{L}*} - F\omega_*) \\ \dfrac{\mathrm{d}\theta}{\mathrm{d}t} = \omega_{\mathrm{b}}\omega_* \end{cases} \tag{12.53}$$

定义函数 df_TeTm(t,x) 用于求直流电机转速（df_TeTm.m）。

```
function dx = df_TeTm(t, x)
    % 给定电机的参数
    global uT;
    global SM;
    A = [ - SM.F/2/SM.H 0;SM.web 0];
    dx = A * x + 1/2/SM.H * uT;
```

该函数中定义了两个全局变量，SM 存放了电机的参数，uT 由 Te 和 TL 组成，TL 由主函数控制，可以在运行过程中进行修改，Te 则根据实际状态进行计算得出。

【例 12-9】 编写程序（M 文件）模拟异步电机的直接启动过程（ASM_Start_Directly.m）。

根据国内实际情况，选择 SimPowerSystems 预设定的第 15 台 4kW/50Hz 异步电机模型作为控制对象，将机械转矩设定为额定值，编写程序如下：

```
clear all
% 模拟电机的全压启动,与 ASM_Start_Directly.slx 对比
global SM;
global wr;
global u; % 外接定子电压
global uT; %
% --------------------------------------------------------
% 选定第 15 台机器
SM = SelectMachine(15);
% 转子串入电阻计算,得到 R_T,mm,Tst1,Tst2,Tn
ASMNominal_val
% 外加的相电压峰
Vpeak = SM.Vb;
% Park 变换参数
belta = 0;
theta_c = 0;
theta_r = 0;
% 初始值
phisi0 = zeros(4,1);
w_theta0 = zeros(2,1);
uT0 = [0;0]
wr = 0;
% 记录
w_record = [];
Vqds_record = [];
iqd_record = [];
phsi_record = [];
```

```
Isabc = []
% 迭代运行
Tend = 0.4;
deltaT = 0.02/100;
for t = 0:deltaT:Tend
    % 数据准备
    % 电压标幺值
    Va = Vpeak * sin(SM.web * t)/SM.Vb;
    Vb = Vpeak * sin(SM.web * t - 2 * pi/3)/SM.Vb;
    Vc = Vpeak * sin(SM.web * t + 2 * pi/3)/SM.Vb;
    % 线电压标幺值
    Vab = Va - Vb;
    Vbc = Vb - Vc;
    % Park 变换
    theta_c = SM.web * t;
    belta = theta_c - w_theta0(2);
    P_belta = 1/3 * [2 * cos(belta) cos(belta) + sqrt(3) * sin(belta);
        2 * sin(belta) sin(belta) - sqrt(3) * cos(belta);
        ];
    P_theta_c = 1/3 * [2 * cos(theta_c) cos(theta_c) + sqrt(3) * sin(theta_c);
        2 * sin(theta_c) sin(theta_c) - sqrt(3) * cos(theta_c)
        ];
    Vqds = P_theta_c * [Vab;Vbc];
    % 当前的激励
    Vqd = [Vqds;0;0];
    u = Vqd;
    Vqds_record = [Vqds_record,Vqds];
    % 电磁状态方程
    [T,Y] = ode45(@df_Phsi,[0 deltaT],phisi0);
    [m,n] = size(Y);
    phisi = Y(m,:)';
    % 求解电流
    iqd = SM.Linv * phisi;
    % 微分方程:机械平衡部分
    Te = phisi(2) * iqd(1) - phisi(1) * iqd(2);
    Tm = Tn/SM.Tb2/2;  % 给定机械转矩,或 11.9N·m
    uT = [Te - Tm;0];
    % 机械平衡方程
    [T,Y] = ode45(@df_TeTm,[0 deltaT],w_theta0);
    [m,n] = size(Y);
    w_theta = Y(m,:)';
    % 反变换,获取相关交流量
    P_theta_c = [cos(theta_c) sin(theta_c);
        (-cos(theta_c) + sqrt(3) * sin(theta_c))/2 (-sqrt(3) * cos(theta_c) - sin(theta_c))/2
        ];
    Ia_b = P_theta_c * iqd(1:2);
    Ia = Ia_b(1);
    Ib = Ia_b(2);
    Ic = - (Ia + Ib);
```

```
        Isabc = [Isabc,[Ia;Ib;Ic] * SM.ib];
        % 准备迭代
        phisi0 = phisi;
        w_theta0 = w_theta;
        uT0 = uT;
        wr = w_theta(1);
        % 记录
        w_record = [w_record,w_theta0(1) * SM.web * 60/SM.p/pi/2];
        iqd_record = [iqd_record,iqd];
        phsi_record = [phsi_record,phisi];
end
subplot(2,1,1)
plot([0:deltaT:Tend],w_record)
xlabel('时间')
ylabel('转速 n');
subplot(2,1,2)
plot([0:deltaT:Tend],Isabc)
xlabel('时间')
ylabel('定子三相电流')
```

程序调用 ASMNominal_val. m,得到电机的额定转矩为 Tn= 26.6231N·m。运行结果如图 12-16 所示。从图中可以看出,直接启动时,定子启动电流的最大值达到 80 多安培,是额定电流的 10 倍左右(SM.ib=8.165)。

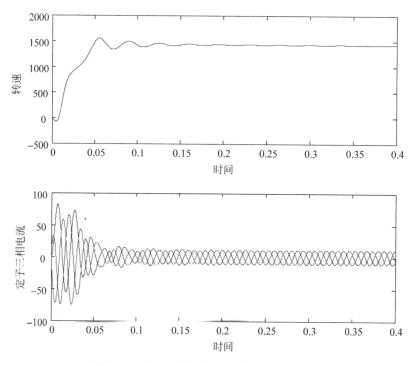

图 12-16 额定负载下异步电动机的直接启动

为便于对比仿真的正确性,将 power_pwm.slx 按图 12-17 所示方式进行修改,并另存为 ASMacheineStart_2014.slx。

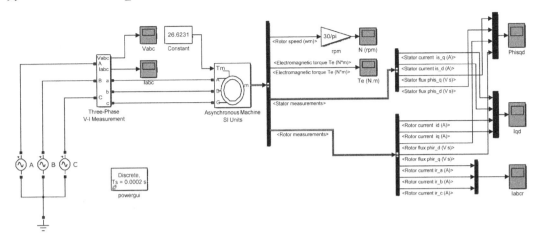

图 12-17　SimPowerSystems 下仿真异步电动机直接启动模型

设定仿真时间为 0.4s,电源峰值设置为 400 * sqrt(2/3),频率设置为 50Hz,相位相差设置为 120°,异步电机选择"15:5.4HP(4kW) 400 V 50Hz 1430 RPM"选项,Reference frame 设置为 Synchronous。仿真得到的转速曲线和定子电流曲线,如图 12-18 所示。

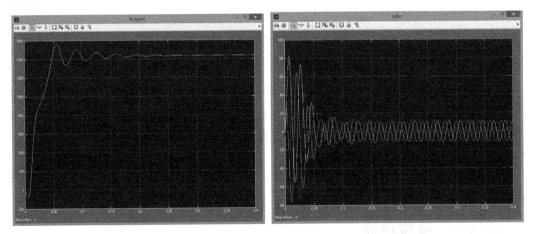

图 12-18　SimPowerSystems 下异步电动机直接启动仿真结果

通过对比可以看出,例 12-9 的仿真结果与 SimPowerSystems 模型的结果完全相同,说明了程序编写的正确性。

直接启动适用于小容量电动机带轻载的情况,启动时,将定子绕组直接接到额定电压的电网上。在此工况下电磁转矩、启动电流很容易同时得到满足。什么工况才算"小容量轻载"?这不仅与电动机本身容量、负载有关,还与电网容量、供电线路长短有关。一般规定供电母线电压降占额定电压的百分数。对于经常启动的电动机,启动时引起的母线电压降不大于 10%,对于偶尔启动的电动机,此压降不大于 15%。确定这一压降。

由于后续的启动方法多数适合于轻载启动,故也可保持 power_pwm.slx 模型中的 11.9N·m 的负载大小,方便对比数据。可将 ASM_Start_Directly.m 中的 Tm 修改为

0N·m(空载),重新运行可得轻载下的启动曲线,如图 12-19 所示。

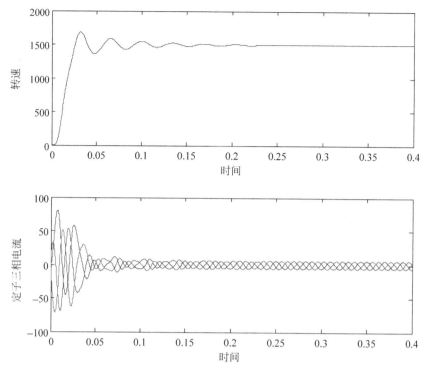

图 12-19   空载下异步电动机的直接启动

由图 12-19 可知,空载时启动速度快,但启动电流大小相差无几。

提示:图 12-12 所示的定子电流与输出功率的曲线图,在 $P_2=0$ 附近,有实线和虚线两个点与之对应,实线对应点为轻载或空载,此时对应电流值并不大(虚线对应点堵转或重载且转速低,输出功率小)。但需要指出的是,此时给出的是稳态电流,不包含图 12-16 和图 12-19 的电流暂态过程(图 12-18)。

如上所述,无论轻载、重载都存在启动电流大的问题。这一点从分析 $s=1$ 时的异步电动机的 T 型等效电路也可以看出来。

12.5.3   降压启动

降压启动适用于容量大于或等于 20kW 并带轻载的工况。由于轻载,因此电动机启动时电磁转矩很容易满足负载要求。主要问题是启动电流大,电网难以承受过大的冲击电流,因此必须降压启动电流。

在研究启动时,可以用短路阻抗 R_k+jX_k 来等效异步电动机。电动机的启动电流(即流过 R_k+jX_k 上的电流)与端电压成正比,而启动转矩与电机端电压的平方成正比,这就是说启动转矩比启动电流降得更快。降压之后再启动电流满足要求的情况下,还要校核启动转矩是否满足要求。

常用的降压启动方法有 3 种:定子串电抗(或电阻)降压启动、Y-△启动器启动、自耦变压器启动。

1. 定子串电抗降压启动

在定子绕组中串联电抗或电阻都能降低启动电流,但串电阻启动能耗较大,只用于小容量电机中,一般都采用定子串电抗降压启动。

图 12-20(a)所示为定子串电抗 X_Ω 降压启动的等效电路,图 12-20(b)所示为该电机直接全压启动的等效电路。图 12-20(a)、(b)中虚线框内 R_k+jX_k 代表电动机的短路阻抗。在图 12-20(a)中电机端电压为 U_x,电网提供的启动电流为 I_{st}。在图 12-20(b)中电机端电压为 U_N,电网提供的启动电流为 I_{stN}。令图 12-20(a)、(b)中电机端电压之比为

$$\frac{U_x}{U_N} = \frac{1}{a} \tag{12.54}$$

于是在此两种情况下,电网提供的线电流之比 I_{st}/I_{stN},即相应的电动机相电流之比等于电机端电压之比,即

$$\frac{I_{st}}{I_{stN}} = \frac{U_x}{U_N} = \frac{1}{a} \tag{12.55}$$

降压启动时启动转矩 T_{st} 与全压直接启动时启动转矩 T_{stN} 之比为

$$\frac{T_{st}}{T_{stN}} = \left(\frac{U_x}{U_N}\right)^2 = \frac{1}{a^2} \tag{12.56}$$

式(12.54)～式(12.56)说明,在采用电抗降压启动时,若电机端电压降为电网电压的 $1/a$,则启动电流降为直接启动的 $1/a$,启动转矩降为直接启动的 $1/a^2$,比启动电流降得更厉害,因此在选择 a 值使启动电流满足要求时,还必须校核启动转矩是否满足要求。

在已知 a 值情况下,可按下述方法求得 X_Ω。

根据图 12-20(a)所示,有下式成立,即

$$\sqrt{R_k^2 + (X_k + X_\Omega)^2} = a\sqrt{R_k^2 + X_k^2} \tag{12.57}$$

串入的电抗为

$$X_\Omega = \sqrt{(a^2-1)R_k^2 + a^2 X_k^2} - X_k \tag{12.58}$$

设启动电流与额定电流的倍数为 k_{st},则启动转矩与额定转矩的关系近似为

$$\frac{T_{st}}{T_N} = \left(\frac{I_{st}}{I_N}\right)^2 s_N \tag{12.59}$$

若限定启动电流为额定电流的 2.5 倍,一般异步电机的额定转矩差 $s_N=0.04$,则启动转矩只有额定转矩的 $2.5\times2.5\times0.04=25\%$,因此这种启动方式只能适用于启动转矩大小

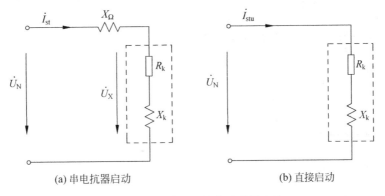

(a) 串电抗器启动　　　　　　　(b) 直接启动

图 12-20 异步电机的启动等效电路

无关重要的场合,如空载启动。

已知直接启动电流 I_{stN},可以根据式(12.55)计算得到此时的 a 值,从而根据式(12.58)计算得到串入的电抗值。

【例12-10】 编写程序(M文件)模拟异步电机的定子串电抗降压启动过程(ASM_Start_With_SRX.m)。

在例12-9中,选定第15台预设电机,若如前面例子将机械转矩设定为11.9N·m,而额定电磁转矩设定为25.4648(SM.Tb2),在限定电流为额定电流的2.5倍时,由于额定转差率为0.0467(SM.sN),根据式(12.59),启动转矩只有 $T_{st}=7.4247$N·m (0.2917pu),显然是无法启动电机的。

因此,在串电抗启动过程中,考虑到动摩擦的影响,同时额定启动电流 I_{stN} 是估算值,取TL为 $T_{st}/1.5$(约为5N·m,通常电机的启动转矩要求为负载的1.2倍即可),编写程序如下:

```
clear all
% 全局变量
global SM
global wr;
global u; % 外接定子电压
global uT; %
% 选定第15台机器
SM = SelectMachine(15);
% 计算串入阻抗大小
Rk = SM.Rs + SM.Rr;
Xk = SM.Lls + SM.Llr;
% 估算启动电流
istN = 1/sqrt(Rk ^ 2 + Xk ^ 2)
ist = 2.5;
a = istN/ist;
% 在限定启动电流后的最大启动转矩
Tst = ist ^ 2 * SM.sN * SM.Tb2;
% 考虑最大负载应小于最大启动转矩,取1.5倍,
% 负载过大将导致电机无法启动
TLmax = Tst/1.5;
% 4kW电机,考虑串入电抗
Xomega = sqrt((a ^ 2 - 1) * Rk ^ 2 + a ^ 2 * Xk ^ 2) - Xk;
Xw = Xomega; % 标幺值,实际值为 Xomega * SM.lb;
% 修改参数矩阵
% 串入电抗
SM.L = [Xw + SM.Lls + SM.Lm 0 SM.Lm 0;
    0 Xw + SM.Lls + SM.Lm 0 SM.Lm
    SM.Lm 0 SM.Llr + SM.Lm 0;
    0 SM.Lm 0 SM.Llr + SM.Lm
    ]
SM.Linv = SM.L ^ - 1;
SM.RLinv = SM.R * SM.Linv;
% 外加的相电压峰
```

```
Vpeak = SM.Vb;
% Park 变换参数；
belta = 0;
theta_c = 0;
theta_r = 0;
% 初始值
phisi0 = zeros(4,1);
w_theta0 = zeros(2,1);
uT0 = [0;0]
wr = 0;
% 记录
w_record = [];
Vqds_record = [];
iqd_record = [];
phsi_record = [];
Isabc = []
% 迭代运行
Tend = 2  % 0.4;
deltaT = 0.02/100;
for t = 0:deltaT:Tend
    % 数据准备
    if t > 1.3 % 转速进入相对稳定时间后,切除电抗
        SM.L = [SM.Lls + SM.Lm 0 SM.Lm 0;
        0 SM.Lls + SM.Lm 0 SM.Lm
        SM.Lm 0 SM.Llr + SM.Lm 0;
        0 SM.Lm 0 SM.Llr + SM.Lm
        ]
        SM.Linv = SM.L ^ - 1;
        SM.RLinv = SM.R * SM.Linv;
    end
    % 电压标幺值
    Va = Vpeak * sin(SM.web * t)/SM.Vb;
    Vb = Vpeak * sin(SM.web * t - 2 * pi/3)/SM.Vb;
    Vc = Vpeak * sin(SM.web * t + 2 * pi/3)/SM.Vb;
    % 线电压标幺值
    Vab = Va - Vb;
    Vbc = Vb - Vc;
    % Park 变换
    theta_c = SM.web * t;
    belta = theta_c - w_theta0(2);
    P_belta = 1/3 * [2 * cos(belta) cos(belta) + sqrt(3) * sin(belta);
        2 * sin(belta) sin(belta) - sqrt(3) * cos(belta);
        ];
    P_theta_c = 1/3 * [2 * cos(theta_c) cos(theta_c) + sqrt(3) * sin(theta_c);
        2 * sin(theta_c) sin(theta_c) - sqrt(3) * cos(theta_c)
        ];
    Vqds = P_theta_c * [Vab;Vbc];
    % 当前的激励
    Vqd = [Vqds;0;0];
```

```
            u = Vqd;
            Vqds_record = [Vqds_record, Vqds];
            % 电磁状态方程
            [T, Y] = ode45(@df_Phsi, [0 deltaT], phisi0);
            [m, n] = size(Y);
            phisi = Y(m, :)';
            % 求解电流
            iqd = SM.Linv * phisi;
            % 微分方程：机械平衡部分
            Te = phisi(2) * iqd(1) - phisi(1) * iqd(2);
            Tm = TLmax/SM.Tb2;                    % 给定机械转矩
            uT = [Te - Tm;0];
            % 机械平衡方程
            [T, Y] = ode45(@df_TeTm, [0 deltaT], w_theta0);
            [m, n] = size(Y);
            w_theta = Y(m, :)';
            % 反变换，获取相关交流量
            P_theta_c = [cos(theta_c) sin(theta_c);
                (-cos(theta_c) + sqrt(3) * sin(theta_c))/2 (-sqrt(3) * cos(theta_c) - sin(theta_c))/2
                ];
            Ia_b = P_theta_c * iqd(1:2);
            Ia = Ia_b(1);
            Ib = Ia_b(2);
            Ic = -(Ia + Ib);
            Isabc = [Isabc, [Ia;Ib;Ic] * SM.ib];
            % 准备迭代
            phisi0 = phisi;
            w_theta0 = w_theta;
            uT0 = uT;
            wr = w_theta(1);
            % 记录
            w_record = [w_record, w_theta0(1) * SM.web * 60/SM.p/pi/2];
            iqd_record = [iqd_record, iqd];
            phsi_record = [phsi_record, phisi];
end
subplot(2, 1, 1)
plot([0:deltaT:Tend], w_record)
xlabel('时间')
ylabel('转速 n');
subplot(2, 1, 2)
plot([0:deltaT:Tend], Isabc)
xlabel('时间')
ylabel('定子三相电流')
```

程序设定在启动后的 1.3s，转速进入相对稳定状态时切除电抗，仿真结果如图 12-21 所示。

从图 12-21 可以看出，启动电流被限定在稳定电流的 2.5 倍左右，只不过电机的启动时间明显加长。

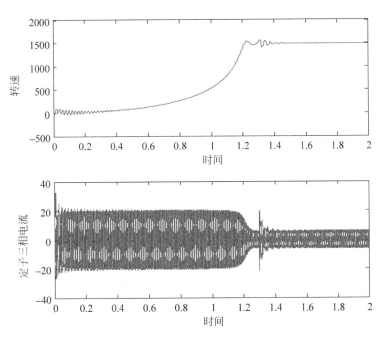

图 12-21　异步电机的定子串联电抗启动仿真

2. 自耦变压器启动

图 12-22 所示为异步电动机采用自耦变压器降压启动的原理图。图中 AT 代表三相 Y 接的自耦变压器,又称为启动补偿器。启动时先将开关 K 拨向"启动"位置,AT 三相绕组接入电源,其二次侧抽头接电动机,使电动机降压启动。当转速接近正常运行转速时,将开关 K 拨向"运行"位置,则电动机接入全电压(此时自耦变压器 AT 已脱离电源),继续启动,但此时电流冲击已经较小。再过一小段时间,电动机进入正常运行状态。

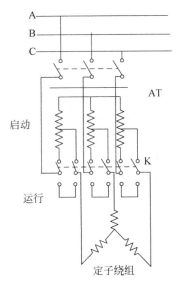

图 12-22　用自耦变压器降压启动原理图

采用自耦变压器降压启动时,等效电路如图12-23(a)所示,异步电动机在全压下直接启动时等效电路如图12-23(b)所示。两图虚框中短路阻抗 R_k+jX_k 代表启动时的异步电机。对比图12-23(a)、(b)得到如下关系。

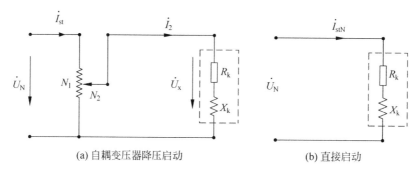

(a) 自耦变压器降压启动   (b) 直接启动

图 12-23   异步电机的启动等效电路

自耦变压器降压启动时电机端相电压 U_x 与额定电压 U_N 的关系为

$$\frac{U_x}{U_N} = \frac{1}{a} \tag{12.60}$$

电流 I_x 与全压启动时的启动电流关系为

$$\frac{I_x}{I_{stN}} = \frac{1}{a} \tag{12.61}$$

在自耦变压器中,忽略励磁电流时,一、二次侧容量相等

$$U_N I_{st} = U_x I_x \tag{12.62}$$

故

$$I_x = \frac{U_N}{U_x} I_{st} = a I_{st} \tag{12.63}$$

因此有

$$\frac{I_{st}}{I_{stN}} = \frac{I_{st}}{I_x}\frac{I_x}{I_{stN}} = \frac{1}{a^2} \quad 及 \quad \frac{T_{st}}{T_{stN}} = \left(\frac{U_x}{U_N}\right)^2 = \frac{1}{a^2} \tag{12.64}$$

由以上分析可知,采用自耦变压器启动时,电动机的启动转矩、启动电流为全压直接启动的 $1/a^2$。国产的自耦补偿器一般有 3 个抽头可供选择,分接电压分别是额定电压的 55%、64%、75%,其 a 值分别为 1.82、1.56、1.33。

【例 12-11】 编写程序(M 文件)模拟异步电机的自耦变压器降压启动过程(ASM_Start_With_Trans.m)。

为简便起见,在例 12-10 的基础上,令负载转矩为 5N·m,改变异步电机所加电压,简单模拟降压启动的过程,编写程序如下:

```
clear all
 % 全局变量
global SM
global wr;
global u; % 外接定子电压
global uT; %
 % 选定第15台机器
```

```
SM = SelectMachine(15);
% 外加的相电压峰
a = 1.82;
Vpeak = SM.Vb/a;
% Park 变换参数;
belta = 0;
theta_c = 0;
theta_r = 0;
% 初始值
phisi0 = zeros(4,1);
w_theta0 = zeros(2,1);
uT0 = [0;0]
wr = 0;
% 记录
w_record = [];
Vqds_record = [];
iqd_record = [];
phsi_record = [];
Isabc = []
% 迭代运行
Tend = 0.4;
deltaT = 0.02/100;
for t = 0:deltaT:Tend
    % 数据准备
    % 电压标幺值
    Va = Vpeak * sin(SM.web * t)/SM.Vb;
    Vb = Vpeak * sin(SM.web * t - 2 * pi/3)/SM.Vb;
    Vc = Vpeak * sin(SM.web * t + 2 * pi/3)/SM.Vb;
    % 线电压标幺值
    Vab = Va - Vb;
    Vbc = Vb - Vc;
    % Park 变换
    theta_c = SM.web * t;
    belta = theta_c - w_theta0(2);
    P_belta = 1/3 * [2 * cos(belta) cos(belta) + sqrt(3) * sin(belta);
        2 * sin(belta) sin(belta) - sqrt(3) * cos(belta);
        ];
    P_theta_c = 1/3 * [2 * cos(theta_c) cos(theta_c) + sqrt(3) * sin(theta_c);
        2 * sin(theta_c) sin(theta_c) - sqrt(3) * cos(theta_c)
        ];
    Vqds = P_theta_c * [Vab;Vbc];
    % 当前的激励
    Vqd = [Vqds;0;0];
    u = Vqd;
    Vqds_record = [Vqds_record,Vqds];
    % 电磁状态方程
    [T,Y] = ode45(@df_Phsi,[0 deltaT],phisi0);
    [m,n] = size(Y);
    phisi = Y(m,:)';
```

```
    % 求解电流
    iqd = SM.Linv * phisi;
    % 微分方程：机械平衡部分
    Te = phisi(2) * iqd(1) - phisi(1) * iqd(2);
    Tm = 5/SM.Tb2; % 11.9/SM.Tb2;                    % 给定机械转矩
    uT = [Te - Tm;0];
    % 机械平衡方程
    [T,Y] = ode45(@df_TeTm,[0 deltaT],w_theta0);
    [m,n] = size(Y);
    w_theta = Y(m,:)';
    % 反变换,获取相关交流量
    P_theta_c = [cos(theta_c) sin(theta_c);
        (-cos(theta_c) + sqrt(3) * sin(theta_c))/2 (-sqrt(3) * cos(theta_c) - sin(theta_c))/2
        ];
    Ia_b = P_theta_c * iqd(1:2);
    Ia = Ia_b(1);
    Ib = Ia_b(2);
    Ic = -(Ia + Ib);
    Isabc = [Isabc,[Ia;Ib;Ic] * SM.ib];
    % 准备迭代
    phisi0 = phisi;
    w_theta0 = w_theta;
    uT0 = uT;
    wr = w_theta(1);
    % 记录
    w_record = [w_record,w_theta0(1) * SM.web * 60/SM.p/pi/2];
    iqd_record = [iqd_record,iqd];
    phsi_record = [phsi_record,phisi];
    if wr > (1 - SM.sN)
        Vpeak = SM.Vb;                              % 恢复正常的电压
    end
end
subplot(2,1,1)
plot([0:deltaT:Tend],w_record)
xlabel('时间')
ylabel('转速 n');
subplot(2,1,2)
plot([0:deltaT:Tend],Isabc)
xlabel('时间')
ylabel('定子三相电流')
```

程序设定在转速达到额定转速后切换到额定电压,仿真结果如图 12-24 所示。

12.5.4 转子串电阻启动

式(12.49)表明,异步电机的启动电流与外加电压 U_1 成正比,而与短路阻抗 Z_k 成反比。在 $U_1=U_N$ 下启动时,由于短路阻抗 Z_k 很小,因此启动电流很大。对于绕线式异步电机,由于可以在转子回路中串入适当启动电阻进行启动,串入电阻后 r_2' 变大,因而降低了启动电流。

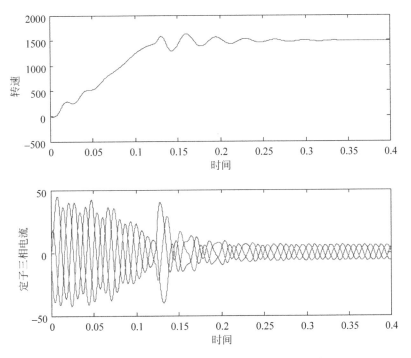

图 12-24 异步电机的自耦变压器启动过程仿真

若要求启动时,电磁转矩达到最大,根据 12.4.4 节的描述,当 $r_2' \approx x_{1\sigma} + \sigma_1 x_{2\sigma}'$ 时,式(12.46)中 $s_m \approx 1$,启动转矩 T_{st} 为最大,等于最大转矩 T_{max}。

1. 转子串电阻的启动过程

现以两级启动为例介绍异步电机转子串电阻启动步骤和启动过程。原理电路和机械特性如图 12-25 所示。启动步骤如下。

(1)启动前将开关 S_1 和 S_2 断开,使得转子每相串入电阻 R_{st1} 和 R_{st2},加上转子每相绕组自身的电阻 R_r,转子电路每相总电阻为 $R_2 = R_r + R_{st1} + R_{st2}$。

(2)合上电源开关 S,这时电动机的机械特性为图 12-25 中 AB 的特性,由于转动转矩 T_{st} 大于负载转矩 T_L,电动机开始启动工作点由 A 点向 B 点移动。

(3)当工作点到达 B 点时电磁转矩 T 等于切换转矩 T_{st2},合上开关 S_2 切除启动电阻 R_{st2},转子每相电路的总电阻变为 $R_2 = R_r + R_{st1}$。

(4)由于切除 R_{st2} 的瞬间,转速来不及改变,故工作点由 B 点平移到 D 点,电动机继续加速,工作点由 D 点向 E 点移动。

(5)当工作点到达 E 点,即电磁转矩 T 等于切换转矩 T_{st2} 时,合上开关 S_1 切除启动电阻 R_{st1},工作点由 E 点平移到 G 点,沿着工作特性曲线 FG 继续加速直至电机稳定运行。

2. 启动启动电阻的计算与选择

(1)选择启动转矩 T_{st1} 和切换转矩 T_{st2}。一般选择

$$T_{st1} = (0.8 - 0.9)T_{max}$$

$$T_{st2} = (1.1 - 1.2)T_L$$

式中,T_{max} 为最大转矩。

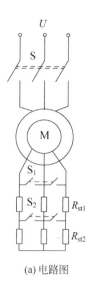

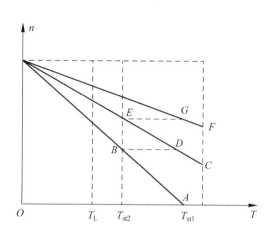

(a) 电路图　　　　　　　(b) 机械特性

图 12-25　异步电机转子串电阻启动

启动转矩比 β 为

$$\beta = \frac{T_{st1}}{T_{st2}}$$

（2）启动级数 m

$$m = \frac{\lg \dfrac{T_N}{s_N T_{st1}}}{\lg \beta}$$

其中，s_N 为额定转差率。

若 m 是取相似整数，则需要重新计算 β，并求出 T_{st2}，校验 T_{st2} 是否在所规定的范围之内。若不在规定范围内，需加大启动级数 m，重新计算 β 和 T_{st2}，直到 T_{st2} 满足要求为止。

（3）各级总电阻。由前面的分析可知

$$R_0 = R_r$$
$$R_1 = \beta R_0 = \beta R_r$$
$$R_2 = \beta R_1 = \beta^2 R_r$$
$$\cdots$$
$$R_m = \beta^m R_r$$

（4）各级启动电阻

$$R_{st1} = R_1 - R_r$$
$$R_{st2} = R_2 - R_1$$
$$\cdots$$
$$R_{stm} = R_m - R_{m-1}$$

3. 仿真分析

根据 12.4.2 节，在计算出电机的额定机械转矩和最大机械转矩后，可以按以下步骤计算转子串入电阻的级数和阻值大小。

（1）选择启动转矩 T_{st1} 和切换转矩 T_{st2}

$$T_{st1} = 0.9T_{max} = 82.3737$$
$$T_{st2} = 1.1T_L = 1.1 \times 26.6231 = 29.2854$$

启动转矩比 β 为

$$\beta = \frac{T_{st1}}{T_{st2}} \approx 2.8128$$

（2）启动级数 m

$$m = \frac{\lg \dfrac{T_N}{s_N T_{st1}}}{\lg\beta} \approx 1.9393$$

取 $m = 2$。

（3）各级总电阻

$$R_0 = R_r = 1.3954$$
$$R_1 = \beta R_0 = \beta R_r = 3.9250$$
$$R_2 = \beta R_1 = \beta^2 R_r = 11.0401$$

（4）各级启动电阻

$$R_{st1} = R_1 - R_r = 2.2596$$
$$R_{st2} = R_2 - R_1 = 7.1151$$

仿真程序如下（ASM_Start_with_RRX.m）：

```
% 模拟电机的转子串电阻启动
clear all
% 全局变量
global SM
global wr;
global u; % 外接定子电压
global uT; %
% 选定第 15 台机器
SM = SelectMachine(15);
% 计算,得到 TN,Tmax,SN
[TN,Tmax,SN] = ASMNominalTn(SM);
% ------------------------------
% 串入电阻计算
Tst1 = 0.9 * Tmax;
Tst2 = 1.1 * TN;
belta = Tst1/Tst2;
mm = log10(TN/SN/Tst1)/log10(belta)
mm = ceil(mm)
R_T0 = SM.Rr * SM.Rb
for i = 1:mm
    R_T(i) = belta^i * R_T0
end
Rst(1) = R_T(1) - R_T0;
for i = 2:mm
    Rst(i) = R_T(i) - R_T(i-1);
```

```
    end

    R_Grade = [SM.Rr, R_T/SM.Rb];
    R = R_Grade(length(R_Grade));
    %在串入电阻后,修正电阻等内部计算矩阵
    SM.R = [SM.Rs 0 0 0;
        0 SM.Rs 0 0;
        0 0 R 0;
        0 0 0 R];
    SM.Linv = SM.L ^ - 1;
    SM.RLinv = SM.R * SM.Linv;
    %负载考虑额定负载 TN,可以改小以方便对比
    TL = TN; % 11.9
    %Park 变换参数;
    belta = 0;
    theta_c = 0;
    theta_r = 0;
    %极对数
    np = SM.p;
    %初始值
    phisi0 = zeros(4,1);
    w_theta0 = zeros(2,1);
    uT0 = [0;0]
    wr = 0;
    % ---------------------------
    %记录数据用变量
    n_record = [];
    Vqds_record = [];
    iqd_record = [];
    phsi_record = [];
    Tmec_record = [];
    Isabc = []
    % ---------------------------
    % 外加的相电压峰
    Vpeak = SM.Vb;
    %切除电阻标志位
    GetReady = 0;
    % ---------------------------
    %迭代运行
    Tend = 0.4;
    deltaT = 0.02/100;
    for t = 0:deltaT:Tend
        %电压标幺值
        Va = Vpeak * sin(SM.web * t)/SM.Vb;
        Vb = Vpeak * sin(SM.web * t - 2 * pi/3)/SM.Vb;
        Vc = Vpeak * sin(SM.web * t + 2 * pi/3)/SM.Vb;
        %线电压标幺值
        Vab = Va - Vb;
        Vbc = Vb - Vc;
```

```
% Park 变换
theta_c = SM.web * t;
belta = theta_c - w_theta0(2);
P_belta = 1/3 * [2 * cos(belta) cos(belta) + sqrt(3) * sin(belta);
        2 * sin(belta) sin(belta) - sqrt(3) * cos(belta);
        ];
P_theta_c = 1/3 * [2 * cos(theta_c) cos(theta_c) + sqrt(3) * sin(theta_c);
        2 * sin(theta_c) sin(theta_c) - sqrt(3) * cos(theta_c)
        ];
Vqds = P_theta_c * [Vab;Vbc];
% 当前的激励
Vqd = [Vqds;0;0];
u = Vqd;
Vqds_record = [Vqds_record,Vqds];
% 电磁状态方程
[T,Y] = ode45(@df_Phsi,[0 deltaT],phisi0);
[m,n] = size(Y);
phisi = Y(m,:)';
% 求解电流
iqd = SM.Linv * phisi;
% 微分方程: 机械平衡部分
Te = phisi(2) * iqd(1) - phisi(1) * iqd(2);
Tm = TL/SM.Tb2;  % 给定机械转矩
uT = [Te - Tm;0];
% 机械平衡方程
[T,Y] = ode45(@df_TeTm,[0 deltaT],w_theta0);
[m,n] = size(Y);
w_theta = Y(m,:)';
% 反变换,获取相关交流量
P_theta_c = [cos(theta_c) sin(theta_c);
        (-cos(theta_c) + sqrt(3) * sin(theta_c))/2 (-sqrt(3) * cos(theta_c) - sin(theta_c))/2
        ];
Ia_b = P_theta_c * iqd(1:2);
Ia = Ia_b(1);
Ib = Ia_b(2);
Ic = - (Ia + Ib);
Isabc = [Isabc,[Ia;Ib;Ic] * SM.ib];
% 准备迭代
phisi0 = phisi;
w_theta0 = w_theta;
uT0 = uT;
wr = w_theta(1);
% 记录
n_record = [n_record,w_theta0(1) * SM.web * 60/SM.p/pi/2];
iqd_record = [iqd_record,iqd];
phsi_record = [phsi_record,phisi];
% 计算电磁转矩
Tmec = SM.Lm * (iqd(1) * iqd(4) - iqd(2) * iqd(3));
Tn = (Tmec - SM.F * wr) * SM.Tb2;
```

```
        if GetReady == 0
            if Tn > Tst1
                GetReady = 1;
            end
        elseif GetReady == 1
            if Tn < Tst2 & mm > 0               % 按条件切除电阻
                R = R_Grade(mm)
                SM. R = [SM. Rs 0 0 0;
                    0 SM. Rs 0 0;
                    0 0 R 0;
                    0 0 0 R];
                SM. RLinv = SM. R * SM. Linv;
                mm = mm - 1;
                GetReady = 0;                   % 切掉后,等转矩恢复到上一次
                t
            end
        end
        Tmec_record = [Tmec_record, Tmec];
end
figure(1)
subplot(2, 1, 1)
plot([0:deltaT:Tend], n_record)
xlabel('时间')
ylabel('转速 n');
subplot(2, 1, 2)
plot([0:deltaT:Tend], Isabc)
xlabel('时间')
ylabel('定子三相电流')
figure(2)
subplot(1, 2, 1)
plot([0:deltaT:Tend], Tmec_record)
xlabel('时间')
ylabel('电磁转矩 n');
subplot(1, 2, 2)
plot(Tmec_record, n_record)
xlabel('电磁转矩')
ylabel('转速')
        ];
    Ia_b = P_theta_c * iqd(1:2);
    Ia = Ia_b(1);
    Ib = Ia_b(2);
    Ic = - (Ia + Ib);
    Isabc = [Isabc, [Ia; Ib; Ic] * SM. ib];
    % 准备迭代
    phisi0 = phisi;
    w_theta0 = w_theta;
```

```matlab
        uT0 = uT;
        wr = w_theta(1);
        %记录
        n_record = [n_record,w_theta0(1) * SM.web * 60/SM.p/pi/2];
        iqd_record = [iqd_record,iqd];
        phsi_record = [phsi_record,phisi];
        %计算电磁转矩
        Tmec = SM.Lm * (iqd(1) * iqd(4) - iqd(2) * iqd(3));
        Tn = (Tmec - SM.F * wr) * SM.Tb2;
         if GetReady == 0
             if Tn > Tst1
                 GetReady = 1;
             end
         elseif GetReady == 1
             if Tn < Tst2 & mm > 0            %按条件切除电阻
                 R = R_Grade(mm)
                 SM.R = [SM.Rs 0 0 0;
                     0 SM.Rs 0 0;
                     0 0 R 0;
                     0 0 0 R];
                 SM.RLinv = SM.R * SM.Linv;
                 mm = mm - 1;
                 GetReady = 0;                %切掉后,等转矩恢复到上一次
                 t
             end
         end
        Tmec_record = [Tmec_record,Tmec];
end
figure(1)
subplot(2,1,1)
plot([0:deltaT:Tend],n_record)
xlabel('时间')
ylabel('转速 n');
subplot(2,1,2)
plot([0:deltaT:Tend],Isabc)
xlabel('时间')
ylabel('定子三相电流')
figure(2)
subplot(1,2,1)
plot([0:deltaT:Tend],Tmec_record)
xlabel('时间')
ylabel('电磁转矩 n');
subplot(1,2,2)
plot(Tmec_record,n_record)
xlabel('电磁转矩')
ylabel('转速')
```

函数 ASMNominalTn 在 12.4.2 节程序 ASMNominal_val. m 的基础上修改而成,返回电机的额定转矩、最大转矩和额定转速差。

程序运行结果如图 12-26 和图 12-27 所示。

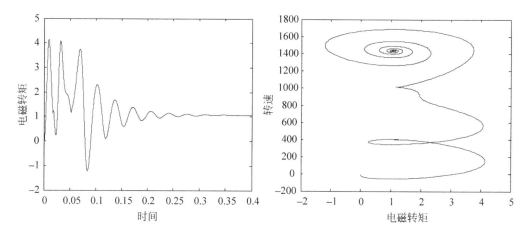

图 12-26　转子串电阻启动过程的电磁转矩变化

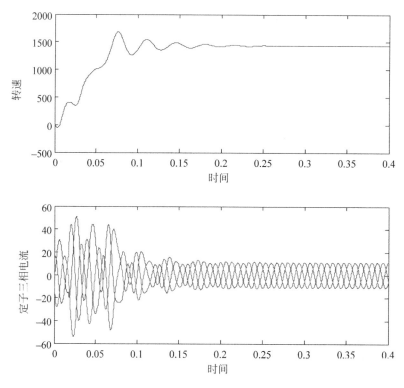

图 12-27　转子串电阻启动过程的转速与定子电流

程序分别在 $t_1 = 0.0172s$ 和 $t_2 = 0.0520s$ 时切除了两个串入的电阻。电磁转矩与转速的关系如图 12-26 所示,与图 12-25 的理论图对比可知,在切除 R_{st2} 时,实际运行点并不会从 B 点直接到 D 点。虽然如上所述转速不能突变,定子与转子的电流同样不能突变,与之直接相关的电磁转矩也不会突变,而是按图示过程运行。

12.6 调速过程仿真

12.6.1 基本原理

异步电动机投入运行后,为适应生产过程的需要,有时要人为地改变电动机的转速,称为调速(调速不是指电动机由于负载变化而引起的转速变化)。异步电动机的转速公式为

$$n = (1-s)\frac{60f_1}{p} \tag{12.65}$$

式中,n 为转子转速;s 为转差率;f_1 为电源频率;p 为极对数。

因此,根据转速公式,异步电动机的调速方法可分为以下 3 种。

(1) 改变电动机的转差率 s。对于绕线式转子,可以在转子回路串入附加电阻;对于鼠笼式转子,可改变定子绕组的端电压。

(2) 改变电源频率 f_1。

(3) 改变电动机定子绕组的极对数 p。

12.6.2 相关理论公式

1. 电磁转矩

根据电磁转矩公式可得未接电阻时和接入调速电阻 r'_Ω 以后的转矩关系分别为

串电阻前

$$T'_{em} = \frac{m_1 p U_1^2 \frac{r'_2}{s_a}}{2\pi f_1 \left[\left(r_1 + \sigma_1 \frac{r'_2}{s_a}\right)^2 + (x_{1\sigma} + \sigma_1 x'_{2\sigma})^2\right]} \tag{12.66}$$

串电阻后

$$T'_{em} = \frac{m_1 p U_1^2 \frac{r'_2}{s_b}}{2\pi f_1 \left[\left(r_1 + \sigma_1 \frac{r'_2 + r'_\Omega}{s_b}\right)^2 + (x_{1\sigma} + \sigma_1 x'_{2\sigma})^2\right]} \tag{12.67}$$

由于负载转矩不变则有 $T_{em} = T'_{em}$,可得

$$\frac{r'_2 + r'_\Omega}{s_b} = \frac{r'_2}{s_a} \tag{12.68}$$

或

$$\frac{r_2 + r_\Omega}{s_b} = \frac{r_2}{s_a} \tag{12.69}$$

r_2 与 r'_2 之间为简单的转子绕组向定子绕组的换算,σ_1 为 T 型等效电路向 Γ 型等效电路转换时得到的校正系数,具体推导过程参考相关文献。

2. 转子电流

串电阻前

$$I'_2 = \sigma_1 I''_2 = \frac{U_1}{\sqrt{\left(r_1 + \sigma_1 \frac{r'_2}{s_a}\right)^2 + (x_{1\sigma} + \sigma_1 x'_{2\sigma})^2}} \tag{12.70}$$

串电阻后

$$(I_2')' = (\sigma_1 I_2'')' = \cfrac{U_1}{\sqrt{\left(r_1 + \sigma_1 \cfrac{r_2' + r_\Omega'}{s_b}\right)^2 + (x_{1\sigma} + \sigma_1 x_{2\sigma}')^2}} \tag{12.71}$$

可知，$I_2' = (I_2')'$，即串电阻前后转子电流不变。

3. 转子铜耗

由于转子电流不变，在公式 $\dfrac{r_2' + r_\Omega'}{s_b} = \dfrac{r_2'}{s_a}$ 两边同乘以 $m_1 I_2'$ 得

$$m_1 I_2' \frac{r_2' + r_\Omega'}{s_b} = m_1 I_2' \frac{r_2'}{s_a} \Rightarrow \frac{P_{Cu2} + P_\Omega}{s_b} = \frac{P_{Cu2}}{s_a} \tag{12.72}$$

当负载为恒转矩负载，转子回路串电阻调速时，转子电流不变，转子绕组电阻 r_2' 消耗的功率及转子铜耗不变，但由于所串电阻 r_Ω' 消耗功率，因此电动机效率降低。

总结：在这里进行相关公式说明，只作为仿真后的基本理论依据。

12.6.3　绕线式转子的变阻调速

绕线式转子变阻调速的工作原理是依据图 12-14。假设负载为恒转矩负载，则因 $T\text{-}s$ 曲线的变化导致工作转差率不同。在图 12-14 中，在同一输出转矩情况下，转子串入较大电阻时，转差率较大，电机转速较低，如图中 a、b、c 点的速度依次降低。同时，负载越轻，调速范围越窄，如 d 点到 e 点就相对 a 点到 c 点距离短。

【例 12-12】　编写程序(M 文件)，通过 PID 控制将例 12-9 中直接启动后的电机转速控制在 1000rpm(ASM_Speed_AdjustR. m)。

由于计算时采用了标幺值模型，本例中 PID 控制的参数仅为示例，取 $K_p = 10$，$K_i = 0.05$，不作为实际电机的控制参数，程序如下：

```
clear all
% 全局变量
global SM
global wr;
global u; % 外接定子电压
global uT; %
% 选定第 15 台机器
SM = SelectMachine(15);
% 计算，得到 TN,Tmax,SN
[TN,Tmax,SN] = ASMNominalTn(SM);
% 外加的相电压峰
Vpeak = SM.Vb;
% Park 变换参数
belta = 0;
theta_c = 0;
theta_r = 0;
% 初始值
phisi0 = zeros(4,1);
w_theta0 = zeros(2,1);
uT0 = [0;0]
wr = 0;
```

```
% 记录
w_record = [ ];
Vqds_record = [ ];
iqd_record = [ ];
phsi_record = [ ];
Isabc = [ ]
% 目标转速 1000 转
wr_target = 1000/(SM.fn * 60/SM.p);
% PID 参数
Kp = 10;
Ki = 0.05;
Romga = 0;
Rint = 0;
% 迭代运行
Tend = 0.8;
deltaT = 0.02/100;
for t = 0:deltaT:Tend
    % 调试控制
    if t > 0.3
        wr_e = - wr_target + wr;
        Rint = Rint + Ki * wr_e;
        Romga = Kp * wr_e + Rint;
        SM.R = [SM.Rs 0 0;
        0 SM.Rs 0 0;
        0 0 SM.Rr + Romga 0;
        0 0 0 SM.Rr + Romga];
        SM.RLinv = SM.R * SM.Linv;
    end
    % 电压标幺值
    Va = Vpeak * sin(SM.web * t)/SM.Vb;
    Vb = Vpeak * sin(SM.web * t - 2 * pi/3)/SM.Vb;
    Vc = Vpeak * sin(SM.web * t + 2 * pi/3)/SM.Vb;
    % 线电压标幺值
    Vab = Va - Vb;
    Vbc = Vb - Vc;
    % Park 变换
    theta_c = SM.web * t;
    belta = theta_c - w_theta0(2);
    P_belta = 1/3 * [2 * cos(belta) cos(belta) + sqrt(3) * sin(belta);
        2 * sin(belta) sin(belta) - sqrt(3) * cos(belta);
        ];
    P_theta_c = 1/3 * [2 * cos(theta_c) cos(theta_c) + sqrt(3) * sin(theta_c);
        2 * sin(theta_c) sin(theta_c) - sqrt(3) * cos(theta_c)
        ];
    Vqds = P_theta_c * [Vab;Vbc];
    % 当前的激励
    Vqd = [Vqds;0;0];
    u = Vqd;
    Vqds_record = [Vqds_record,Vqds];
```

```
        % 电磁状态方程
        [T,Y] = ode45(@df_Phsi,[0 deltaT],phisi0);
        [m,n] = size(Y);
        phisi = Y(m,:)';
        % 求解电流
        iqd = SM.Linv * phisi;
        % 微分方程:机械平衡部分
        Te = phisi(2) * iqd(1) - phisi(1) * iqd(2);
        Tm = TN/SM.Tb2;                    % 给定机械转矩
        uT = [Te - Tm;0];
        % 机械平衡方程
        [T,Y] = ode45(@df_TeTm,[0 deltaT],w_theta0);
        [m,n] = size(Y);
        w_theta = Y(m,:)';
        % 反变换,获取相关交流量
        P_theta_c = [cos(theta_c) sin(theta_c);
            (-cos(theta_c) + sqrt(3) * sin(theta_c))/2 (-sqrt(3) * cos(theta_c) - sin(theta_c))/2
            ];
        Ia_b = P_theta_c * iqd(1:2);
        Ia = Ia_b(1);
        Ib = Ia_b(2);
        Ic = -(Ia + Ib);
        Isabc = [Isabc,[Ia;Ib;Ic] * SM.ib];
        % 准备迭代
        phisi0 = phisi;
        w_theta0 = w_theta;
        uT0 = uT;
        wr = w_theta(1);
        % 记录
        w_record = [w_record,w_theta0(1) * SM.web * 60/SM.p/pi/2];
        iqd_record = [iqd_record,iqd];
        phsi_record = [phsi_record,phisi];
    end
    subplot(2,1,1)
    plot([0:deltaT:Tend],w_record)
    xlabel('时间')
    ylabel('转速 n');
    subplot(2,1,2)
    plot([0:deltaT:Tend],Isabc)
    xlabel('时间')
    ylabel('定子三相电流')
```

在 0.3s 时,开始进行转速调整,仿真结果如图 12-28 所示。由图可知,转速最终被稳定在了 1000rpm,效果明显。

这种调速的优点是调速平滑性好、附加设备简单、操作也比较方便,缺点是人为串入调速电阻后增大了转子铜耗,使效率降低,即调速的经济性差。通常在中小型异步电动机中使用得较多。

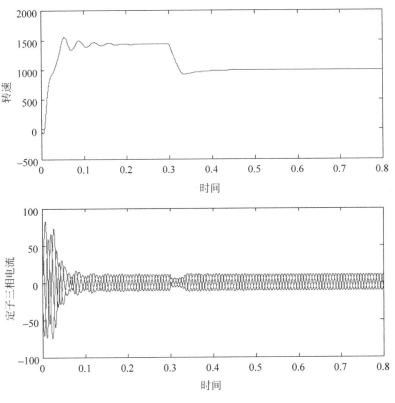

图 12-28　转子串入电阻调速仿真

12.6.4　定子绕组的变压调速

1. 基本原理

【例 12-13】　编写程序(M 文件),绘制在不同电压条件下,异步电机的电磁转矩与转速差关系(ASMSteadyTe_AdjustU1. m)。

取外加电压为标幺值 1、0.7 和 0.4 进行绘制:

```
clear all
% 选定第15台机器
SM = SelectMachine(15);
Trecord = [];
% 3 个等级电压
U1q = [1,0.7,0.4]
for i = 0:1:2
    % ------------------------------------------------
    % 定义符号变量
    w = 1
    syms wr;
    WM = [0 w 0 0; - w 0 0 0; 0 0 0 w - wr; 0 0 wr - w 0];
    % 以 wr 为变量表达 iqd,为符号变量
    iqd = (SM.R + WM * SM.L)^ - 1 * [U1q(i + 1);0;0;0];
```

```
    iqd = simplify(iqd);
    % 电磁转矩
    Tem = SM. Lm * (iqd(1) * iqd(4) - iqd(2) * iqd(3));
    % ************************************************************
    % 将 wr 赋值
    wr = - 0.5:0.01:1;
    s = 1 - wr;
    Tem_val = eval(Tem)
    Trecord = [Trecord;Tem_val];
    % -----------------------------------------------
    % 绘制曲线
    figure(1)
    plot(s,Tem_val,'r')
    grid on
    hold on
end
% -----------------------------------------------
% 找出临界转差率
[Tmax p] = max(Trecord')
plot([s(p(1)),s(p)],[0,Tmax])
text(s(p(1)) + 0.05,0.1,'s_{m}');
text(s(p(1)) + 0.05,Tmax(1) + 0.1,'a');
text(s(p(2)) + 0.05,Tmax(2) + 0.1,'b');
text(s(p(3)) + 0.05,Tmax(3) + 0.1,'c');
% -----------------------------------------------
text(1,2.6,'U_{1}');
text(1,1.4,'0.7U_{1}');
text(1,0.6,'0.4U_{1}');
xlabel('转速差,pu');
ylabel('转矩,pu');
set(gca,'XDir','reverse') % 对 X 方向反转
```

程序运行结果如下,显示了 3 种情况下最大转矩,以及出现的临界转速差 s_m 位置。

```
v =
    3.6060   1.7669   0.5770
p =
    115      115      115
```

曲线变化情况如图 12-29 所示。

图 12-29 所示为变压调速时异步电动机的 T-s 曲线变化情况。最大电磁转矩 T_{max} 正比于电压的平方(曲线 b 电压降低为 0.7,因此最大转矩应为曲线 a 的 49%,显然程序的输出结果 T_{max} 中,有 $3.606 \times 0.49 = 1.76694$),临界转差率 s_m 却与电压无关,因此当电压降低时,特性曲线的变化是由 a 变为 b 再变为 c,但 s_m 值均相同。

这种调速方法的基本依据是电压变化时,T-s 曲线随之发生变化,从而使工作点转移。在额定转矩条件下,降低电机端电压,工作点将从 A 点移动到 B 点。显然继续降低电压,最终会带不动负载。

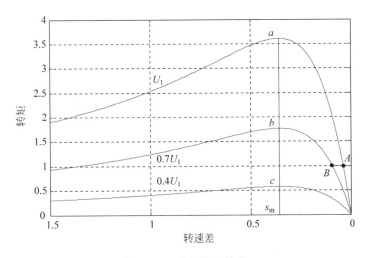

图 12-29　变压调速特性

2. 变压调速仿真

【例 12-14】　编写程序(M 文件),通过 PID 控制将例 12-9 中直接启动后的电机转速,用变压调速控制在 1000rpm(ASM_Speed_AdjustU.m)。

由于计算时采用了标幺值模型,本例中 PID 控制的参数仅为示例,取 $K_p = 2, K_i = 0.05$,不作为实际电机的控制参数,程序如下:

```
clear all
% 全局变量
global SM
global wr;
global u;                          % 外接定子电压
global uT;                         %
% 选定第 15 台机器
SM = SelectMachine(15);
% 计算,得到 TN,Tmax,SN
[TN,Tmax,SN] = ASMNominalTn(SM);
% 外加的相电压峰
Vpeak = SM. Vb;
% Park 变换参数
belta = 0;
theta_c = 0;
theta_r = 0;
% 初始值
phisi0 = zeros(4,1);
w_theta0 = zeros(2,1);
uT0 = [0;0]
wr = 0;
% 记录
w_record = [ ];
Vqds_record = [ ];
iqd_record = [ ];
phsi_record = [ ];
Isabc = [ ]
% 目标转速 1000 转
```

```matlab
wr_target = 1000/(SM.fn * 60/SM.p);
% PID 参数
Kp = 2;
Ki = 0.05;
Vint = 1;                              % 积分值从额定电压开始调整
% 迭代运行
Tend = 0.8;
deltaT = 0.02/100;
for t = 0:deltaT:Tend
    % 调试控制
    if t > 0.3
        wr_e = wr_target - wr;
        Vint = Vint + Ki * wr_e;
        Vpeak = Kp * wr_e + Vint;
        Vpeak = Vpeak * SM.Vb;         % 换算回有名值
    end
    % 电压标幺值
    Va = Vpeak * sin(SM.web * t)/SM.Vb;
    Vb = Vpeak * sin(SM.web * t - 2 * pi/3)/SM.Vb;
    Vc = Vpeak * sin(SM.web * t + 2 * pi/3)/SM.Vb;
    % 线电压标幺值
    Vab = Va - Vb;
    Vbc = Vb - Vc;
    % Park 变换
    theta_c = SM.web * t;
    belta = theta_c - w_theta0(2);
    P_belta = 1/3 * [2 * cos(belta) cos(belta) + sqrt(3) * sin(belta);
        2 * sin(belta) sin(belta) - sqrt(3) * cos(belta);
        ];
    P_theta_c = 1/3 * [2 * cos(theta_c) cos(theta_c) + sqrt(3) * sin(theta_c);
        2 * sin(theta_c) sin(theta_c) - sqrt(3) * cos(theta_c)
        ];
    Vqds = P_theta_c * [Vab;Vbc];
    % 当前的激励
    Vqd = [Vqds;0;0];
    u = Vqd;
    Vqds_record = [Vqds_record,Vqds];
    % 电磁状态方程
    [T,Y] = ode45(@df_Phsi,[0 deltaT],phisi0);
    [m,n] = size(Y);
    phisi = Y(m,:)';
    % 求解电流
    iqd = SM.Linv * phisi;
    % 微分方程:机械平衡部分
    Te = phisi(2) * iqd(1) - phisi(1) * iqd(2);
    Tm = TN/SM.Tb2;                    % 给定机械转矩
    uT = [Te - Tm;0];
    % 机械平衡方程
    [T,Y] = ode45(@df_TeTm,[0 deltaT],w_theta0);
    [m,n] = size(Y);
    w_theta = Y(m,:)';
    % 反变换,获取相关交流量
    P_theta_c = [cos(theta_c) sin(theta_c);
        (-cos(theta_c) + sqrt(3) * sin(theta_c))/2 (-sqrt(3) * cos(theta_c) - sin(theta_c))/2
        ];
```

```
        Ia_b = P_theta_c * iqd(1:2);
        Ia = Ia_b(1);
        Ib = Ia_b(2);
        Ic = - (Ia + Ib);
        Isabc = [Isabc,[Ia;Ib;Ic] * SM.ib];
        %准备迭代
        phisi0 = phisi;
        w_theta0 = w_theta;
        uT0 = uT;
        wr = w_theta(1);
        %记录
        w_record = [w_record,w_theta0(1) * SM.web * 60/SM.p/pi/2];
        iqd_record = [iqd_record,iqd];
        phsi_record = [phsi_record,phisi];
end
subplot(2,1,1)
plot([0:deltaT:Tend],w_record)
xlabel('时间')
ylabel('转速 n');
subplot(2,1,2)
plot([0:deltaT:Tend],Isabc)
xlabel('时间')
ylabel('定子三相电流')
```

在 0.3s 时,开始进行转速调整,仿真结果如图 12-30 所示。由图可知,转速最终被稳定在了 1000rpm,效果明显。

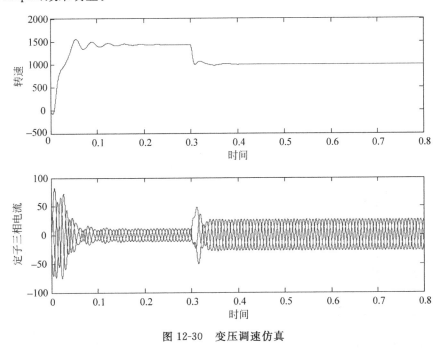

图 12-30 变压调速仿真

12.6.5 变频调速

1. 基本原理

变频调速是一种改变定子磁场转速 n_1 来达到改变转子转速的调速方法。这种调速方法使异步电动机可以获得类似于他励直流电动机的很宽的调速范围、很好的调速平滑性和足够硬度的机械特性。

异步电动机的转速公式为

$$n = (1-s)\frac{60f_1}{p} = n_1 - \Delta n \tag{12.73}$$

当异步电动机正常工作时,转差率 s 很小,Δn 变化不大,可以近似认为 $n \propto n_1 \propto f_1$,这样转速 n 基本上正比于电源频率。

2. 基频向下调速

从额定频率往下调时,电动机的同步转速 n_1 减小,因此电动机的转速也随之减小。

若定子绕组的漏阻抗压降予以忽略不计,则有

$$U_1 \approx E_1 = 4.44f_1w_1k_{w1}\Phi_m \tag{12.74}$$

即

$$\Phi_m = \frac{U_1}{4.44w_1k_{w1}f_1} \tag{12.75}$$

式(12-75)说明 f_1 减小时,Φ_m 将增大。在电机设计时,电动机的额定磁通接近磁路饱和值,如果 Φ_m 增大,电动机的磁路将过饱和,导致励磁电流急剧增加,功率因数下降,铁耗增大,电动机过热,使用寿命将大大缩短。

因此变频调速时,通常希望气隙磁通 Φ_m 保持不变,所以此时的变频调速是恒磁通变频。在恒磁通变频调速时,频率和电压必须同时改变,使 U_1/f_1 不变,才能保证 Φ_m 为常数,即所谓的变频变压调速。

【例 12-15】 编写程序(M 文件),绘制异步电机在 U_1/f_1 为常数时的变频调速机械特性(ASMSteadyTe_AdjustW1.m)。

本例中选用 SimPowerSystems 预定义的第 15 台电机来进行演示,其他电机的机械特性可以自行修改程序进行观察。

```
clear all
% 选定第 15 台机器
SM = SelectMachine(15);

Trecord = [];
% 观察 4 个频率
w_set = [1,0.75,0.5,0.25];
U1q = w_set;  % 保持 u1/f1 为常数
for i = 0:1:3
    % -------------------------------------------------
    w = w_set(i + 1);
    % 定义符号变量
    syms wr;
    WM = [0 w 0 0; -w 0 0 0; 0 0 0 w - wr; 0 0 wr - w 0];
    % 以 wr 为变量表达 iqd,为符号变量
    iqd = (SM.R + WM * SM.L)^ - 1 * [U1q(i + 1);0;0;0];
    iqd = simplify(iqd);
    % 电磁转矩
    Tem = SM.Lm * (iqd(1) * iqd(4) - iqd(2) * iqd(3));

    % ********************************************************
```

```
   % 将 wr 赋值
   wr = 0:0.01:w;
   s = 1 - wr;
   Tem_val = eval(Tem)
   % ------------------------------------------------
   % 绘制曲线
   figure(1)
   plot(Tem_val,wr,'r')
   grid on
   hold on
end
% ------------------------------------------------
text(3.2,0.85,'f_{N}');
text(3.0,0.55,'0.75f_{N}');
text(2.4,0.35,'0.5f_{N}');
text(1.5,0.15,'0.25f_{N}');
% 额定转矩
plot([1,1],[0,1],'b')
text(1,0.02,'T_{N}');
text(0.9,0.94,'a');
text(0.9,0.68,'b');
text(0.9,0.43,'c');
text(0.9,0.22,'d');
xlabel('转矩,pu');
ylabel('转速,pu');
```

程序运行结果如图 12-31 所示。

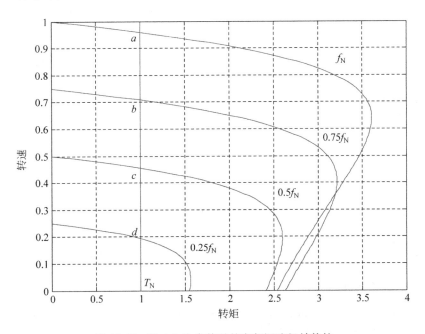

图 12-31 U_1/f_1 为常数时的变频调速机械特性

因为 U_1 是定子电源电压,为了保持定子绕组的可靠工作,U_1 不能超过额定电压 U_N,所以恒磁通调频调速只适用于额定电压(额定频率)下降的调速。

这种调速方式适用于恒转矩负载的调速。例如,图中对额定转矩 T_N,不断降低频率,工作点将从图 12-31 中的点 a 逐渐移动到点 d,显然具有非常大的调速范围。

根据最大转矩公式

$$T_{max} = \pm \frac{m_1 p U_1^2}{4\pi f_1 \sigma_1 [\pm r_1 + \sqrt{r_1^2 + (x_{1\sigma} + \sigma_1 x_{2\sigma}')^2}]} \tag{12.76}$$

由于保持 $U_1/f_1 =$ 常数,则最大电磁转矩 T_{max} 将随 f_1 的减小而减小,这一点从图 12-31 也可以非常清晰地看出来。

此外式(12.75)的推导也是建立在 $U_1 = E_1$ 的基础上,实际上要保持 Φ_m 恒定,应该保持 $E_1/f_1 =$ 常数,而不是 $U_1/f_1 =$ 常数。但实际上异步电机的感应电动势 E_1 难以直接控制,在电动势值较高时,可以忽略定子绕组的漏磁阻抗压降,使得 U_1/f_1 近似于常数,但当频率较低时,U_1 和 E_1 都较小,定子阻抗压降所占比例不能忽略,此时就需要人为地将 U_1 增大一些,以便近似地补偿定子压降。

恒功率变频调速控制方式:如果要使异步电机在调速过程中保持功率不变,由电磁功率公式可知

$$P_{em} \approx P_m = T_N \omega_1 = T_N' \omega_1' \tag{12.77}$$

由最大转矩公式可知

$$T_m \propto U_1^2 / f_1$$

由此可见,要真正进行恒功率的变频调速,一定要满足 $U_1^2/f_1 =$ 常数,这样才能使调速过程中电动机的过载能力不变。

【例 12-16】 编写程序(M 文件),绘制异步电机在 U_1^2/f_1 为常数时的变频调速机械特性(ASMSteadyTe_AdjustW2.m)。

本例中选用 SimPowerSystems 预定义的第 15 台电机来进行演示,其他电机的机械特性可以自行修改程序进行观察。

```
clear all
% 选定第 15 台机器
SM = SelectMachine(15);

Trecord = [];
% 观察 4 个频率
w_set = [1,0.75,0.5,0.25];
% 保持 u1 * u1/f1 为常数,在标幺值模型下容易实现
U1q = sqrt(w_set);
for i = 0:1:3
    % ------------------------------------------------
    w = w_set(i+1);
    % 定义符号变量
    syms wr;
    WM = [0 w 0 0; -w 0 0 0; 0 0 0 w-wr; 0 0 wr-w 0];
    % 以 wr 为变量表达 iqd,为符号变量
    iqd = (SM.R + WM * SM.L)^-1 * [U1q(i+1);0;0;0];
    iqd = simplify(iqd);
    % 电磁转矩
    Tem = SM.Lm * (iqd(1) * iqd(4) - iqd(2) * iqd(3));
```

```
% ************************************************************
% 将 wr 赋值
wr = 0:0.01:w;
s = 1 - wr;
Tem_val = eval(Tem)
% ----------------------------------------------------------
% 绘制曲线
figure(1)
plot(Tem_val,wr,'r')
grid on
hold on
end
% ----------------------------------------------------------
text(3.2,0.85,'f_{N}');
text(4.0,0.55,'0.75f_{N}');
text(5,0.35,'0.5f_{N}');
text(6,0.15,'0.25f_{N}');
% 恒定功率
w = 0.15:0.01:0.99;
T = 0.8./w;
plot(T,w,'b')
text(1,0.02,'T_{N}');
text(0.9,0.94,'a');
text(1.2,0.75,'b');
text(1.8,0.47,'c');
text(4.2,0.22,'d');
xlabel('转矩,pu');
ylabel('转速,pu');
```

程序运行结果如图 12-32 所示。

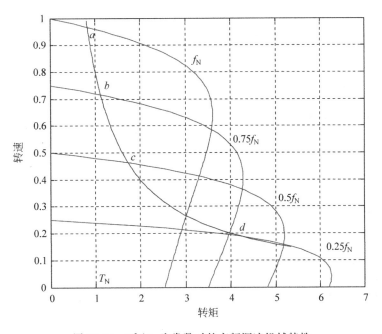

图 12-32　U_1^2 / f_1 为常数时的变频调速机械特性

3. 基频向上调速

由于受到额定电压的制约,当变频调速的转速超过额定转速时,就不能保持气隙磁通 Φ_m 不变,维护 $U_1/f_1 =$ 常数。因变频调速对应额定转速时的频率是 f_{N1},电压是 U_{N1},只有频率从 f_{N1} 往上调,转速才能提高,这样必须电压从 U_{N1} 往上调,由于电动机绕组的绝缘是按额定电压来设计的,因此电源电压必须限值在允许的范围之内,定子电压不能超过额定值。

【例 12-17】 编写程序(M 文件),绘制异步电机在 U_1 为常数时的变频调速机械特性(ASMSteadyTe_AdjustW3.m)。

本例中选用 SimPowerSystems 预定义的第 15 台电机来进行演示,其他电机的机械特性可以自行修改程序进行观察。

```
clear all
% 选定第 15 台机器
SM = SelectMachine(15);
Trecord = [ ];
% 观察 4 个频率
w_set = [1,1.25,1.5,2];
% 保持电压恒定,在标幺值模型下容易实现
U1q = ones(size(w_set));
for i = 0:1:3
    % -------------------------------------------------
    w = w_set(i + 1);
    % 定义符号变量
    syms wr;
    WM = [0 w 0 0; - w 0 0 0; 0 0 0 w - wr; 0 0 wr - w 0];
    % 以 wr 为变量表达 iqd,为符号变量
    iqd = (SM.R + WM * SM.L)^ - 1 * [U1q(i + 1);0;0;0];
    iqd = simplify(iqd);
    % 电磁转矩
    Tem = SM.Lm * (iqd(1) * iqd(4) - iqd(2) * iqd(3));
    % *******************************************************************
    % 将 wr 赋值
    wr = 0:0.01:w;
    s = 1 - wr;
    Tem_val = eval(Tem)
    % -------------------------------------------------
    % 绘制曲线
    figure(1)
    plot(Tem_val,wr,'r')
    grid on
    hold on
end
% -------------------------------------------------
text(3.2,0.85,'f_{N}');
text(2.3,1.15,'1.25f_{N}');
text(1.3,1.4,'1.5f_{N}');
text(1,1.85,'2f_{N}');
% 恒定功率
```

```
w = 0.2:0.01:1.99;
T = 0.8./w;
plot(T,w,'b')
text(1,0.02,'T_{N}');
text(0.3,1.9,'a');
text(0.45,1.4,'b');
text(0.6,1.15,'c');
text(0.8,0.9,'d');
xlabel('转矩,pu');
ylabel('转速,pu');
```

程序运行结果如图 12-33 所示。

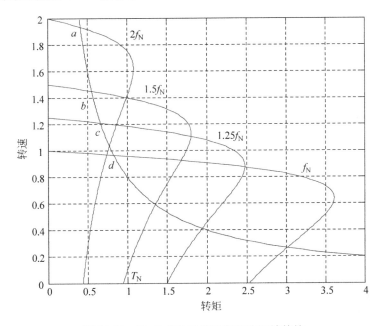

图 12-33 U_1 为常数时的变频调速机械特性

由图 12-33 可知，通过提高频率 f_1 调速时，气隙磁场必须减弱[式(12.75)]，导致最大转矩减小。所以 $f_1 > f_{N1}$ 的变频调速，随转速 n 的上升，电磁转矩 T_{em} 和 T_m 最大转矩将会减小。读者可以把本程序(ASMSteadyTe_AdjustW3.m)中的 U1q 修改为 U_1/f_1 或 U_1^2/f_1 为常数，对比转矩的差异。

由异步电机电磁功率公式

$$P_{em} = T_{em}\omega = \frac{m_1 p U_1^2 \dfrac{r_2'}{s}}{2\pi f_1\left[\left(r_1 + \sigma_1 \dfrac{r_2'}{s}\right)^2 + (x_{1\sigma} + \sigma_1 x_{2\sigma}')^2\right]}2\pi f_1 \tag{12.78}$$

可知，在正常运行时 s 很小，$r_2'/s \gg x_{1\sigma} + \sigma_1 x_{2\sigma}$ 和 r_1，因此忽略 $x_{1\sigma} + \sigma_1 x_{2\sigma}$ 和 r_1 时，则

$$P_{em} = \frac{m_1 p U_1^2}{\sigma_1^2 r_2'}s \tag{12.79}$$

异步电机运行时，若电源电压 U_1 保持不变，s 变化很小，可近似认为不变，因此 P_{em} 近似

不变。由此可见,从额定频率向上调速时可近似认为恒功率调速。

4. 变频调速仿真

变频调速的性能是比较好的,它的调速范围大,平滑性好,特性硬度不变。但必须有一套专用的变频电源,设备投资费用较高。

变频器驱动异步电机时,在某些频率段,电机的电流、转速会发生振荡,严重时系统无法运行,甚至在加速过程中出现过电流保护使得电机不能正常启动,在电机轻载或转动惯量较小时更为严重。普通变频器均备有频率跨跳功能,用户可以根据系统出现振荡的频率点,在 U/f 曲线上设置跨跳点及跨跳宽度。当电机加速时可以自动跳过这些频率段,保证系统能够正常运行。

【例 12-18】 编写程序(M 文件),演示异步电机的变频调速效果(ASMSteadyTe_AdjustWPulse. m)。

仿真时,简单地使用前面的 PID 控制样例难以得到好的仿真效果,反而非常容易观察到频率振荡的情况。因此,本例中根据电磁平衡方程和机械平衡方程,计算出此时电源的频率和幅值均应变为 0.7109,之后切换电源观察变频后的转速变化。

程序参考了 SimPowerSystems 的 power_pwm. slx 模型,使用 PWM 调制波驱动电机,具体的原理参考相关理论书籍。为保证仿真精度,将步长减小到了 $20\mu s$。程序如下:

```
% clear all
% 全局变量
global SM
global wr;
global u;                        % 外接定子电压
global uT;                       %
% 选定第 15 台机器
SM = SelectMachine(15);
% 计算,得到 TN,Tmax,SN
[TN,Tmax,SN] = ASMNominalTn(SM);
% 外加的相电压峰
Vpeak = SM.Vb;
% Park 变换参数
belta = 0;
theta_c = 0;
theta_r = 0;
% 初始值
phisi0 = zeros(4,1);
w_theta0 = zeros(2,1);
uT0 = [0;0]
wr = 0;
% 目标转速 1000 转
wr_target = 1000/(SM. fn * 60/SM.p);
% 启动时电源在额定频率
w = SM.web;

% 迭代运行
Tend = 2;
```

```
deltaT = 0.02/1000;
w_record = [];
wr_e = 0;
theta = [0; - pi * 2/3; pi * 2/3]
In = [0 0.25 0.75 1]/SM.fn/33;
Out = [0 1 - 1 0];
 % 记录
tt = 0:deltaT:Tend;
Len = length(tt);
n_record = zeros(1,Len);
Urecord = zeros(3,Len);
Isabc = zeros(3,Len);
for i = 1:Len
    t = tt(i);
    y = sin(w * t + theta);
    k = rem(t,1/SM.fn/33);
    out = interp1(In,Out,k);
    U = sign(y - out) * Vpeak;
    % 0.3s 后,开始调频控制
    if t > 0.3
        w = 0.7109;                    % 标幺值
        Vpeak = w * SM.Vb;             % Vf/f 为常数
        w = SM.web * w; %  有名值
    end
    % 电压标幺值
    Va = U(1)/SM.Vb;
    Vb = U(2)/SM.Vb;
    Vc = U(3)/SM.Vb;
    % 线电压标幺值
    Vab = Va - Vb;
    Vbc = Vb - Vc;
    % Park 变换
    theta_c = SM.web * t;
    belta = theta_c - w_theta0(2);
    P_belta = 1/3 * [2 * cos(belta) cos(belta) + sqrt(3) * sin(belta);
        2 * sin(belta) sin(belta) - sqrt(3) * cos(belta);
        ];
    P_theta_c = 1/3 * [2 * cos(theta_c) cos(theta_c) + sqrt(3) * sin(theta_c);
        2 * sin(theta_c) sin(theta_c) - sqrt(3) * cos(theta_c)
        ];
    Vqds = P_theta_c * [Vab;Vbc];
    % 当前的激励
    Vqd = [Vqds;0;0];
    u = Vqd;
    Vqds_record = [Vqds_record,Vqds];
    % 电磁状态方程
    [T,Y] = ode45(@df_Phsi,[0 deltaT],phisi0);
    [m,n] = size(Y);
    phisi = Y(m,:)';
```

```
    % 求解电流
    iqd = SM.Linv * phisi;
    % 微分方程：机械平衡部分
    Te = phisi(2) * iqd(1) - phisi(1) * iqd(2);
    Tm = TN/SM.Tb2;  % 给定机械转矩
    uT = [Te - Tm;0];
    % 机械平衡方程
    [T,Y] = ode45(@df_TeTm,[0 deltaT],w_theta0);
    [m,n] = size(Y);
    w_theta = Y(m,:)';
    % 反变换,获取相关交流量
    P_theta_c = [cos(theta_c) sin(theta_c);
        (-cos(theta_c) + sqrt(3) * sin(theta_c))/2 (-sqrt(3) * cos(theta_c) - sin(theta_c))/2
        ];
    Ia_b = P_theta_c * iqd(1:2);
    Ia = Ia_b(1);
    Ib = Ia_b(2);
    Ic = -(Ia + Ib);

    % 准备迭代
    phisi0 = phisi;
    w_theta0 = w_theta;
    uT0 = uT;
    wr = w_theta(1);
    % 记录
    n_record(i) = w_theta0(1) * SM.web * 60/SM.p/pi/2;
    Isabc(:,i) = [Ia;Ib;Ic] * SM.ib;
    Urecord(:,i) = U;
end
figure(1)
subplot(2,1,1)
plot([0:deltaT:Tend],n_record)
xlabel('时间')
ylabel('转速 n');
subplot(2,1,2)
plot([0:deltaT:Tend],Isabc)
xlabel('时间')
ylabel('定子三相电流')
figure(2)
subplot(3,1,1)
plot([0:deltaT:Tend],Urecord(1,:));
subplot(3,1,2)
plot([0:deltaT:Tend],Urecord(2,:));
subplot(3,1,3)
plot([0:deltaT:Tend],Urecord(3,:));
```

程序运行结果如图 12-34 所示。

由图 12-34 可知,只要控制电源的频率到给定数值,就能较好地控制电机的转速。但在频率电源发生频率和幅值变动时,转速和电流均有非常大的波动,对控制器的设计要求较高。

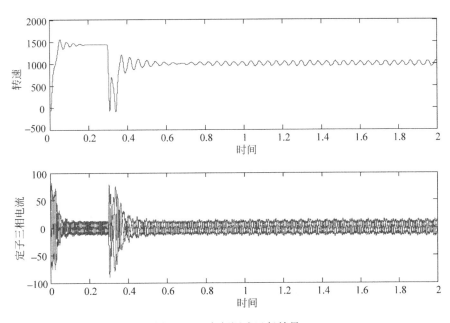

图 12-34 变频调速运行效果

加在电机上的三相电压波如图 12-35 所示。

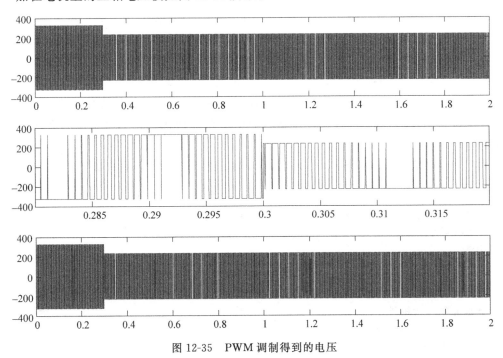

图 12-35 PWM 调制得到的电压

图 12-35 中单独放大了 B 相的时间轴,在 0.3s 时频率发生跳变,波形存在不连贯性。由于本章主要讨论电机电磁暂态方程的仿真,不专门讨论变频调速的仿真细节,读者可以在此基础上自行学习和研究。

12.7 制动过程仿真

三相异步电动机切除电源后依靠惯性总要转动一段时间才能停下来。而生产中起重机的吊钩或卷扬机的吊篮要求准确定位;万能铣床的主轴要求能迅速停下来。这些都需要对拖动的电动机进行制动,其方法有机械制动和电力制动两大类,本书只讨论后者。

12.7.1 两相反接的反接制动

在电动机切断正常运转电源的同时改变电动机定子绕组的电源相序,使之有反转趋势而产生较大的制动转矩的方法。反接制动的实质是使电动机反转而制动,因此当电动机的转速接近于零时,应立即切断反接转制动电源,否则电动机会反转。实际控制中采用速度继电器来自动切除制动电源。

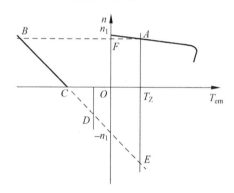

图 12-36 定子两相反接制动

绕线式异步电动机本来工作在正向电动状态,如图 12-36 中 A 点所示,为了迅速让电动机停转,将定子两相绕组的出线头对调后再接到电源,气隙旋转磁场 B_m 立即反向,以 $-n_1$ 转速旋转。电动机的机械特性也由原来过 n_1 的特性变为过 $-n_1$ 的特性,如图 12-36 所示的 $BCDE$ 曲线。

理论上讲,在反接时,由于转子的转动惯量,转子的转动惯量,转子的转速 n_A 不能突变,但工作点由 A 点跳到 B 点,且 $n_B = n_A$。但实际上,由于定子转子上的电流存在过渡过程,电磁转矩也不会出现瞬间的跳变,实际变化轨迹见仿真结果。

【**例 12-19**】 编写程序(M 文件),演示异步电机的两相反接制动效果(ASM_Start_Return.m)。

程序在全压启动(ASM_Start_Directly.m)的基础上修改而成,程序如下:

```
clear all
%模拟电机的全压启动,与 ASM_Start_Directly.slx 对比
global SM;
global wr;
global u;                  %外接定子电压
global uT;                 %
%-------------------------------------------------------
%选定第 15 台机器
SM = SelectMachine(15);
%计算,得到 Tn
ASMNominal_val
% 外加的相电压峰
Vpeak = SM.Vb;
% Park 变换参数;
belta = 0;
```

```matlab
theta_c = 0;
theta_r = 0;
% 初始值
phisi0 = zeros(4,1);
uT0 = [0;0]
wr = 0;
w_theta0 = [wr;0];
% 记录
w_record = [];
Vqds_record = [];
iqd_record = [];
phsi_record = [];
Isabc = [];
Tem_record = [];
% 迭代运行
Tend = 0.8;
deltaT = 0.02/100;
Vpeak = Vpeak


for t = 0:deltaT:Tend
    % 数据准备
    % 电压标幺值
    Va = Vpeak * sin(SM.web * t)/SM.Vb;
    Vb = Vpeak * sin(SM.web * t - 2 * pi/3)/SM.Vb;
    Vc = Vpeak * sin(SM.web * t + 2 * pi/3)/SM.Vb;
    if t > 0.4                          % 启动结束后,
        % 调换 BC 相
        Vt = Vb;
        Vb = Vc;
        Vc = Vt;
        if wr < 0                       % 模拟刹车
            Vpeak = 0;
            Tn = 0;
        end
    end
    % 线电压标幺值
    Vab = Va - Vb;
    Vbc = Vb - Vc;
    % Park 变换
    theta_c = SM.web * t;
    belta = theta_c - w_theta0(2);
    P_belta = 1/3 * [2 * cos(belta) cos(belta) + sqrt(3) * sin(belta);
        2 * sin(belta) sin(belta) - sqrt(3) * cos(belta);
        ];
    P_theta_c = 1/3 * [2 * cos(theta_c) cos(theta_c) + sqrt(3) * sin(theta_c);
        2 * sin(theta_c) sin(theta_c) - sqrt(3) * cos(theta_c)
        ];
    Vqds = P_theta_c * [Vab;Vbc];
    % 当前的激励
```

```matlab
        Vqd = [Vqds;0;0];
        u = Vqd;
        Vqds_record = [Vqds_record,Vqds];
        % 电磁状态方程
        [T,Y] = ode45(@df_Phsi,[0 deltaT],phisi0);
        [m,n] = size(Y);
        phisi = Y(m,:)';
        % 求解电流
        iqd = SM.Linv * phisi;
        % 微分方程: 机械平衡部分
        Te = phisi(2) * iqd(1) - phisi(1) * iqd(2);
        Tm = Tn/SM.Tb2   % 给定机械转矩
        uT = [Te - Tm;0];
        % 机械平衡方程
        [T,Y] = ode45(@df_TeTm,[0 deltaT],w_theta0);
        [m,n] = size(Y);
        w_theta = Y(m,:)';
        % 反变换,获取相关交流量
        P_theta_c = [cos(theta_c) sin(theta_c);
            (-cos(theta_c) + sqrt(3) * sin(theta_c))/2 (-sqrt(3) * cos(theta_c) - sin(theta_c))/2
            ];
        Ia_b = P_theta_c * iqd(1:2);
        Ia = Ia_b(1);
        Ib = Ia_b(2);
        Ic = -(Ia + Ib);
        Isabc = [Isabc,[Ia;Ib;Ic] * SM.ib];
        % 准备迭代
        phisi0 = phisi;
        w_theta0 = w_theta;
        uT0 = uT;
        wr = w_theta(1);
        % 记录
        w_record = [w_record,w_theta0(1)];
        iqd_record = [iqd_record,iqd];
        phsi_record = [phsi_record,phisi];
        Tem_record = [Tem_record,[Te;Tm]];
end
subplot(2,1,1)
plot([0:deltaT:Tend],w_record * SM.web * 60/SM.p/pi/2)
xlabel('时间')
ylabel('转速 n');
subplot(2,1,2)
plot([0:deltaT:Tend],Isabc)
xlabel('时间')
ylabel('定子三相电流')
figure(2)
m = length(w_record),
n = round(m/2);
plot(Tem_record(1,1:n),w_record(1:n),'r', ...
    Tem_record(1,n:m),w_record(n:m),'b - .');
grid on
```

仿真结果如图 12-37 和图 12-38 所示。

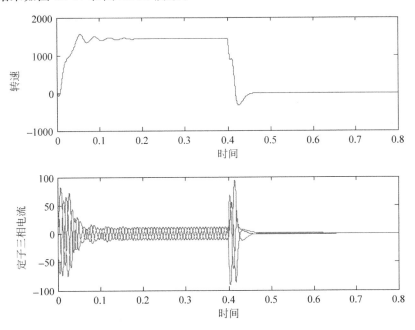

图 12-37　定子两相反接制动效果

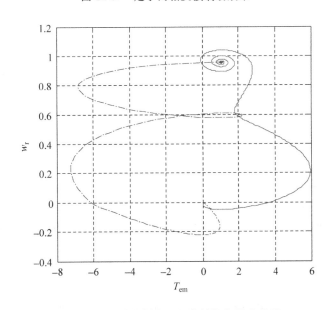

图 12-38　启动与制动过程中转矩与转速关系

仿真中,负载转矩 T_L 为常数。调整 BC 相后,电磁转矩 T_{emB} 为负值,与负载转矩方向相同,形成制动转矩。电机在这两个转矩之和的(大小为 $\overline{AB}$,如图 12-36 所示)作用下由 B 点向 C 点减速,在 C 点转速为零,此时断点刹车效果最好。程序通过设置负载转矩为 0 来模拟刹车动作。

图 12-38 中转速和电磁转矩均为标幺值,实线为启动过程,虚线为制动过程。本例仅简单示意电磁制动的基本原理和过程,实际电机的制动方法和暂态过程与负载的特性关联密

切,需要根据实际情况来决定仿真方式。

反接制动制动力强,制动迅速,控制电路简单,设备投资少,但制动准确性差,制动过程中冲击力强烈,易损坏传动部件。因此适用于 10kW 以下小容量的电动机制动要求迅速、系统惯性大,不经常启动与制动的设备,如铣床、镗床、中型车床等主轴的制动控制。

12.7.2 能耗制动

电动机切断交流电源的同时给定子绕组的任意两相加一直流电源,以产生静止磁场,依靠转子的惯性转动切割该静止磁场产生制动转矩的方法。

定子的直流形成一恒定磁场,转子由于惯性继续转动,其导条切割定子的恒定磁场而在转子绕组中感应电势、电流,将转子动能消耗完,转子就停止转动,这一过程称为能耗制动。能耗制动接线图如图 12-39 所示。能耗制动的机械特性如图 12-40 所示,电动机在正向电动状态下工作于 A 点,当电动机转入能耗制动时,工作点变为 B。由于机械惯性,转速不能突变,$n_B = n_A$。该机械特性相当于 $n_1 = 0$ 异步电动机的机械特性。

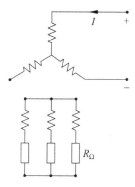

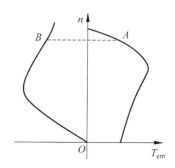

图 12-39 能耗制动接线   图 12-40 能耗制动机械特性

能耗制动平稳、准确,能量消耗小,但需附加直流电源装置,设备投资较高,制动力较弱,在低速时制动转矩小。它主要用于容量较大的电动机制动或制动频繁的场合及制动要求准确、平稳的设备,如磨床、立式铣床等的控制,但不适合用于紧急制动停车。

由于能耗制动中,悬空相的电压始终与中性点相同,在仿真过程中,需要时刻计算中性点电压,本书略去仿真过程。有兴趣的读者,可以自行根据状态方程修改相关程序实现。

12.8 小结

本章依据直流电机的电磁平衡方程和机械平衡方程通过编写 M 文件的方式,绘制了电机的工作特性、机械曲线,并对电机的启动、调速和制动过程进行了暂态仿真,通过这些例子读者可以更为深入地理解相关理论,掌握 Park 变换在电机模型仿真中的应用方法,对异步电机的拖动控制有初步认识。

参 考 文 献

［1］ 魏祥林,傅龙飞,郝晓弘.交流电机理论中相量、矢量的概念辨析及空间矢量分析法的意义[J].上海大中型电机，2012(2)，40-45.

［2］ 邱关源.电路(4 版)[M].北京：高等教育出版社,2003.

［3］ 孙士乾,叶受读.Park 变换与瞬时无功功率[J].浙江大学学报(自然科学版),1994(5).

［4］ 谢卫.电力电子与交流传动系统仿真[M].北京：机械工业出版社,2009.

［5］ 陈伯时.电力拖动自动控制系统——运动控制系统[M].北京：机械工业出版社,2003.

［6］ 许实章.电机学(上册)[M].北京：机械工业出版社,1988.

［7］ 许实章.电机学(下册)[M].北京：机械工业出版社,1988.

［8］ 辜承林,陈乔夫,熊永前.电机学(第三版)[M].武汉：华中科技大学出版社,2010.

［9］ 张云,吴凤江,孙力,等.异步电动机铁耗对直接转矩控制性能的影响及补偿方法[J].电工技术学报，2008,23(9).